UTB 2954

Eine Arbeitsgemeinschaft der Verlage

Beltz Verlag Weinheim · Basel
Böhlau Verlag Köln · Weimar · Wien
Verlag Barbara Budrich Opladen · Farmington Hills
facultas.wuv Wien
Wilhelm Fink München
A. Francke Verlag Tübingen und Basel
Haupt Verlag Bern · Stuttgart · Wien
Julius Klinkhardt Verlagsbuchhandlung Bad Heilbrunn
Lucius & Lucius Verlagsgesellschaft Stuttgart
Mohr Siebeck Tübingen
C. F. Müller Verlag Heidelberg
Orell Füssli Verlag Zürich
Verlag Recht und Wirtschaft Frankfurt am Main
Ernst Reinhardt Verlag München · Basel
Ferdinand Schöningh Paderborn · München · Wien · Zürich
Eugen Ulmer Verlag Stuttgart
UVK Verlagsgesellschaft Konstanz
Vandenhoeck & Ruprecht Göttingen
vdf Hochschulverlag AG an der ETH Zürich

Ursula Hasler Roumois

Studienbuch Wissensmanagement

Grundlagen der Wissensarbeit
in Wirtschafts-, Non-Profit- und
Public-Organisationen

orell füssli Verlag AG / UTB

Prof. Dr. Ursula Hasler Roumois
Studium der Germanistik, Anglistik und Psychologie an der Universität Zürich.
Professorin und Leiterin Online-Kommunikation der ZHAW Zürcher Hochschule für Angewandte Wissenschaften, Forschungsschwerpunkte in Wissensmanagement, Wissenskommunikation und Online-Kommunikation.

© 2007 Orell Füssli Verlag AG, Zürich
www.ofv.ch

Einbandgestaltung: Atelier Reichert, Stuttgart
Druck: Ebner & Spiegel, Ulm

ISBN 978-3-8252-2954-2

Bibliografische Information der Deutschen Bibliothek:
Die Deutsche Bibliothek verzeichnet diese Publikation in der Deutschen Nationalbibliografie;
detaillierte bibliografische Daten sind im Internet über http://dnb.d-nb.de abrufbar.

Inhaltsverzeichnis

Einleitung

Wissensmanagement ist heute nach rund zehn Jahren des Bestehens in vier Handlungsfeldern ein wichtiges Thema: in der *Unternehmens- resp. Organisationspraxis,* in der *Beratungsszene,* in der *Wissenschaft* und in *Ausbildung / Studium.* In diesen Handlungsfeldern hat Wissensmanagement je eine andere Funktion, und entsprechend unterschiedlich sind das Verständnis von Wissensmanagement, die Interessenslage und die Literatur. Das vorliegende Studienbuch Wissensmanagement ist aus einer Lücke in der Ausbildungssituation entstanden. Wissensmanagement bildet mittlerweile in verschiedenen Studiengängen und Nachdiplomweiterbildungen ein Basis- oder Erweiterungsmodul, das zentrale Fragestellungen der jeweiligen Disziplin mit der Wissensperspektive ergänzt. Es fehlte bisher aber eine umfassende und ganzheitliche Einführung in die Grundlagen, soweit sie heute als gesichert gelten können.

Das Studienbuch Wissensmanagement ist also kein weiteres Management-Rezeptbuch mit Do's and Don'ts; kein Praxisbuch, das von einem exemplarischen Umsetzungsprojekt berichtet; kein Anwendungsbuch, das Schritt für Schritt erklärt, wie man Wissensmanagement in einem Betrieb einführt; kein wissenschaftliches Werk, das ein neues Gesamtmodell für Wissensmanagement vorschlägt; keine Einführung in Wissensmanagement, die ganzheitlich sein will und dann doch wieder nur ein informationstechnologisches System vorschlägt. Das Studienbuch hat folglich den Anspruch, alles andere zu sein: einen umfassenden Überblick über Wissensmanagement als Grundlage für eine Einführung in die Thematik und für eigene Erkenntnis zu bieten und dabei die neueren Studien und Untersuchungen vor allem auch im Bereich der Arbeitsforschung einzubeziehen. Die Zusammenhänge werden soweit erläutert, als es eine generalistische Einführung erlaubt: die Wissensgesellschaft als Makrotransformation im Hintergrund und das Zusammenwirken von Informationstechnologie, Organisationsstrukturen und menschlichem Kommunizieren und Lernen in der Wissensarbeit als Ausgangspunkt für ihre Gestaltung, d. h. für Wissensmanagement.

Grundlagen: Theorie- und Praxiswissen

Was kann im Wissensmanagement heute als gesichertes Wissen gelten? Oder gleich als Wissensmanagement-Frage gestellt: Wo und wie ist das Wissen über Wissensmanagement entwickelt worden? Unter welchen Voraus- und Zielsetzungen? Wissensmanagement als Managementdisziplin ist aus den Herausforderungen der informatisierten und globalisierten Wissensgesellschaft an das Handling der betrieblichen Ressource Wissen heraus entstanden. Daher entsprachen die ersten Wissensmanagement-Modelle auch den klassischen steuernden Managementkonzepten und waren von der informationstechnologischen Faszination geprägt: Wissen als plan-, kontrollier- und speicherbares Produkt. Da die Praxisprojekte in Unternehmen aber schnell zeigten, dass Wissen sich dem tayloristisch geprägten, mechanistischen und rein informationstechnologischen Zugriff entzieht, beschäftigten sich in der Folge auch verschiedene Disziplinen wie Soziologie, Erkenntnistheorie, Psychologie, Pädagogik etc. wissenschaftlich mit dem modernen Umgang mit Wissen als Arbeitsressource in der Wissensgesellschaft. So entstand aus der Verarbeitung von empirischem Wissen aus Praxisanwendungen in den unterschiedlichsten Fachbereichen auch neues Theoriewissen.

Was sich heute als «gesichertes Wissensmanagement-Wissen» für eine Einführung herauskristallisiert, ohne ausschließlich einem bestimmten Handlungsfeld wie Managementpraxis, Beratung, Informationstechnologie oder Wissenschaft verpflichtet zu sein, ist ein Konglomerat aus Konzepten verschiedener Disziplinen, deren Tauglichkeit von der Praxis mehr oder weniger bestätigt wurde und die in ihrer Gesamtheit einen Beitrag leisten, die Komplexität von Wissen als Arbeitsressource zu verstehen. Bei Gestaltungs- und Steuerungsfragen in den Bereichen strategisches Management, Innovationsmanagement, Organisationsentwicklung, Change Management, Qualitätsmanagement, Prozessmanagement, Projektmanagement, Netzwerktheorie, Informationswissenschaft, Informationsmanagement, Wirtschaftsinformatik, Betriebspsychologie, Betriebspädagogik, Personalführung, Personalentwicklung, Lerntheorie, E-Learning, Kommunikationswissenschaft, Organisationskommunikation etc. geht es bei unterschiedlichen Zielsetzungen auch immer um Fragen des Umgangs mit Wissen. Wissensmanagement vernetzt also unter seiner Zielsetzung *Gestaltung und Optimierung des Umgangs mit Wissen als Arbeitsressource* verschiedene Theorieansätze und bearbeitet Praxisfragen, die in den genannten Bereichen unter einer andern Optik auch behandelt werden. Wissensmanagement kann folglich als eine Schnittstellen-Theorie oder als Meta-Konzept betrachtet werden.

Neben eigentlichen Ausbildungsmodulen zum Thema Wissensmanagement kann das Studienbuch Wissensmanagement deshalb auch als Begleit- und Ergänzungslektüre in den erwähnten Disziplinen verwendet werden. Referenzen und Verweise werden bewusst sehr sparsam eingesetzt und haben in erster Linie die Funktion, auf weiterführende oder Grundlagenliteratur hinzuweisen. Alle Werke, die dieses Studienbuch direkt und indirekt inspiriert haben, sind im Literaturverzeichnis aufgeführt.

Fokus auf den Non-Profit und Public Sector

Wissensmanagement ist wie erwähnt im Wirtschaftskontext als Antwort auf die Herausforderungen entstanden, die sich jedem Unternehmen in einem informatisierten und globalisierten Markt stellen: Management der Ressource Wissen zur Sicherung der Marktstellung in der Wissensökonomie. Nun ist aber die Ressource Wissen auch und speziell im nichtkommerziellen und öffentlichen Bereich die Basis aller Dienstleistungen. Die Auswirkungen der wirtschaftlichen Umwälzungen und der Informatisierung bei seinen Zielgruppen bekam der Non-Profit und Public Sector auch zu spüren, vor allem in seinem modernen Verständnis als öffentlicher Dienstleister. Zudem haben New-Public-Management-Initiativen in den vergangenen Jahren auch in verschiedenen Verwaltungen und großen Non-Profit-Organisationen eine marktwirtschaftliche Orientierung eingeführt. Die Frage des Umgangs mit der Ressource Wissen und die Erkenntnis ihres Wertes für die Organisation machen Wissensmanagement deshalb zu einem zentralen Thema auch für Non-Profit- und Public-Organisationen. Es stellt sich aber die Frage, wie weit Wissensmanagement-Erkenntnisse aus dem kommerziellen Bereich sich auch auf Organisationen des Non-Profit- und öffentlichen Sektors übertragen lassen, wenn die Grundmotivation nicht mehr Sicherung oder Optimierung der Marktposition ist.

Obwohl im Non-Profit und Public Sector in den vergangenen Jahren zahlreiche Wissensmanagementprojekte initiiert wurden, gibt es neben Praxisberichten verhältnismäßig wenig systematisierte Veröffentlichungen darüber, ebenso wenig eine Einführung in die Thematik unter dem Blickwinkel einer nichtkommerziellen Motivation für Wissensmanagement. Diese Lücke möchte das vorliegende Studienbuch schließen, indem bei der Einführung in die Grundlagen immer auch die spezielle Situation nichtkommerzieller und öffentlicher

Dienstleistungen betrachtet wird. So werden beispielsweise die marktwirtschaftlichen Attribute von Wissen als Produktionsfaktor (Objekt- und Eigentumscharakter, Kapitalisierbarkeit, Einverleibung von Konkurrenzwissen, Verkauf von Wissensprodukten, Schutz geistigen Eigentums etc.) in den Kontext von öffentlichen oder mandatierten Non-Profit-Leistungen gestellt und die Frage aufgeworfen, welche Kriterien für den Umgang mit Wissen dort relevant sind, um Ziele wie Kunden-, Wirkungs- und Qualitätsorientierung zu erreichen.

Inhalt und Aufbau

Eine ganzheitliche Wissensmanagement-Sicht versteht die moderne Organisation als Teil der Triade Mensch – Technologie – Organisation, alle drei Akteure eines Systems, die einander voraussetzen und bedingen. Die systemische Betrachtung bildet insofern die theoretische Grundlage dieser Einführung, als die verschiedenen Wissensmanagement-Fragestellungen diesen drei Perspektiven zugeordnet und ihr Zusammenwirken im System Wissensarbeit erläutert werden.

Basierend auf der bekannten Tatsache, dass man Wissen nicht managen, aber die Bedingungen der Wissensarbeit beeinflussen kann, verstehen wir *Wissensmanagement als Management der Wissensarbeit*. Wissensarbeit ist der Schnittpunkt zwischen dem Menschen, der die Wissensarbeit realisiert, der Technologie, die die Wissensarbeit operativ gewährleistet, und der Organisation, die die Wissensarbeit institutionell strukturiert. Deshalb wurde *Wissensarbeit als Konzept* gewählt: Alle Faktoren wie die informationstechnologische Infrastruktur, die Arbeitsprozesse in konkreten Organisationsstrukturen und die Lern- und Kommunikationsfähigkeiten der Mitarbeitenden wirken in einer konkreten Arbeitstätigkeit zusammen. Das abschließende Kapitel integriert diese Wissensmanagement-Aspekte unter dem Fokus *Gestaltung der Wissensarbeitsbedingungen* und *Umgang mit Wissensarbeitenden* als Basis für jegliche Wissensmanagement-Interventionen.

Zielgruppen

Das Studienbuch ist entstanden aus Lehrmaterialien des Moduls Wissensmanagement in Masterstudiengängen *Public Management* und *Social Management* und verarbeitet unzählige fruchtbare Diskussionen und kritische Fragen von Studierenden aus mehreren Jahrgängen – ihnen allen sei hier gedankt. Es bietet aber auch Studierenden in verschiedensten Disziplinen, die sich mit Wissen als

Arbeitsressource beschäftigen, sowie allen Personen, die in Organisationen des Non-Profit und Public Sector tätig sind, nützliche Einblicke in relevante Fragestellungen des Informations- und Wissensmanagements und der Gestaltung der Wissensarbeit.

1. Entwicklung der Wissensgesellschaft

1.1 Wissensökonomie

Wissensmanagement ist im Zuge von umfassenden gesellschaftlichen und wirtschaftlichen Umwälzungen entstanden, die unter dem Begriff Wissensgesellschaft zusammengefasst werden können. Damit ging auch eine Transformation im Verständnis von Wissen einher, die ebenfalls den Wissensbegriff im Wissensmanagement prägt. Diese Entwicklung wird als Ausgangspunkt für die Einführung in das Wissensmanagement kurz skizziert, damit klar wird, in welchen Kontexten Wissensmanagement heute ver- und angewendet wird, welche Ziele verfolgt werden und auf welchen Vorstellungen von Wissen die Wissensmanagementansätze beruhen.

Seit den siebziger Jahren sind globale Transformationen in den Wirtschaftsstrukturen zu beobachten, die in einem direkten Verhältnis zur rasanten Entwicklung der Informationstechnologie stehen und tief greifende Veränderungen in der Arbeitswelt auslösen. *Informatisierung, Internationalisierung* und *Individualisierung* werden denn auch als die Großtrends ausgemacht, auf denen die Wissensgesellschaft gründet. Die «Debatte um die Wissensgesellschaft»[1] wird seit Mitte der neunziger Jahre in den Wirtschafts- und Managementwissenschaften, vor allem aber in den Sozialwissenschaften geführt und ist mittlerweile auch von der Politik adaptiert: Am Lissabonner Gipfel der Europäischen Union (2000) war beschlossen worden, die EU zum wettbewerbsfä-

---

1   Mit der Wissensgesellschaft als Prognose und als Phänomen, mittlerweile als Trendwort überall verwendet, haben sich in der Vergangenheit vor allem die Soziologie und die Makroökonomie beschäftigt. Eine ausführliche Diskussion der geschichtlichen Entwicklung und der Merkmale des Konzepts «Wissensgesellschaft» findet sich aus soziologischer Sicht u. a. bei Heidenreich 2002, Stehr 2001 und Willke 1998, aus ökonomischer Sicht u. a. als Einleitung bei Pfiffner / Stadelmann 1998, Weggemann 1999, überall jeweils mit entsprechenden Wirtschaftsstatistiken und Entwicklungszahlen als Belege, auf die wir hier aus Platzgründen verzichten, und mit weiterführenden Literaturangaben.

higsten und dynamischsten *wissensbasierten* Wirtschaftsraum in der Welt zu entwickeln.

Mit dem Begriff Wissensgesellschaft sind verschiedene Phänomene gemeint:

- eine Gesellschaft, die heute nur noch mit Informationstechnologie funktioniert, die gigantische Datenmengen mit Informationsqualität und damit potenzielles Wissen erzeugt, auch Speichermöglichkeiten bietet und einen breiten Zugang ermöglicht (z. B. Internet);
- eine Gesellschaft, in der die Menschen den größten Teil ihrer Zeit beruflich und privat mit Informationsverarbeitung beschäftigt sind;
- eine Gesellschaft, in der Wissen als neuer Produktionsfaktor neben die herkömmlichen Ressourcen Rohstoffe, Arbeit und Kapital tritt und zur Hauptressource wird;
- eine Gesellschaft, in der ein stark steigender Teil des Bruttosozialproduktes mit wissensbasierten Innovationen geschaffen wird, mit sogenannten intelligenten Produkten und Dienstleistungen mit eingebettetem Wissen (embedded knowledge / embedded intelligence);
- eine Gesellschaft, in der bei der erwerbstätigen Bevölkerung die Zahl der Wissensarbeitenden stark steigt, deren Haupttätigkeit in der Verarbeitung von Daten und Informationen zu nutzbringendem Wissen und in der Entwicklung von neuem Wissen besteht.

Wissensgesellschaft wird daher oft mit Wissenswirtschaft, wissensbasierter Ökonomie oder Wissensökonomie gleichgesetzt, da die tiefgreifenden Umwälzungen mit wirtschaftlichen Indikatoren gemessen werden, auch wenn sie inzwischen das ganze Gesellschaftsgefüge betreffen. Wissensökonomie impliziert, dass das Wertschöpfungssystem der bisherigen Industriegesellschaft, das auf der traditionellen Produktion materieller Güter basiert, durch eine neue Form der Wertschöpfung abgelöst wird: Produktion von immateriellen Wissensgütern und -dienstleistungen.

So wie eine Serie von technischen Erfindungen (Dampfkraft, Elektrizität, Motoren, Energiegewinnung) die Industrialisierung und Herausbildung des sekundären Sektors ermöglichte, führten die daraus hervorgegangenen Erfindungen zur Beschleunigung der Transporte, des Handels und der Kommunikation (Eisenbahn, Autos, Fernschreiber, Telefon, Bildübertragung) zu einem starken Anstieg des tertiären Sektors in der ersten Hälfte des letzten Jahrhunderts. Aus dem aktuellen Innovationsschub (Elektronik, Computer, Informationstechnologie, Internet) als Folge der *Informatisierung* entwickelten sich sowohl im Produktions- wie auch im Dienstleistungssektor neue sogenannte wissensbasierte Tätigkeiten, die nur mit Hilfe von Informationstechnologie ausgeübt werden können und neue Kompetenzen erfordern. Die starke Zunahme des Arbeitsvolumens und damit der Beschäftigten in den informationsverarbeitenden Tätigkeiten führt zu einer Erweiterung des alten Drei-Sektoren-Modells um einen vierten Sektor Information.

Die Chronologie der Wirtschaftssektoren zeigt, dass die Erfindungen, die jeweils die nächste Innovationswelle auslösten, immer wissensintensiver und immaterieller werden: von der Mechanik und Energiebeherrschung, die die menschliche Handarbeit ersetzte, über die Beschleunigung der Bewegung (Auto, Flug), Überwindung von Raum und Zeit mit Kommunikationstechnologie (Telefon – Film / Video) bis schließlich zu Virtualität anstelle von Realität (Computer – Internet). War der Übergang von der Agrar- zur Industriegesellschaft «handfest» und äußerlich deutlich sichtbar mit großräumigen Veränderungen bei Gebäuden, Siedlungsstrukturen und Verkehrswegen, so ist bereits der Wandel von der Industriegesellschaft zur Dienstleistungsgesellschaft äußerlich weniger augenfällig. Zwar tauchen neue Transportmittel auf und herkömmliche werden schneller, aber Kommunikation läuft über im Vergleich zur Wirkung unauffällige Leitungen und Netze. Die aktuelle Transformation zur Wissensgesellschaft schließlich läuft weitgehend entmaterialisiert und für unsere Sinne nicht mehr erfassbar ab: Bits sind unsichtbar, der gigantische Datenspeicher Internet ist überall und nirgends, Produkte reagieren mit verborgener Intelligenz usw.

Die *Internationalisierung* der Wirtschaft wurde erst mit diesen Entwicklungen möglich: Beschleunigung (Transporte, Kommunikation) und simulierte Repräsentation der Realität sind die Voraussetzungen, dass global Produktion, Handel und Kapital räumlich getrennt und virtuell wieder vernetzt werden können. Dank diesen Errungenschaften können heute Produktion und Wissen, Handel und Kontrolle oder Kapital und Realwert entkoppelt werden und müssen nicht mehr notwendigerweise am gleichen Ort stattfinden. Wissen wird in hoch entwickelten Ländern generiert und die Produktion von Gütern in weniger entwickelte und deshalb billigere Regionen verlagert. Weltweiter Handel mit Gütern wird über kaum mehr nachvollziehbare Wege von wenigen Zentren (Konzerne) aus kontrolliert. Unternehmensbewertungen gründen heute – auch nach dem Platzen der New-Economy-Blase – zunehmend weniger auf Sachkapital und immer mehr auf dem virtuellen Wert von Wissen resp. Informationen[2]. Mit dem Konzept «Wissensgesellschaft» sind also die großen technologischen, ökonomischen, organisatorischen und arbeitsmarktlichen Veränderungen der Gegenwartsgesellschaft gemeint. Die *Individualisierung* schließlich ist eine Konsequenz der Informatisierung und der Wissensbasierung der Tätigkeiten. Dies benötigt in zunehmendem Maße Expertise, was Wissen produzierende Subjekte voraussetzt. Sie manifestiert sich in der Arbeitswelt denn auch als Subjektivierung der Arbeit, ein Thema, das in Kapitel 7 zum Management der Wissensarbeit wieder aufgenommen wird.

> **Die weltweiten Transformationen in den Gesellschafts- und Wirtschaftsstrukturen zeigen sich in den drei großen I-Trends: Informatisierung, Internationalisierung und Individualisierung mit zunehmender Beschleunigung, Virtualisierung, Abstraktheit und Komplexität aller gesellschaftlichen Bereiche. Datenerzeugung, Informationsverarbeitung und Wissensgenerierung sind die Haupttätigkeiten der Wissensarbeitenden in der aktuellen Wissensökonomie, die auf dem Produktionsfaktor Wissen beruht und damit intelligente Produkte und Dienstleistungen produziert.**

1.2 Neue Orte der Wissensgenerierung

Wissensgesellschaft wird auch deshalb oft auf Wissensökonomie verkürzt, weil die Orte der Wissensproduktion immer weniger die Wissenschaften im Hochschulkontext sind, sondern in steigendem Ausmaß Forschung und Entwicklung in Wirtschaftsorganisationen. Das dort generierte Wissen wird allerdings nicht mehr im Auftrag der Gesellschaft entwickelt, sondern im Auftrag des Unternehmens als zweckdienliches Wissen, dessen Wert primär nicht die Erkenntnis, sondern seine Problemlösungsqualität ist. Auch ein Pharmakonzern zum Beispiel forscht nicht im Interesse der Allgemeinheit, sondern aus kommerziellen Interessen: Ziel ist die ökonomische Verwertbarkeit eines Medikaments. Wenn

---

2   Bereits 1991 erreichte Microsoft mit einem Umsatz von 1,8 Mia. Dollar einen Börsenwert von 22,9 Mia. Dollar, oder der Pharmakonzern Merck wurde mit einem Umsatz von 8,6 Mia. Dollar an der Börse mit 57,9 Mia. Dollar bewertet. Pfiffner/Stadelmann 1998:61.

Wissenschaft im Dienste von (Wirtschafts-)Organisationen Wissen entwickelt, dann entzieht sich die Wissensentwicklung auch weitgehend der gesellschaftlichen, politischen und ethischen Kontrolle. Was nutzbringendes Wissen ausmacht, wird nur mehr ökonomisch definiert. Vereinfacht könnte man sagen, dass sich in der Wissensökonomie die Wissensentwicklung zur Wissensproduktion gewandelt hat.

Wenn Wissen vermehrt in wissenschaftsexternen Kontexten geschaffen wird, sind die neuen relevanten Orte der Wissensproduktion also die Unternehmen und Organisationen. Deshalb ist die Wissensgesellschaft nicht in erster Linie eine Wissen*schafts*gesellschaft, sondern eine *Organisationsgesellschaft*. Organisationen haben neben ihrer wirtschaftlichen Funktion auch eine wichtige gesellschaftliche Funktion: Sie sind ein strukturgebendes System, koordinieren die Handlungen zahlreicher Personen und schaffen dadurch kollektive Entscheidungs- und Lernmöglichkeiten. Zudem integrieren sie durch die profitable Nutzung von Forschungsergebnissen die wissenschaftliche und die wirtschaftliche Perspektive.[3] Es ist evident, dass dies Konsequenzen hat für die Art und Weise, wie Wissen produziert wird, welche Art von Wissen produziert wird und wie damit umgegangen wird.

Der Zweck einer Wirtschaftsorganisation ist die Produktion von Gütern oder Dienstleistungen, die ihr das Überleben sichern und wenn möglich Gewinn abwerfen. Dies beeinflusst die Form der Wissensproduktion: Wissen wird im Handlungskontext generiert, in Routinen und Abläufen, in Problemlösungsprozessen und bei Anwendungsfragen. Dies ist eine grundsätzlich andere Art der Wissensentwicklung als die wissenschaftliche: nicht *Ausdifferenzierung und Komplexitätserfassung* sind das Ziel, sondern bei Wissensentwicklung im Praxisbezug geht es um *Anwendungsfähigkeit und Komplexitätsreduktion.* Deshalb ist für Organisationen auch eine andere Art von Wissen als Ressource relevant: nicht primär wissenschaftlich gewonnenes Wissen, sondern aus der praktischen Anwendung entwickeltes Wissen – handlungsbezogenes, fachliches, organisationsspezifisches, organisatorisches und erfahrungsbasiertes Wissen, das direkt *problemlösungsorientiert genutzt* werden kann. Wenn Wissen als Arbeitsressource betrachtet wird, interessiert nicht die Wahrheit von Wissen im wissenschaftlichen Sinn, sondern die Richtigkeit von Wissen in Bezug auf seine Anwendbarkeit, deshalb sind grundsätzlich alle Aspekte von Wissen wichtig, die im Hin-

---

3   Vgl. Heidenreich 2002:15 f.

blick auf die Aktivitäten der Organisation nutzbringend sind, sie bilden die Grundlage, um innovative, wettbewerbsfähige Produkte oder Dienstleistungen herzustellen.

Der aktuelle Paradigmenwechsel im Wertschöpfungssystem der Industriegesellschaft zeigt sich wie erwähnt darin, dass die entscheidende Wertschöpfung heute mit intelligenten Gütern und Dienstleistungen erzielt wird. «Intelligentes Verhalten» von Produkten ist ein komplexer, wissensbasierter Vorgang der Informationsverarbeitung (Digitalisierung und Vernetzung), der dazu führt, dass die Produkte gewisse Merkmale aufweisen, wie zum Beispiel Lernfähigkeit, Autonomie, Fehlertoleranz, Kooperativität, Adaptivität, Selbstoptimierung, Situiertheit, Domänenkompetenz, Deduktionsfähigkeit oder Selbsterklärungsfähigkeit. Je nach Funktion muss ein intelligentes System einige dieser Merkmale in besonderem Maße, andere weniger ausgeprägt aufweisen.

Intelligente Produkte sind also komplexe Hightech-Systeme aus informationstechnologischen Teilsystemen, die wiederum aus informationsverarbeitenden Komponenten und diese ihrerseits wieder aus solchen Teilkomponenten bestehen, bis hinunter zu Einzelchips. Intelligente Produkte sind ein normaler Bestandteil unseres Alltags geworden: Handys, Computerspiele, Navigationssysteme wie GPS, Pharmazeutika, Medizinaltechnologie etc. Aber auch Autos, Küchengeräte, Textilien, Designerfood oder Baumaterialien werden heute als intelligente Produkte mit intelligenter Technologie produziert. Der Material- oder Sachwert dieser Güter steht dabei in keinem Verhältnis zum Marktwert, die Differenz kann als Wert des eingebetteten Wissens betrachtet werden.

Die Entwicklung im Dienstleistungsbereich zeigt die gleichen Tendenzen. Ärztliche Leistungen, juristische Beratung, Lehrformen, Unternehmensberatung, Management, Verwaltungsdienste, staatliche Leistungen usw. – all diese Dienstleistungen können heute ohne intelligente informationsverarbeitende Supportsysteme und ohne Vernetzung nicht mehr angeboten werden. Während viele Services, vor allem Beratungen, aufgrund ihrer Wissensbasierung, Komplexität und Vernetzungsanforderungen anspruchsvolle Expertentätigkeiten geworden sind, werden auf der andern Seite viele Dienstleistungen mit Hilfe der Informatisierung automatisiert.

Denn auch die Wissensökonomie basiert auf dem Prinzip der ständigen *Produktivitätssteigerung,* und die Informatisierung ist das entsprechende Instrument dazu. Während im Produktionssektor die Informatisierung die letzte Phase der Automatisierung mit ihrem stetigen Abbau menschlicher Arbeitskraft darstellt, führt sie nun auch im bisher noch personalintensiven Dienstleistungssektor zum kontinuierlichen Ersatz menschlicher Tätigkeiten durch informationstechnologische Systeme. Mit Kommunikationstechnologie werden sogenannte einfache Dienstleistungen, beispielsweise telefonische Auskünfte, in Pools wie Callcentern zentralisiert und mehr oder weniger stark automatisiert.

Bemerkenswert ist, dass die Produktivitätssteigerung resp. die Kosteneinsparung mit Informationstechnologie durch eine raffinierte Verlagerung der Arbeit auf den Kunden erreicht wird – «Crowdsourcing» als Trend, der sich in den kommenden Jahren noch stark verbreiten dürfte. Auch Kunde oder einfach Bürgerin zu sein entwickelt sich zu einer immer wissensintensiveren Tätigkeit. Was organisationsspezifisches Wissen von Dienstleistern war, müssen sich die Kunden nun selber aneignen: Im Bereich E-Banking müssen Transaktionen selber ausgeführt werden, im Bereich E-Government müssen Formulare oder Auskünfte selber gesucht werden. Bei Reservationen via Internet müssen Flug- oder Bahntickets selber ausgestellt werden, und bei Inanspruchnahme von Helpdesks müssen Probleme selber mittels einer Abfragediagnose gelöst werden. (Die Aufzählung lässt sich beliebig fortsetzen.) Auch dies sind Anzeichen der Individualisierung resp. Subjektivierung. Dass der Kunde mehr und mehr Dienstleistungen, die früher Bestandteil des Kundenservice waren, nun selber ausführen – oder zusätzlich dafür bezahlen – muss, wird ihm als Autonomie und Selbstbestimmung verkauft.

In der Wissensökonomie sind die (Wirtschafts-)Organisationen die neuen Orte der Wissensproduktion. Sie sind nicht wie die Wissenschaften an Wissen als Wahrheit, sondern an Wissen als Arbeitsressource interessiert: Handlungsbezogenes, organisationsspezifisches, problemlösungsorientiertes und letztlich vermarktbares Wissen wird entwickelt. Der ökonomische Druck zu ständiger Produktivitätssteigerung führt bei wissensbasierten Dienstleistungen einerseits zu Anonymisierung dank Informationstechnologie und andrerseits zu «Crowdsourcing»: Outsourcing der nichtautomatisierbaren Arbeiten auf die Kunden.

1.3 Warum Wissen managen?

Wie die skizzierte Entwicklung zeigt, basiert die wesentliche wirtschaftliche Wertschöpfung unserer hoch entwickelten Gesellschaft heute auf wissensbasierten Produkten, sowohl Gütern wie Dienstleistungen, die unter veränderten Marktbedingungen produziert und abgesetzt werden müssen. Zusammengefasst zeichnet sich für ein Unternehmen das globalisierte und informatisierte Marktumfeld aus durch:

- weiter zunehmende Digitalisierung aller Lebensbereiche durch Vernetzung von Daten und Handling von gigantischen Datenmengen,
- dadurch auch weiter zunehmende Informatisierung der Kommunikation und Virtualisierung der Märkte,
- dadurch fortschreitende Entkoppelung von Wissen und Produktion (bei Gütern und Dienstleistungen) und Verlagerung von Investitionsschwerpunkten
- und gleichzeitig Entmaterialisierung der Wertschöpfung (mehr und mehr immaterielle Wissensleistungen),
- aber auch neue Knappheiten: Der aus der Informatisierung resultierende «Information-overload» führt zu Knappheiten der Ressource Wissen: Menschen, die fähig sind, die Informationen nutzbringend zu verarbeiten, und Reduktion von Wissen auf seine marktwirtschaftliche Bedeutung.

Die Konsequenzen sind bekannt: Für ein Unternehmen bedeutet dies eine kaum mehr fassbare Komplexität und eine Interaktion von Negativfaktoren wie gnadenlose Konkurrenz, schrumpfende Wettbewerbsvorteile, steigende Risiken und beschleunigte Marktzyklen. Was den Unternehmen zur Behauptung ihrer Marktstellung nun einzig noch hilft, ist Wissen: Wissen über Konkurrenten, über Kunden, über ihre Produkte, über die Potenziale der Konkurrenzprodukte, über ihre Mitarbeitenden, über ihre Kompetenzen, über Arbeitsprozesse und schließlich Wissen darüber, wie all dieses Wissen in die Produkte und Dienstleistungen eingebaut werden kann, damit diese intelligent, unverwechselbar, nicht imitierbar und damit konkurrenzlos werden.

Damit wird klar, warum Wissen für Wirtschaftsorganisationen zum großen Problem geworden ist. Wenn Wissen die wichtigste ökonomische Ressource wird, stellen sich der Unternehmensführung ganz neue strategische Fragen: Wie können wir den Überblick über unser Wissen bekommen? Wie die Verfügbarkeit über dieses Wissen sichern? Wie Wissensverlust verhindern resp. unser Wissen schützen? Wie welches Wissen speichern? Wie das Wissen effizienter nutzen, um konkurrenzfähiger zu werden? Wie neues Wissen generieren, damit wir innovativ bleiben?

Wirtschaftsorganisationen haben ihre bisherigen Ressourcen Rohstoffe, Arbeit und Kapital erfolgreich verwaltet, bilanziert und gemanagt, also wird die gleiche Logik auf die Ressource Wissen übertragen und versucht, das Problem zu lösen, indem Wissen auch verwaltet, bilanziert und gemanagt wird. Das bedeutet, dass das Unternehmen das Handling der Ressource Wissen, nämlich Wissen *produzieren* (entwickeln, generieren, erwerben), Wissen *nutzen* (anwenden, verteilen, verkaufen, weiterentwickeln) und Wissen *bewahren* (identifizieren, speichern, verfügbar machen), zu seiner Kernkompetenz machen muss, um konkurrenzfähig zu bleiben. Die Suche nach Antworten und Lösungen hat in der Folge zu unzähligen Modellen, Methoden und Konzepten geführt, die alle unter dem Begriff *Wissensmanagement* zusammengefasst werden können.

Wie der Begriff Wissens*management* schon andeutet, ordnet er sich entwicklungsgeschichtlich in die Palette der diversen betriebswirtschaftlichen Managementkonzepte wie Business Process Reengineering, Changemanagement, Lean Management, Qualitätsmanagement usw. ein. All diesen Konzepten gemeinsam ist die Vorstellung, dass Phänomene, die für eine Organisation zentral und typischerweise oft schwer fassbar sind wie Prozesse, Qualität oder eben Wissen, sich mit dem klassischen Managementprozess Analyse–Planung–Umsetzung–Controlling steuern lassen und dass man sie so in den Griff bekommt. Das sich diese Vorstellung im Fall von Wissen aber als Illusion erwies, illustriert die kurze Geschichte des Wissensmanagements in bezeichnender Weise.

Die ersten Publikationen zum Thema Wissensmanagement erschienen anfangs der neunziger Jahre, in der zweiten Hälfte entstand dann ein eigentlicher Management-Hype mit optimistischen theoretischen Gesamtmodellen zur strategischen Umstrukturierung der ganzen Organisation,[4] die auch in vielen groß angelegten Praxisprojekten angewendet wurden – und häufig scheiterten. Da Wissensökonomie und Informatisierung Hand in Hand gehen, wurde Wissens-

---

4   In der Wissensmanagementliteratur aus diesen Jahren finden sich zahlreiche solche Gesamtmodelle, das bekannteste ist das Bausteine-Modell von Probst/Raub/Romhardt 1997, das wegen seiner einleuchtenden Begrifflichkeit und Darstellung auch heute noch als Grundlage für erste Gesamtanalysen und für Wissensmanagement-Crashkurse dient. Siehe Anhang, Kap. 2.

management in dieser ersten Phase oft auch mit Informationstechnologie gleichgesetzt.

Um die Jahrhundertwende ließ sich eine gewisse Ernüchterung beobachten als Folge der wirtschaftlichen Rezession, vieler gescheiterter Projekte und unrealistischer Erwartungen. Insbesondere die Erkenntnis, dass der Einsatz von Informationstechnologie allein noch keine Wissensmanagementmaßnahme ist – auch wenn entsprechende Software so angeboten wird –, setzte sich langsam durch. Ganz im Sinne des Wissensmanagements wurden Lessons learned gesammelt und die Gründe für den Misserfolg vieler Projekte analysiert: keine Verankerung im Topmanagement, geringer oder nicht nachweisbarer Return on Investment, falsche Anreizstrukturen, unterschätzter Zeitaufwand für Lessons learned und Kommunikation, Vernachlässigung des impliziten Wissens, zu IT-lastig, nutzerunfreundliche Tools oder auch Verzettelung in Einzelprojektchen und fehlende Gesamtstrategie.[5] Die wesentliche Erkenntnis war jedoch, dass Wissen, auch reduziert auf seine Funktion als Arbeitsressource, ein komplexes Phänomen ist, das sich offensichtlich ohne ausdrücklichen Einbezug der WissensträgerInnen nicht so einfach managen lässt.

Andere wissenschaftliche Disziplinen wie Philosophie, Soziologie, Psychologie, Arbeits- und Organisationswissenschaft, Kommunikationswissenschaft etc. beschäftigten sich schon seit Jahrzehnten – oder Jahrhunderten im Fall der Philosophie – mit Erkenntnis und Wissen. Die Entwicklung der Wissensgesellschaft und das neue Interesse der Ökonomie und Informatik an ihrem wissenschaftlichen Gegenstand belebte auch in diesen Fachbereichen in den vergangenen Jahren die Beschäftigung mit «Wissen» wieder, woraus zahlreiche empirische Untersuchungen, Studien und Dissertationen resultierten.[6] Die Erkenntnisse wurden sowohl vom informationstechnologischen wie managementorientierten Wissensmanagement aufgenommen, wenn oft auch wenig differenziert und auf den rezeptartigen Anwendungsnutzen reduziert. Dies lässt sich dadurch erklären, dass beide Bereiche unterschiedliche Zielsetzungen verfolgen: theoretische und kritische Exploration des Phänomens Wissen als Ressource einerseits und Konzentration auf handlungsbezogene und nutzbringende Aspekte von Wissen andrerseits. Zusammenfassend kann gesagt werden, dass der etwas

---

5   Auf noch subtilere mögliche Saboteure verweisen wir am Schluss im Kap. 7.2.2.
6   Wie sich anhand von Recherchen in Bibliotheksnetzen oder auch im Internet unschwer belegen lässt, gibt es heute allein im deutschsprachigen Raum Tausende von Treffern zum Stichwort Wissensmanagement.

naive Wissensbegriff[7], der die Anfangszeit des Wissensmanagements und die Überzeugung der Machbarkeit vieler Maßnahmen geprägt hatte, überholt ist.

Mit großer Wahrscheinlichkeit wird sich die weitere Entwicklung von Wissensmanagement auch in dieser Weise fortsetzen: Die traditionellen wissenschaftlichen «Wissensdisziplinen» werden den Erkenntnisgegenstand Wissen im neuen Kontext der Wissensökonomie mit immer ausdifferenzierteren empirischen Forschungen und theoretischen Modellen zu erfassen suchen und dadurch zur Komplexitätserhöhung beitragen. Die Managementwissenschaft und die Informatik hingegen, die sich mit Wissen aus einer anwendungsbezogenen und problemlösungsorientierten Perspektive beschäftigen, nämlich Wissen als Mittel zum (wirtschaftlichen) Zweck und als Arbeitsressource, werden naturgemäß eher an einer Komplexitätsreduktion weiterarbeiten.

Die Dynamik zwischen diesen Interessenslagen hat bisher mindestens zu einer entscheidenden Erkenntnis geführt, die hier auch als Grundlage der vorliegenden Einführung zu Wissensmanagement dient: Wissen lässt sich nicht wie ein anderer Produktionsfaktor managen. Aus Sicht der Organisation möglich ist hingegen, die Arbeitskontexte zu beeinflussen, d. h. zu gestalten und zu optimieren, in denen Wissen aktiviert wird, und so indirekt die organisationale Wissensbasis zu managen. Eine Organisation hat grundsätzlich zwei Gestaltungsräume, mit denen sie ihr «Wissen» managen kann: einerseits über ihren Umgang mit den WissensträgerInnen und andererseits über ihren Umgang mit Daten und Informationen, wobei natürlich eine enge Korrelation zwischen beidem besteht. Maßnahmen in einem Bereich haben Konsequenzen im andern, wobei in der Praxis das Problem meist nur in einer Richtung besteht, nämlich dass mit informationstechnologischen Tools Veränderungen der Arbeitsprozesse der Mitarbeitenden erzwungen werden, was aber zuerst Änderungen in der Organisationskultur voraussetzen würde. Das Bereitstellen von informationstechnologischen Kollaborationstools zur Unterstützung der Projektzusammenarbeit nützt wenig, wenn gewisse Arbeitsbedingungen in der Organisation die Kommunikation im Projektteam behindern.

Auf der Basis der aktuellen Erkenntnisse umfasst Wissensmanagement als Voraussetzung für eine lernende und intelligente Organisation also grundsätzlich zwei Steuerungsbereiche, nämlich die Gestaltung der Arbeitsbedingungen für Wissensarbeit (Management of People) einerseits und das Management der

---

7   Mehr zu unterschiedlichen Wissens-Vorstellungen in Kap. 2.

Daten als Arbeitsressource (Management of Information) andererseits, mit dem Ziel einer optimalen Koordination zwischen den Maßnahmen in beiden Gestaltungsräumen. Das bedeutet, dass sich der Fokus einerseits auf die Rolle des Menschen als WissensträgerIn in der Organisation mit den Themen Kommunikation und Lernen und andrerseits auf die Organisation als strukturgebendes System mit den Themen Prozesse und Informationsmanagement richtet.

Wenn Wissen die wichtigste ökonomische Ressource wird, muss das Unternehmen das Handling dieser Ressource, nämlich Wissen produzieren (entwickeln, generieren, erwerben), Wissen nutzen (anwenden, verteilen, verkaufen, weiterentwickeln) und Wissen bewahren (identifizieren, speichern, verfügbar machen), zu seiner Kernkompetenz machen, um konkurrenzfähig zu bleiben. Mit dem klassischen Managementprozess Analyse–Planung Umsetzung–Controlling lässt sich die Ressource Wissen aber nicht steuern, weil sie ausschließlich personengebunden ist. Wird Wissensmanagement als Voraussetzung für eine lernende und intelligente Organisation betrachtet, muss das Management der Daten als Arbeitsgrundlage (Management of Information) mit der Gestaltung der Arbeitsbedingungen für Wissensarbeit (Management of People) verknüpft werden.

1.4 New Public Management

Die vorausgegangenen Ausführungen gelten auch für den Non-Profit und Public Sector. Der öffentliche Bereich ist gleichermaßen von den Herausforderungen der Wissensgesellschaft betroffen wie der marktwirtschaftliche. Selbst wenn Non-Profit-Organisationen und öffentliche Organisationen meist eher regional oder national ausgerichtet sind, müssen auch sie sich mit der wachsenden wirtschaftlichen Dynamik und der steigenden Komplexität des gesellschaftlichen und politischen Umfelds auseinandersetzen, da sie mit ihrem Kerngeschäft der mandatierten oder öffentlichen Dienstleistung dem Rechnung tragen müssen. Wenn sich das Aktionsfeld des Kunden oder Auftraggebers ändert, muss der Dienstleister seine Dienstleistung auf die veränderten Bedingungen ausrichten, d. h. auch die Rahmenbedingungen der Leistungserstellung adaptieren. Da die Dienstleistungen der meisten Organisationen im Non-Profit und

Public Sector schon immer Wissensprodukte waren, betrifft die aktuelle Entwicklung den öffentlichen Bereich ganz stark. Im Unterschied zum kommerziellen Bereich, wo Wissen als Kernressource quasi überhaupt entdeckt wurde, muss der öffentliche Bereich «nur» umdenken: seine Kernressource Wissen überhaupt als Ressource im modernen Sinn wahrnehmen und ihre Handhabung neu organisieren, mit andern Worten die Arbeit als Wissensarbeit verstehen.

Die Entwicklung zu immer stärker wissensbasierten Dienstleistungen macht sich in der Verwaltung und in nichtkommerziellen Organisationen vor allem im Sozial-, Umwelt- und Bildungsbereich bemerkbar. Es stellt sich also die Frage, welche Auswirkungen die Wissensgesellschaft auf öffentliche und nichtkommerzielle Organisationen hat und unter welchen Rahmenbedingungen heute Non-Profit-Organisationen (NPO) und Public-Organisationen (PO), zu denen nicht nur die Verwaltungen, sondern auch andere öffentlich-rechtliche Organisationen wie Schulen, Hochschulen, Spitäler etc. gehören, handeln können.

Innovativität und Konkurrenzfähigkeit im kommerziellen Sinn sind und können nicht die Hauptziele der öffentlichen und nicht gewinnorientierten Leistungserbringer sein, auch wenn dies im Zuge der vom New Public Management[8] postulierten Anwendung von Marktmechanismen in der öffentlichen Verwaltung fälschlicherweise immer wieder proklamiert wird. Zweck des öffentlichen oder mandatierten Leistungsauftrags ist nicht eine bestimmte Marktstellung zu erreichen oder zu halten, sondern eine im Interesse des Leistungsfinanzierers (Steuerzahler) effiziente, effektive und transparente Dienstleistung für die Öffentlichkeit zu erbringen.

In kommerziellen Unternehmen konzentrieren sich klassische strategische Zielsetzungen vornehmlich auf markt- und wettbewerbsbezogene Elemente wie prioritär zu bearbeitende Märkte und dort anzustrebende Positionen. Das strategische Wissensmanagement fordert deshalb für wissensintensive Unterneh-

---

8   Unter New Public Management (NPM) wird die Anwendung betriebswirtschaftlicher Methoden zur Leistungs- und Effizienzsteigerung in der Verwaltung verstanden, wobei der Nutzen für die Bevölkerung in den Vordergrund gestellt wird. Andere Bezeichnungen sind deshalb auch Neues Steuerungsmodell (NSM) oder Wirkungsorientierte Verwaltungsführung (WOV, resp. WiV). Eine fundierte Einführung in die Grundlagen von NPM bietet u. a. Schedler / Proeller 2000; eine Sammlung mit z.T. auch kritischen Beiträgen zum Thema bei Budäus / Conrad / Schreyögg 1998; einen schnellen Überblick über die Thematik liefert das Online-Verwaltungslexikon OLEV mit einem regelmäßig aktualisierten umfassenden Eintrag zu NSM inkl. Ländervergleich Deutschland, Österreich, Schweiz und UK (England), Stand der Umsetzung, Lernprogramm und Bibliografie http://www.olev.de/n/nsm.htm (29.11.06).

men, dass die Geschäftsziele mit Wissenszielen ergänzt werden, die definieren, welche Fähigkeiten, Kompetenzen und welches Know-how notwendig sind, um die Geschäftsziele zu erreichen. Wissensmanagement im Non-Profit und Public Sector[9] muss sich folglich als Erstes fragen, wie hier die strategischen «Geschäfts»-Ziele definiert werden resp. ob es überhaupt übergeordnete Ziele gibt, die für alle Arten von Verwaltungen oder NPO gelten. So wie Konkurrenzfähigkeit und Marktleaderschaft die kommerziellen Überziele sind, müssen sich auch öffentliche und nichtkommerzielle Überziele definieren lassen.

New Public Management, das eine umfassende Reform der Verwaltungstätigkeit anstrebt, fordert als oberstes Ziel eine Verbesserung der Führung und der Leistungsprozesse der öffentlichen Verwaltung und formuliert dazu vier strategische Ziele in Form von Neuorientierungen:[10]

- Kundenorientierung (Öffnung gegenüber den Anliegen der Bürger / Bürgerinnen)
- Leistungs- / Wirkungsorientierung (Steuerung über Output / Outcome, nicht mehr über Input)
- Qualitätsorientierung (Förderung der produkt-, kunden-, prozess-, kostenbezogenen und politischen Qualität)
- Wettbewerbsorientierung (Schaffung von marktähnlichen Situationen z. B. durch Kosten-Leistungs-Vergleiche mit Privaten oder echte Drittvergaben)

Überziele öffentlicher und nichtkommerzieller Organisationen sind also Kunden-, Wirkungs-, Qualitäts- und Wettbewerbsorientierung, wobei auch kommerzielle Unternehmen sich um Kunden-, Wirkungs-, Qualitäts- und Wettbewerbsorientierung bemühen, dies aber im Interesse einer besseren eigenen Marktpositionierung oder Konkurrenzfähigkeit. Hier liegt der entscheidende Unterschied: Marktposition oder Konkurrenzfähigkeit kann nicht das Ziel öffentlicher Handlungen sein, sondern Kunden-, Wirkungs-, Qualitäts- und Wettbewerbsorientierung *an sich* resp. *im Interesse der leistungsfinanzierenden Öffentlichkeit.*

---

9   Es gibt keine eigentlichen Grundlagenwerke, die Wissensmanagement im Non-Profit und Public Sector behandeln. Einen guten Überblick über Spezialfragen von Wissensmanagementanwendungen in Politik und Verwaltung in Deutschland bieten die einzelnen Beiträge in Edeling / Jann / Wagner 2004. Aufschlussreiche Vergleiche zwischen Wissensmanagement im privaten und im öffentlichen Sektor mit speziellem Bezug auf die Schweiz ermöglichen die Tagungsreferate und vor allem die aufgezeichneten Diskussionsbeiträge in Thom / Harasymowicz 2003.

10 Vgl. Schedler / Proeller 2000:55 ff.

Welche strategische Rolle spielt in diesem Kontext die Ressource Wissen? Aus Sicht des strategischen Wissensmanagements muss für jedes dieser vier Teilziele gefragt werden, welches Know-how, welche Kompetenzen und Fähigkeiten das Personal und die Organisation als Ganzes aufweisen müssen, wenn im öffentlichen Bereich z. B. die Leistungserstellung über Output und Outcome gesteuert, die Qualität der Prozesse verbessert oder Kosten-Leistungs-Vergleiche in Form von Benchmarks erstellt werden sollen. Bevor diese Fragen beantwortet werden können, muss auch für den Non-Profit und Public Sector zuerst geklärt werden, von welchem Wissens-Verständnis man hier ausgeht, da Wissen hochgradig systemgebunden ist.

Die Wissensökonomie hat auch Auswirkungen auf den Non-Profit und Public Sector, die teilweise im New-Public-Management-Trend sichtbar werden. Das Ziel öffentlicher Handlungen darf aber nie das Marktinteresse sein, sondern Kunden-, Wirkungs-, Qualitäts- und Wettbewerbsorientierung im Interesse der leistungsfinanzierenden Öffentlichkeit. Im Hinblick auf Wissensmanagement muss die strategische Rolle der Ressource Wissen deshalb spezifisch für den Non-Profit und Public Sector analysiert werden.

2. Wissen über Wissen

Was ist Wissen eigentlich? Obwohl sich wie erwähnt in den vergangenen Jahrzehnten aus verschiedenen klassischen Wissenschaftsdisziplinen wie Philosophie, Psychologie, Sozialwissenschaften, Linguistik etc. eigentliche «Wissens-Wissenschaften» entwickelt haben, ist es nicht gelungen, eine allgemein akzeptierte Definition von Wissen zu formulieren. Wir werden deshalb in diesem Kapitel die für das Wissensmanagement wichtigen *Merkmale und Klassifizierungen von Wissen* vorstellen, über die in der Wissensmanagement-Literatur ein Konsens besteht, so dass am Schluss eine Arbeitsdefinition und ein Katalog von Kriterien entstehen, die für den Transfer in die Praxis hilfreich sind.

2.1 Wissen ist Macht

Diese viel zitierte Analogie «Wissen ist Macht»[1] bekommt in der Wissensgesellschaft eine neue Aktualität. Es braucht wohl kaum viele Belege für die Tatsache, dass der Besitz von Wissen dem «Wissenden» oder der wissenden Institution Macht über die «Nichtwissenden» verleiht.[2] Angefangen von der Institution

---

1 Sie wird dem englischen Philosophen und Staatsmann Francis Bacon (1561–1626) zugeschrieben, der als Wegbereiter der modernen Wissenschaft gilt, von der er forderte, durch Naturbeobachtung die Naturgesetze zu erkennen und mit diesem Wissen die Natur zu beherrschen, was damals als Ziel des Fortschritts verstanden wurde.

2 Wissen und Macht hat den denkenden Menschen seit je beschäftigt. Betrachten wir die vergangenen 2000 Jahre westlicher Entwicklung im Zeitraffer: Der griechische Philosoph Sokrates (469–399 v. Ch. «Ich weiß, dass ich nichts weiß») musste seine Suche nach Wissen und Erkenntnis als «Gottloser» mit dem Giftbecher bezahlen, sein Schüler Platon (427–347 v. Ch.) überlieferte und entwickelte Sokrates' Ideen weiter und wurde zum Begründer von Logik und Metaphysik (Grundlage aller Wissenschaften), sein Schüler Aristoteles (384–322 v. Ch.) wiederum schuf die Grundlage für die ganze abendländische Philosophie und von Disziplinen wie Rhetorik, Ethik, Politik oder auch Ökonomie. «Der Dinge, durch die die Seele, bejahend oder verneinend, (immer) die Wahrheit trifft, sollen fünf an der Zahl sein; es sind Kunst (techne), Wissenschaft (episteme), Klugheit (phronesis), Weisheit (sophia) und Verstand (nous). Vermutung (hypolepsei) und Meinung (doxa) können auch Falsches zum Inhalt haben.» Aristoteles, Nikomachische Ethik (EN VI, 1139 b 15–18).

Kirche, die in Zeiten vor Erfindung des Buchdrucks das Wissen, das ihre Existenz zu gefährden vermochte, noch relativ gut unter Verschluss halten konnte, über die Institutionen der Universitäten, wo lange Zeit die Wissenschaftssprache Latein als Schlüssel zum Wissen die Macht der Gelehrten sicherte,[3] bis in die von der Wirtschaft geprägte Gegenwart, wo «mehr wissen als andere» (über Trends, Konkurrenz, Kundenverhalten, Produktionsverfahren, Märkte, Produktpotenziale etc.) die Grundlage der Wettbewerbsfähigkeit und damit der Existenz eines Unternehmens darstellt. Wobei heute in der Wissensgesellschaft ein gewichtiger Unterschied besteht: Nicht mehr der Zugang oder die «Verschlüsselung» des Wissens sind die Hauptprobleme der Wissensbeschaffung, sondern im Gegenteil *die Auswahl* aus der gigantischen Datenmenge und *die Verarbeitung* der entscheidenden Informationen zu Wissen.

Es fragt sich jedoch, ob die Tatsache, dass alle Personen mit Computerzugang heute im Prinzip auch Zugang zur Datenmenge im Internet haben, bereits genügt, dass von einer *Umverteilung der Macht* oder *Demokratisierung des Wissens* gesprochen werden kann. Dazu sind neben dem Zugang noch zwei weitere Voraussetzungen notwendig:

- die Codifizierung des Wissens verstehen können – womit heute in erster Linie die Lesefähigkeit angesprochen wird,
- die Inhalte zu neuem Wissen verarbeiten können – was eine kritische Reflexions- und Lernfähigkeit im Sinne der aufklärerischen Mündigkeit bedingt.

Ein kurzer Blick zurück in die Geschichte der Moderne ist an dieser Stelle ganz aufschlussreich. Die Alphabetisierung verbreitete sich nördlich der Alpen dank des wachsenden Handels sehr schnell. In den ländlichen Regionen Zürichs waren um 1650 30–35 %, um 1700 40 % und 1780 bereits 80 % der männlichen Bevölkerung[4] lesefähig, die Schreibfähigkeit hingegen entwickelte sich viel schleppender. Die lesefähige Öffentlichkeit trug entscheidend zur Demokratisierung der Gesellschaft im 17. und 18. Jh. sowie zur Emanzipierung des Indi-

---

3   Die ersten Universitäten entstanden im Mittelalter (Salerno 1050, Bologna 1119, Paris 1150, Wien 1365, Heidelberg 1386 u. a.) aus Zusammenschlüssen von Gelehrten-, Kloster- und Domschulen, denen kaiserliche oder päpstliche Privilegien verliehen wurden wie z. B. Lehrfreiheit. Wie weit diese gehen konnte, bestimmten allerdings auch damals schon die Geldgeber: Kirche und Adel. Ebenso wichtige «Wissensspeicher» waren im Mittelalter die Kanzleien, deren Aufgabe es war, Gesetzbücher, Beschlusssammlungen, Urkunden etc. in Buchform anzulegen.

4   Über die Lese- und Schreibfähigkeit der weiblichen Bevölkerung zu jener Zeit liegen leider keine Zahlen vor. Historisches Lexikon Schweiz, Alphabetisierung, 2001 http://www.hls-dhs-dss.ch/textes/d/D10394.php (29.11.06).

viduums bei, was zur kulturgeschichtlich wichtigen Epoche der Aufklärung führte. Die Überzeugung, dass die autonome menschliche Vernunft (Ratio) über Wahrheit und Irrtum entscheide, trat an die Stelle der kirchlichen Dogmen, die Aufklärung postulierte deshalb Meinungsfreiheit und Toleranz.

Cogito ergo sum: Ich denke, also bin ich – damit formulierte der französische Philosoph Descartes (1596–1650) die Grundlage des modernen funktionalen, analytischen Denkens, zu der auch die für die westliche Denkweise typische Dichotomie (Zweiteilung, Gegensätzlichkeit) gehört: Subjekt – Objekt, Innenwelt – Außenwelt, Natur – Kunst etc. Die aufklärerische Grundhaltung verlangte die Förderung der Bildung und die Verbreitung des Wissens: Nur wer weiß, kann (nach)denken und selbstverantwortlich und mündig handeln, wie der deutsche Philosoph Kant (1724–1804) forderte. Gemeinnützige Bildungsvereine, Lesegesellschaften und Bibliotheken wurden gegründet, Schulen modernisiert und laizisiert. Die Aufklärung glaubte an den unaufhaltsamen Fortschritt des Wissens und der Wissenschaften und legte damit den Grundstein für die moderne Forschung, die Industrialisierung und die Ökonomie. Der systematische, rationale und rationelle Umgang mit Wissen war eine Voraussetzung der Industriegesellschaft und ihrer jüngsten Errungenschaften wie die Informatisierung; er prägt deshalb als Folge davon auch den Umgang mit Wissen in der Wissensökonomie. Der Zusammenhang zwischen Wissen und Macht gilt also auch heute noch wie seit je, nur in etwas anderer Ausprägung, nämlich abhängig von Informationstechnologie: Macht hat, wer Daten produziert, wer Daten lesen kann, wer über Informationen verfügt und sie versteht, wer sie zu Wissen verarbeiten und das Wissen nutzen kann. Da dank Informationstechnologie so viel «Wissen» potenziell zur Verfügung steht, ist Macht heute also weniger eine Frage des Wissensbesitzes als der Fähigkeit zur Wissensproduktion.

Heute bedeutet Macht zu wissen, welches morgen die entscheidenden Wissensressourcen sind und wie der Zugriff darauf gesichert werden kann. Nur so kann Wissen genutzt werden und als Basis für neue Wissensproduktion dienen.

2.2 Von Daten zu Informationen zu Wissen

Ausgangspunkt beinahe jeder Einführung in Wissensmanagement ist die Definition des Begriffs Wissen in Abgrenzung zu Informationen und Daten. Um diese spezifische Art und Weise, Wissen zu definieren, einordnen zu können, betrachten wir zuerst das *wissenschaftliche Wissensverständnis*. Die Wissenschaft geht von der *Erkenntnis* aus, die sowohl den Prozess des Erkennens wie auch das Erkannte umfasst, d. h. eine Beziehung zwischen dem erkennenden Subjekt und dem erkannten Objekt beinhaltet. Erkenntnis (lat. Cognitio) ist das Verstehen von Zusammenhängen. Wenn Erkenntnis artikuliert und unabhängig vom erkennenden Subjekt als gültig, das heißt als wahr betrachtet wird, wird es zu Wissen. Wissen untersteht deshalb dem Anspruch der intersubjektiv nachprüfbaren Wahrheit. In den Wissenschaften muss Wissen also folgenden Kriterien[5] genügen: wahr, erklär- und verstehbar, begründbar und intersubjektiv nachvollziehbar sein.

Während die Wissenschaft also selbstreflexiv immer über die Erkenntnisgewinnung und die Entstehung von Wissen nachgedacht hatte, sozusagen als ihr Kerngeschäft, kam die Wirtschaft erst in jüngerer Zeit, und zwar über den Umweg eines Problems von «Rohstoffverarbeitung», auf die Frage, wie Wissen entsteht. Die gigantische, breit verfügbare Datenfülle als Resultat der Informatisierung schuf eine Ausgangslage, die die Unternehmen zum Handeln zwang. Dank der vielen Daten, die produziert, gespeichert und verfügbar waren, waren plötzlich auch große Mengen an potenziell wertvollen Informationen entstanden, die irgendwie ausgewählt, verarbeitet und verwertet werden mussten. Die Lösung des Problems hieß in dieser ersten Phase «Wissensmanagement», da alltagssprachlich kaum zwischen Daten, Informationen und Wissen unterschieden wird. Mit dem heutigen Wissen differenziert man jedoch sorgfältiger zwischen Datenmanagement, Informationsmanagement und Wissensmanagement.

Wie wir gesehen haben, ist der *Wissensbegriff in der Wissensökonomie* funktional, rational und vor allem am Nutzen orientiert, was wiederum bedeutet, dass Wissen in erster Linie *als Voraussetzung für Handeln* relevant ist. Aus dieser Optik steht deshalb weniger die Frage der Erkenntnis als die Frage der Alimentierung im Mittelpunkt: Was ist der Input, woraus entsteht das Wissensprodukt, das zum Handeln befähigt? In der ökonomischen Logik wird Wissen wie ein an-

---

5   Vgl. dazu auch Meinsen 2003:17.

deres Gut produziert, folglich wird von den «Rohstoffen», die es dazu braucht,
nämlich Daten und Informationen, sowie deren Verfügbarkeiten resp. Knappheiten ausgegangen. Daten, Informationen und Wissen werden im Wissensmanagement immer in Abhängigkeit der jeweils andern Begriffe definiert.

> **Zusammengefasst können wir also festhalten, dass im Wissensmanagement
> nicht Wissen als Erkenntnis interessiert, sondern**
>
> - **die Voraussetzungen für die Produktion von Wissen und**
> - **die Nützlichkeit des produzierten Wissens für das Handeln der Organi-
>   sation.**
>
> **Folglich stehen für das Wissensmanagement in einer Organisation zwei Fra-
> gen im Fokus:**
>
> - **Welche Daten und Informationen braucht es für eine bestimmte Wis-
>   sensproduktion?**
> - **Wie kann dieses Wissen angewendet und wirtschaftlich erfolgreich ge-
>   nutzt werden?**

Die Abgrenzung zwischen den Begriffen *Daten, Informationen* und *Wissen*
wurde erst mit der Informationstechnologie notwendig, die mit Einheiten wie
Zeichen, Daten und Information arbeitet. Insbesondere das (informations-)tech-
nische Verständnis von Information hat auch den Wissensbegriff im Wissensmanagement geprägt, weshalb es nützlich ist, die Begriffsbestimmungen der
Informationswissenschaft zu kennen. In Anlehnung an eine informationswis-
senschaftliche Bestimmung[6] definieren wir die Begriffe Daten, Informationen
und Wissen wie folgt:

- *Daten*
  Daten entstehen, wenn Zeichen aus einem Zeichenvorrat nach bestimmten
  Kombinationsregeln (Syntax) zu festen Zeichenverbänden kombiniert werden, z. B. Buchstaben zu Wörtern. Wenn Daten, d. h. Zeichenverbände, in
  einen konkreten Kontext gestellt werden, bekommen sie durch diesen Kontext eine Bedeutung (Semantik). *Daten sind materiell wahrnehmbar*, können
  in informationstechnologischen Systemen gespeichert werden (z. B. Daten-

---

6   Voss / Gutenschwager 2001: 8 ff. und Bodendorf 2006: 1 ff.

banken oder Internet) und sind theoretisch beliebig multiplizierbar resp. auch wieder löschbar.

- *Informationen*
  Wenn die Bedeutung von Daten in einem Kontext vom Menschen gelernt oder verstanden wird, d.h., wenn er ihre Relevanz für sein aktuelles (Wissens-)Bedürfnis erkennt, werden die Daten für diesen Menschen zu Informationen. *Information ist also eine immaterielle und dynamische Qualität von Daten,* die erst entsteht, wenn ein Subjekt die Daten verwerten kann. Das bedeutet, dass Information nicht losgelöst von einem Kontext und einem lernenden oder erkennenden Subjekt beschrieben werden kann. Ob Daten, die eine Person wahrnimmt, zu Informationen werden, hängt also davon ab, ob die Person sie in einer konkreten Kommunikationssituation braucht. Beispiel: Ein Text kann als eine «Datenbank» betrachtet werden, er wird erst durch den Leseprozess für jemanden, der ihn liest, versteht und verwerten kann, zur Information.
  Ob Daten zu Informationen werden, hängt in dieser informationswissenschaftlichen Definition also vom *erkennenden Empfänger* ab, dies deckt sich nicht ganz mit dem alltagssprachlichen Verständnis von Informationen. Wir bezeichnen im Alltag alle Daten als Informationen, die über irgendwelche Kanäle publiziert werden. Das heißt, wir sprechen üblicherweise von Informationen, wenn ein Sender Daten mit der Absicht veröffentlicht oder zur Verfügung stellt, dass sie für uns als Empfänger als Informationen dienen sollen, ob wir sie nun wahrnehmen und lesen oder nicht. Die alltagssprachliche Bezeichnung Information geht also von der *Absicht des Senders* aus, gewisse Daten zu veröffentlichen, weil sie aus seiner Sicht nützlich sind. Beispiel: Alle Daten, die die Geschäftsleitung ins Intranet stellt, sind in diesem Verständnis «Informationen», auch wenn die Mitarbeitenden sie nicht lesen. Wenn wir uns jedoch im Rahmen einer Einführung ins Wissensmanagement mit Informationen beschäftigen, ist es wichtig, dass von der präziseren fachlichen Definition ausgegangen wird.

- *Wissen*
  Das Wahrnehmen und Erkennen des Informationspotenzials von Daten ist ein aktiver Denkprozess des Menschen, indem er mit seinem bestehenden Wissen und seinem aktuellen Bedürfnis beurteilt, ob Daten für ihn eine In-

formationsqualität haben. Wenn sie für ihn relevant sind, wird die wahrge-
nommene Information verarbeitet, d. h. mit dem vorhandenen Wissen vernetzt. Durch diesen Prozess des Aufnehmens und Verknüpfens schafft der
Mensch in seinem Kopf neues Wissen, d. h., es findet ein Lernprozess statt.
Wissen ist also immateriell, intangibel (nicht greifbar), subjektiv und existiert
nur im Kopf des Menschen. Wenn es dem Menschen dann gelingt, sein neues
Wissen in Worte zu fassen, produziert er wieder Daten: Er schreibt Buchstaben oder artikuliert Laute, die im Kontext einer bestimmten Sprache eine
Bedeutung haben. Sie werden zu Informationen, wenn ein Gegenüber sie
versteht und als relevant erkennt. Wissen ist folglich eng mit Lernen und
Kommunikation verknüpft.

Wir trennen also klar zwischen Wissen und Informationen und Daten: Das, was
wir aus der fachlichen Perspektive des Wissensmanagements als *Wissen* bezeichnen, existiert nur im Kopf des Wissensträgers und ist ein Produkt seines lebenslangen Lernens oder anders ausgedrückt seiner lebenslangen Interaktion mit der
Umwelt. Alles, was außerhalb des Kopfes des Menschen materiell existiert, sind
(Zeichen und) *Daten*, die zu *Informationen* werden können, wenn ein erken-
nendes Subjekt sie brauchen kann. Auch die Informationswissenschaft geht
vom Menschen aus, der ein Problem zu lösen oder eine Entscheidung zu treffen
hat: Stehen wir vor einem Problem, versuchen wir in der Regel zuerst, es mit unseren internen Quellen, d. h. Wissensbeständen, zu lösen. Reichen diese nicht
aus, benötigen wir externe Quellen, nämlich Daten mit Informationsqualität,
um unsere Wissensbestände zu ergänzen und das Problem lösen zu können.

Die engere fachliche Definition unterscheidet sich auch vom alltäglichen
Gebrauch des Begriffs Wissen. Wir bezeichnen im Alltag ja alle Daten als Wissen, die der Mensch einmal formuliert und auf Papier oder heute in informationstechnologischen Systemen gespeichert hat. Also alles, was der Mensch aus
seinem Kopf externalisiert und mit Hilfe eines Codes, z. B. Sprache, expliziert
hat, wodurch es für andere zugänglich wird. Es gibt also «Daten», meist in Form
von Texten, die wir gemeinhin als Wissen bezeichnen, weil sie von Menschen
produziert wurden, und Daten, die durch informationstechnologische Systeme
generiert wurden.[7]

---

7   Siehe Kap. 4.1.

Daten	materiell wahrnehmbare Zeichenverbände, die in einem konkreten Kontext eine Bedeutung bekommen können.
Informationen	eine Qualität von Daten, die entsteht, wenn ein Mensch eine mögliche Bedeutung der Daten erkennt und sie verwerten kann. Ob Daten zur Information werden, hängt also vom erkennenden Subjekt ab.
Wissen	entsteht im Kopf des Menschen als Produkt des Lernprozesses, wenn er die Information verarbeitet, indem er sie mit den vorhandenen Wissensbeständen vernetzt.

2.3 Wissensaspekte: Die Wissen+Können-Treppe

In der Wissensmanagement-Literatur herrscht Konsens, dass die Begriffe Daten – Informationen – Wissen eine *Begriffshierarchie* darstellen, wobei der nächsthöhere Begriff immer ein zusätzliches Merkmal bekommt und dadurch komplexer ist. Die Darstellung dieser Hierarchie als Wissenstreppe geht auf North[8] zurück, der die Treppe am unteren Ende noch mit *Zeichen* und am oberen Ende nach Wissen noch mit *Können, Handeln, Kompetenz* und *Wettbewerbsfähigkeit* ergänzte. Weil sich mit diesem Bild der Treppe auch die Wissensentwicklung des Menschen im Lauf der Lebenszeit sehr einprägsam darstellen und intuitiv verständlich machen lässt, schlagen wir hier eine Weiterentwicklung der Wissenstreppe als Wissen+Können-Treppe vor, die sich als Modell sowohl auf die individuelle wie auch organisationale Wissensentwicklung anwenden lässt.

Wissen ist Denken und Handeln, «Wissen» hat grundsätzlich immer zwei mögliche Ausprägungen: einen kognitiven («denkenden») und einen operativen («handelnden») Aspekt, wofür in der deutschen Sprache auch zwei Begriffe zur Verfügung stehen: Wissen und Können, Kompetenz und Fertigkeit. Unter kognitiv verstehen wir, dass Wissensinhalte durch Denkprozesse in einen Code gefasst werden können, der digital (logisch-analytisch und formalisiert wie Zahlen und Sprache), aber auch analog (Analogien, Bilder) sein kann. Da das Wissensmanagement von einem handlungsorientierten Wissensbegriff ausgeht, umfasst Wissen hier nicht nur den kognitiven Erkenntnisaspekt, sondern ebenso den

---

8   North 1998:39 ff.

operativen, den aus dem Tun und den Erfahrungen resultierenden Könnensaspekt. Je nach Tätigkeit kann beim erforderlichen Wissen eher der kognitive oder eher der operative Aspekt im Vordergrund stehen. Der Mensch entwickelt aber immer beide Wissensaspekte, wenn auch Kopfarbeitende sicher schwergewichtig die Wissen-Seite und vorwiegend manuell Tätige stärker die Können-Seite der Treppe.

> *Wissen:*
> **Die kognitiven Aspekte des Wissens umfassen Wissensinhalte, die durch Denkprozesse bewusstgemacht werden können, dadurch sind sie mit einem passenden Code (Sprache, Zahlen, Bilder etc.) artikulierbar.**
>
> *Können:*
> **Die operativen Aspekte des Wissens umfassen Wissensbestände, die durch handelnde Erfahrungen erworben wurden und deshalb demonstrierbar, aber schlecht artikulierbar sind.**

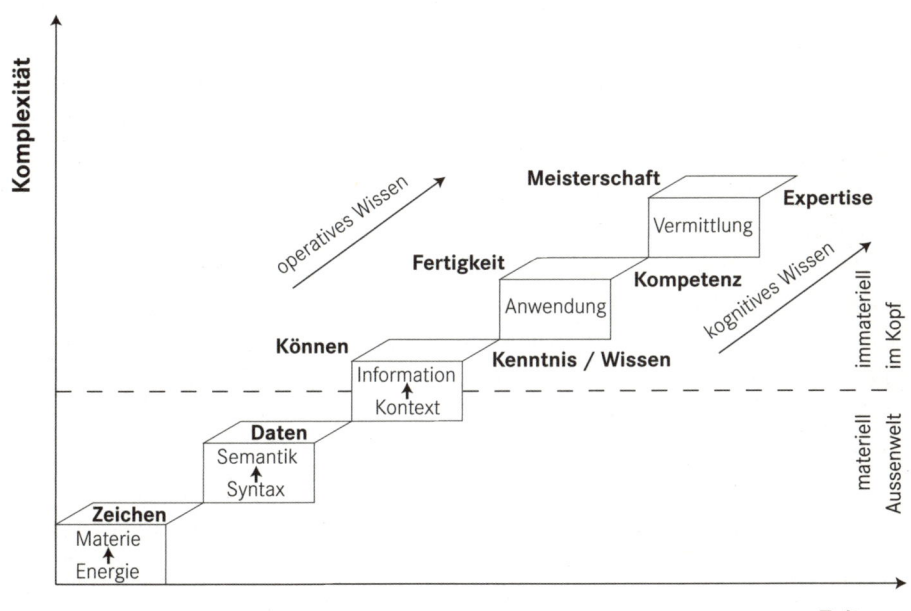

Abb. 1 Wissen+Können-Treppe

Für das Wissensmanagement ist diese Tatsache relevant: Wenn zum Beispiel wertvolles Erfahrungswissen eines in Pension gehenden Mitarbeiters gesichert werden soll, hängt die Wahl der richtigen Maßnahmen davon ab, wie groß die kognitiven und die operativen Anteile in seinem Wissen sind. Kognitives Wissen kann erfragt, beschrieben und festgehalten werden. Operatives Wissen hingegen ist viel schwieriger oder gar nicht artikulierbar, weil es eben nicht kognitiv ist. Da muss unter Umständen ein Transfer durch Beobachtung, Nachahmung oder «in die Lehre gehen» erfolgen, was aber immer nur im direkten Kontakt von Person zu Person möglich, d. h. unter Umständen eine kostspielige Sache ist.[9]

Die Wissen+Können-Treppe zeigt schematisch dargestellt auch den Transfer von Daten (extern, materiell) zu Wissen (im Kopf, immateriell) über die gestrichelte Stufe Information. Bei jedem Anstieg ist markiert, welche Voraussetzungen erfüllt sein müssen, damit die nächste Stufe erreicht wird: Regelmäßige Anwendung von Wissen resp. Können im Handeln führt zu Kompetenz oder zu Fertigkeit. Wenn über die Kompetenz reflektiert wird und das Wissen plus Anwendungserfahrung, die beide die Kompetenz ausmachen, vermittelt werden können, z. B. in Lehr- oder Beratungssituationen, bildet sich Expertise. Genauso entsteht Meisterschaft durch die Fähigkeit, Fertigkeiten durch Unterweisung vermitteln zu können.

Die Wissen+Können-Treppe visualisiert durch die Relation zwischen den Achsen *Komplexität des Wissensbestandes* und *Zeitverlauf* das Grundmuster des Lernprozess, zum Beispiel in einem Menschenleben oder bezüglich eines Wissensinhaltes, oder auch in der Entwicklung der organisationalen Wissensbestände. Ein Mensch oder auch eine Organisation kann natürlich gleichzeitig Wissensbestände in unterschiedlichen Komplexitätsstufen haben: zum Beispiel in einem Wissensgebiet Expertise, in zwei andern Fachbereichen Kompetenzen und in drei weiteren Fachgebieten (theoretisches) Wissen.

Wenn im Wissensmanagement also Maßnahmen zu Wissensentwicklung

---

[9] Jedoch vielleicht immer noch billiger als spätere Schadensbegrenzungen, wie das folgende Beispiel aus der Praxis zeigt: «Ein unternehmensweites Kostenreduktionsprogramm legt den über 50-jährigen Mitarbeitern eines Herstellers von Dieselmotoren mit großzügigen Abfindungen attraktive Programme für Frühverrentung nahe. Die meisten angesprochenen Mitarbeiter nutzen dieses Angebot. In den neu organisierten Produktionsbereichen werden junge Fachkräfte eingestellt. Mit der Reorganisation sinkt die Produktqualität rapide. Es stellt sich heraus, dass die ehemaligen Mitarbeiter bei den Funktionsprüfungen der Aggregate vor allem anhand des Laufgeräusches entschieden. Die Mitarbeiter werden unter überproportionalem Ressourcenaufwand mit Beraterverträgen ins Unternehmen zurückgeholt.» Roehl 2002: 11.

und Lernen der Mitarbeitenden oder der ganzen Organisation geplant werden, muss immer differenziert werden, von welcher zu welcher Komplexitätsstufe fortgeschritten werden soll, da die Maßnahmen entsprechend anders aussehen. Die Informationsverarbeitung zu Wissen verlangt eventuell klassische Lern- und Stoffverarbeitungsstrategien; aus Theoriewissen Kompetenzen zu entwickeln bedingt, dass Anwendungsmöglichkeiten vorhanden sind oder geschaffen werden, z. B. in Projekten; oder Kompetenzen zu Expertise zu vervollkommnen setzt voraus, dass in geeigneten Situationen über Kompetenzen reflektiert und kommuniziert wird, da erst durch die Artikulierung Kompetenzwissen auch vermittelt werden kann.

2.4 Wissensdimensionen: implizit–explizit

Die Unterscheidung verschiedener Wissensdimensionen geht auf den ungarischen Biologen und Wissenschaftstheoretiker Michael Polanyi zurück, der bereits in den sechziger Jahren den Begriff *tacit knowledge* geprägt hatte, der in der Folge als *implizites Wissen* auf Deutsch übersetzt wurde. Die Erkenntnisse von Polanyi, insbesondere seine Beobachtung, dass wir noch mehr Wissen haben, als wir aussprechen können, und dass es möglich ist, mindestens Teile davon zu ergründen, sind für das Wissensmanagement von großer Bedeutung. Seine Arbeiten wurden auch erst breit bekannt, nachdem die beiden japanischen Ökonomen Ikujiro Nonaka und Hirotaka Takeuchi 1995 in ihrem Werk *The Knowledge-Creating Company* seine Unterscheidung zwischen explizitem und implizitem Wissen wieder aufnahmen. Nonaka und Takeuchi stellten die Übergänge zwischen den beiden Wissenszuständen als Wissensspirale dar und entwarfen damit ein Modell für den Wissensgenerierungsprozess im Unternehmen.[10]

Das Konzept der Wissensdimensionen implizit / explizit bildet heute die Grundlage für alle Wissensmanagementansätze, die zum Ziel haben, die Rahmenbedingungen der Wissensarbeit zu gestalten, und deshalb von den WissensträgerInnen ausgehen. Wie wir wissen, kann Wissen im engeren Sinn nur im Kopf des Menschen vorkommen, somit ist Wissen streng genommen immer implizit. Wie wir aber auch gesehen haben, kann der Mensch Teile seines Wis-

---

10 Siehe Anhang, Auswahl von Wissensmanagement-Modellen, Nr. 1, S. 213.

sens artikulieren und so externalisieren. Dadurch «materialisiert» er sein Wissen in Form von Lauten oder Schrift als «Daten», die andern Menschen dann wieder als – umgangssprachlich – «Wissen» oder besser potenzielle Informationen zur Verfügung stehen. Wir erläutern im Folgenden etwas genauer, was die Wissensdimensionen implizit / explizit umfassen. Der permanente Kreislauf aller menschlichen Interaktionen von *Internalisierung* der Informationen, *Verarbeitung zu Wissen* und wieder *Externalisierung* als Daten bildet die Grundlage von Lernen und Kommunikation, was wiederum der Ausgangspunkt ist für alle Interventionen im Wissensmanagement, die das wertvolle Erfahrungswissen für die Organisation greifbar machen wollen.

2.4.1 Implizites Wissen

Die Popularisierung des Begriffs «implizites Wissen» hat dazu geführt, dass vor allem in der maßnahmenorientierten Wissensmanagementliteratur Vorstellungen kursieren, dass es nur eine Frage der geeigneten Methoden ist, dass implizites Wissen in explizites Wissen überführbar ist. In der Theorie wird auf der andern Seite die Konvertierbarkeit zwischen den Wissensdimensionen implizit / explizit auch grundsätzlich in Frage gestellt,[11] die Argumentationen basieren letztlich aber nur auf unterschiedlichen, nämlich engeren oder weiteren Definitionen des Begriffs «implizites Wissen». Wir definieren deshalb vorgängig, welches Verständnis von implizitem Wissen den Ausführungen hier zugrunde liegt.

Implizites Wissen umfasst alles, was eine Person aufgrund ihrer Erfahrung, ihrer Geschichte, ihrer Tätigkeiten und ihres Lernens im Kopf hat. Diese Gesamtmenge an implizitem Wissen besteht aus Wissensteilen mit unterschiedlichen Merkmalen, nämlich in Abhängigkeit ihrer jeweils verschiedenen Art der Entstehung. Implizites Wissen, gewonnen aus Erfahrungen durch Trainieren, hat eine andere Qualität als gelerntes Faktenwissen oder als intuitives Verhaltenswissen. Wir unterscheiden also je nach Entstehungsart und Bewusstheit folgende Bestandteile des impliziten Wissens:

* bewusstes Wissen («Ich weiß, dass ich es weiß» resp. «Ich weiß, dass ich es nicht mehr weiß»)
  Dies umfasst alle Teile des impliziten Wissens, die bewusst oder intentional,

---

11 Vgl. z. B. Schreyögg / Geiger 2005.

d. h. mit Aufmerksamkeit gelernt wurden. Sie sind kognitiv verfügbar und können bei Bedarf expliziert werden, z. B. in Prüfungssituationen, als Erklärung von Phänomen etc. Oder sie sind nicht mehr verfügbar, weil man sie vergessen hat – wessen man sich aber bewusst ist. Dazu gehören Know-that (Faktenwissen, Sachwissen), Know-about (Geschichtenwissen), Know-why (Reflexionswissen) und eventuell Know-what to do.[12]

- latentes Wissen («Ich ahne, dass ich es weiß»)
  Als latent bezeichnen wir Teile des impliziten Wissens, die einem nicht bewusst sind, weil sie manchmal nur als Begleitumstände «mitgelernt» wurden. Latentes Wissen wird deshalb in der Lernpsychologie als potenziell aktivierbar und damit externalisierbar betrachtet, z. B. indem die Situation, in der diese Wissensbestände gelernt wurden, wieder hergestellt wird. Wir können vermuten, dass die Chance auf Explizierbarkeit größer ist, je höher der kognitive Anteil im latenten Wissen ist. Benimmregeln, die in der Erziehung «eingetrichtert» wurden, sind besser explizierbar als kulturelle Verhaltensregeln, die man durch (unbewusste) Anpassung internalisiert hat. Im Knowhow und Know-what-to-do bestehen größere Anteile aus latentem Wissen.

- stilles Wissen («Ich weiß nicht, dass ich es weiß» oder «Ich weiß mehr, als ich zu sagen weiß»[13])
  Der Begriff Tacit Knowledge oder auch still(schweigend)es Wissen geht wie erwähnt auf Polanyi zurück und umfasst den ganzen Rest unseres Wissens, das über persönliche Erfahrungen, Erlebnisse, Fertigkeiten und in der Regel unbewusst, jedenfalls nicht mit fokussierter Aufmerksamkeit aufgenommen wurde. Auch das stille Wissen besteht aus kognitiven und operativen Elementen, die Letzteren umfassen das ganze praktische Können eines Menschen, z. B. manuelles Know-how, Geschicklichkeiten, die durch jahrelange Erfahrungen entwickelt wurden, die er kaum zu erklären, höchstens zu zeigen vermag. Zu den kognitiven Elementen des stillen Wissens zählen subjektive Einstellungen, Werte, Glaube und Aberglaube, Ahnungen, Überzeugungen, Denkmuster, Intuition etc. – alles mentale Modelle, die so tief verwurzelt sind, dass wir sie als gegeben betrachten. Es lassen sich sechs wesentliche Merkmale des stillen Wissens herausschälen: unbewusste Verhal-

---

12 Erläuterung dazu in Kap. 2.5.
13 Gemäß dem viel zitierten Ausspruch von Polanyi zu Tacit Knowledge.

tenssteuerung und Intuition, unbewusstes Gedächtnis, unbewusstes Regel-
wissen, Nichtverbalisierbarkeit, Nichtformalisierbarkeit und Erfahrungs- und
Kontextgebundenheit.[14]

Die Einteilung der impliziten Wissensbestände in drei Bewusstseinszustände ist
insofern willkürlich, als die Übergänge fließend sind; eigentlich handelt es sich
eher um ein Kontinuum von bewusst zu völlig unbewusst. Das darf aber nicht
dahingehend missverstanden werden, dass ein Wissensinhalt aus einem stillen
in einen latenten und dann in einen bewussten Zustand gebracht werden kann;
vielmehr ist für einen bestimmten Wissensinhalt ein bestimmter Bewusstseins-
zustand typisch und entscheidend, ob dieses Wissen überhaupt expliziert werden kann.

Die *Kontextgebundenheit* des Wissensinhalts ist ein wichtiges Kennzeichen
des impliziten Wissens, je unbewusster ein Inhalt aufgenommen wird, desto
stärker wird er mit dem Kontext verbunden gespeichert. Dies gilt besonders für
die operativen Elemente im Wissen, d. h. für das implizite Wissen vieler körper-
licher Fertigkeiten (Velofahren, Skifahren etc.). Eine Externalisierung dieses
Wissens ist, wenn überhaupt, nur mit einem Kontext-Transfer möglich, d. h.
die Vermittlung ist nur möglich, wenn der gleiche Kontext vorhanden ist, bei
dem es erworben wurde. Der gespeicherte Kontext ist auch für die Aktivierung
des impliziten Wissens zur Verarbeitung einer Information entscheidend. Der
Grund für die Schnelligkeit der menschlichen Informationsverarbeitung liegt
vermutlich darin, dass mit einem neuen Wissenselement immer auch der Lern-
kontext mitgespeichert wird, so dass dieses Wissen via Kontextähnlichkeit sehr
schnell wieder aufgerufen werden kann. Analogien und Assoziationen wirken
wie ein Raster, der die Wahrnehmung und Interpretation von Informationen
durch die Personen vorstrukturiert. Die mentalen Modelle sind kognitive Ordnungen,[15] die in Form von Analogien unser Denken und unser Handeln lenken.

Als implizites Wissen wird also alles bezeichnet, was ein Mensch benötigt,
um leben und überleben zu können, d. h. um laufend alle Wahrnehmungen zu
verarbeiten und Probleme zu lösen: Beobachtungswissen, Antrainiertes, Ge-
übtes, Fertigkeiten, Faktenwissen, Auswendiggelerntes, soziale Regeln, Verhal-

---

14   Vgl. Renzl 2003:32 f.
15   Vgl. dazu die Beschreibung der Lerntheorie des Kognitivismus in Kap. 5.1.2.

tenswissen, Einstellungen, Phantasie, Assoziationen etc. Implizites Wissen ist also ein individuelles Konstrukt von Wissensinhalten im Kopf.

> **Wir definieren implizites Wissen deshalb als Gesamtheit des Wissens im Kopf des Menschen, das in einem unbewussten (stilles Wissen), nicht bewussten (latentes Wissen) oder bewussten Zustand sein kann und aus kognitiven Elementen (die dadurch codierbar und artikulierbar sind) und aus operativen, kognitiv unzugänglichen Elementen besteht (die nicht explizierbar, höchstens demonstrierbar sind).**

2.4.2 Explizi(er)tes Wissen

Aus den obigen Ausführungen folgt, dass explizites Wissen immer *expliziertes* implizites Wissen bedeutet. Es handelt sich also nur um diejenigen impliziten Wissensinhalte, die dem Wissenden kognitiv zugänglich sind, d. h. bewusst sind, und über die er sprechen oder schreiben kann. Durch die Codierung und Artikulation haben diese Wissensinhalte aber einen *andern Status oder Zustand mit andern Merkmalen* angenommen. Das Immaterielle und Diffuse ist in eine materielle Form (Zeichen – Daten) «übersetzt» worden, die eine für andere verständliche Repräsentation darstellt. Codes wie natürliche oder künstliche Sprachen sind nichts anderes als Konventionen einer menschlichen Gemeinschaft zur Darstellung oder Repräsentation von Wissensinhalten, damit Kommunikation und Austausch zwischen Individuen möglich sind. Erst in explizierter Form als Daten werden persönliche Wissensinhalte für jemand anderen wieder zu potenziellen Informationen und dienen damit seiner Wissensanreicherung. Mittels Informationstechnologie können Daten auch durch Auswahl und Kombination zu «höherwertigen» Daten verarbeitet werden. Dadurch wird in unserem Verständnis aber kein Wissen geschaffen, sondern das Informationspotenzial der Daten steigt. Erst wenn diese Informationen vom Menschen als relevant erkannt, verarbeitet und wieder expliziert werden, entsteht explizites Wissen.

Wie wir bereits ausgeführt haben, ist für eine Organisation nur das in irgendeiner Form explizierte Wissen greifbar. Die Organisation kann nicht direkt über das implizite Wissen der Mitarbeitenden verfügen – dort aber liegt die wichtigste Ressource einer wissensintensiven Organisation. Ein stark betriebswirtschaftlich orientiertes Wissensmanagement, das Wissen vor allem als ökonomische Ressource betrachtet, verfolgt deshalb auch in erster Linie eine *Kodi-*

fizierungsstrategie, d. h. versucht mit verschiedenen Maßnahmen einen möglichst großen Teil des impliziten Wissens der Mitarbeitenden in speicherbarer Form zu explizieren, damit es für die Organisation verfügbar wird und auch gesichert werden kann. Ein eher pädagogisch-psychologisch orientiertes Wissensmanagement, das Wissen als persönliche Ressource betrachtet, favorisiert eher die *Personifizierungsstrategie*, die mit geeigneten Maßnahmen die Externalisierung von Wissen über Austausch und Kommunikation fördert und nicht unbedingt die Speicherung als Hauptziel hat.

Merkmale	
Implizites Wissen	*Explizi(er)tes Wissen*
Individuelle kognitive Konstruktion von Wissensinhalten	Allgemein verständliche Repräsentation einer Auswahl dieser Wissensinhalte
Alles Wissen im Kopf des Menschen	Codiertes, artikuliertes kognitives Wissen in Form von Daten (z. B. Laute oder Zeichen, Schrift)
Immateriell, diffus, intangibel	Materialisiert, formalisiert
Inhalte: Erfahrungen, Fertigkeiten, Geschicklichkeiten, Einstellungen, Regelwissen, mentale Bilder, Phantasie, Fakten, Schulwissen, Erinnerungen, Denkmodelle, Werte, Intuition etc.	Inhalte: diejenigen impliziten Inhalte, die kognitiv fassbar sind wie Fakten, Sachwissen, Geschichten, Erinnerungen, Regeln, Theorien, Anweisungen, Schemata, Pläne, Formeln etc.
Entstehung durch Internalisierung von Informationen, durch Lernen, Beobachten, Nachahmen, Erleben, Kommunikation	Entstehung durch Artikulierung kognitiv zugänglicher impliziter Wissensinhalte
Übertragung durch Explizierung oder Demonstration (Vormachen)	Übertragung durch verschiedene Kanäle und Medien in Abhängigkeit von der Verfügbarkeit der Speicher
Speicherung: menschliches Gehirn	Speicherung: Papier, Datenbanken, Mensch etc.

Dynamisch, unstabil	Dynamisch, unstabil im mündlichen Austausch Statisch (ein Zustand kann fixiert werden) und stabil in gespeicherter Form

Tab. 1 Merkmale implizites – explizi(er)tes Wissen

2.5 Wissensarten

Eine andere Betrachtungsweise ist die Unterteilung der Wissensbestände in Wissensarten, wobei je nach Perspektive unterschiedliche Klassifikationen sinnvoll sind. Für das Wissensmanagement ist die grundlegende Unterscheidung von zwei Wissensarten wichtig:

- *Inhaltswissen* (deklaratives, semantisches Wissen, Faktenwissen, Theoriewissen)
- *Handlungswissen* (prozedurales Wissen, Erfahrungswissen, praktisches Wissen)

Dies entspricht weitgehend dem oben eingeführten Begriffspaar Wissen / Können oder kognitives / operatives Wissen. Auch die Gedächtnisforschung unterscheidet innerhalb des Langzeitgedächtnisses zwischen einem deklarativen und einem prozeduralen Gedächtnissystem. Eine weitere Unterteilung, die in der Wissensmanagementliteratur zu finden ist, operiert mit Merkmalen, die z.T. auf die antike Metaphysik (Aristoteles) zurückgehen:

Wissensart	Beschreibung	Erwerb
know-that Wissen, dass etwas ist	Propositionales, deklaratives Wissen, Weltwissen, Faktenwissen, Sachwissen, Allgemeinwissen, Regelwissen, Theoriewissen	Wird in der Regel über kognitives Lernen erworben, ist wieder gut explizierbar

Wissensart	Beschreibung	Erwerb
know-about Wissen über / von etwas	Faktenwissen im Sinne von Historie, Ereigniswissen, Erlebniswissen, raum-zeitliches Lokalisierungswissen, Geschichtenwissen, Gerüchte-Wissen	Wird in der Regel über Erzählen oder Erleben erworben und ist auch wieder narrativ explizierbar (Methode Storytelling)
know-how Wissen, wie etwas zu tun ist resp. funktioniert	Prozedurales Wissen, Handlungswissen, Erfahrungswissen, Anwendungswissen, praktisches Wissen, Können, Fertigkeit, Fähigkeit	Wird in der Regel über das Tun und durch «Learning on the Job» erworben, ist oft schwierig zu explizieren, evt. über Kommunikation und exemplarisches Erzählen (Methode Storytelling) oder durch Demonstrieren, während eine zweite Person beobachtet und beschreibt
know-why Wissen, warum etwas so ist, etwas erklären können	(Setzt know-that, know-about und know-how voraus) Reflexionswissen, Metawissen, intellektuelles Wissen, explikatives Wissen, generatives Wissen	Wird durch Reflexion über das Tun erworben, oft durch Kommunikation im Team, ist deshalb kognitiv verfügbar und explizierbar
know-what to do Wissen, was zu tun ist	(Setzt know-that, know-about, know-how und know-why voraus) Strategisches Wissen, Entscheidungswissen, Methodenwissen, Gestaltungswissen, Expertenwissen	Wird in komplexen Entscheidungs- oder Problemlösungsprozessen erworben durch das (intuitive) Zusammenspiel der verschiedenen Wissensarten und ist deshalb kaum explizierbar

Tab. 2 Wissensarten

Diese Auflistung ist vermutlich nicht abschließend, auch nicht wirklich wissenschaftlich belegt, und die Kategorien haben einen unterschiedlichen Detaillierungsgrad. Die Begriffe haben jedoch für die Analyse und Kategorisierung von konkretem Wissen bei Mitarbeitenden durchaus einen praktischen Wert, vor allem wenn es darum geht, mit Maßnahmen bestimmte Wissensbestände zu sichern oder den Transfer zu fördern. Es gibt gewisse Parallelen zur Wissen+Können-Treppe, weil diese Wissensarten eigentlich auch auf einer Komplexitäts / Zeit-Relation beruhen. Es ergibt sich so eine qualitative Matrix, wenn wir davon ausgehen, dass menschliches Lernen bedeutet, sich im Laufe des Lebens mit zunehmender Erfahrung auch zunehmend komplexere Wissensformen anzueignen.

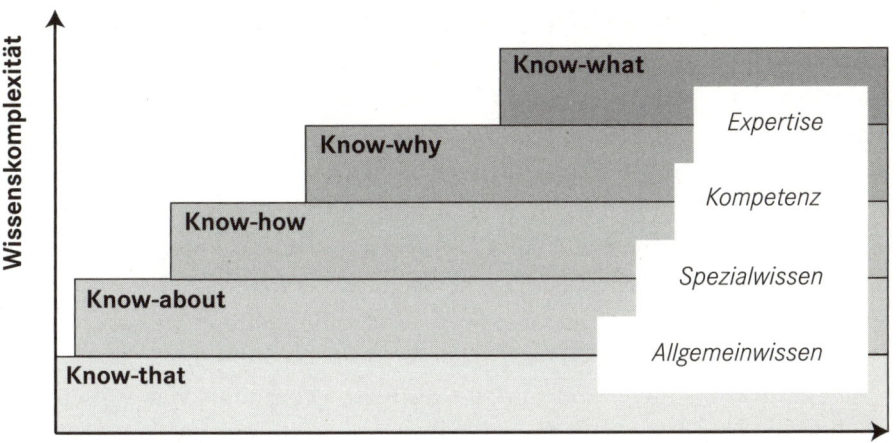

Abb. 2 Wissensarten

2.6 Wissensmodelle über die «Natur des Wissens»

Es ist nicht ganz unwesentlich, mit welcher erkenntnistheoretischen «Brille» Wissen betrachtet wird, je nachdem kommt man zu unterschiedlichen Erkenntnissen über die «Natur des Wissens». Es gibt in der abendländischen Wissenschaft zwei grundsätzliche Vorstellungen davon, wie die Welt «ist»: das *ontologische* und das *konstruktivistische Erklärungsmodell*.[16]

Ontologie bedeutet die Lehre vom Seienden: Etwas, das erkannt wird, existiert auch real. Ontologie und der darauf basierende Realismus gehen von der

---

16 Vgl. dazu die Erläuterungen von Meinsen 2003:22 ff.

Annahme aus, dass eine Realität existiert, unabhängig vom Menschen und seiner Wahrnehmung, und dass es prinzipiell möglich ist, diese Realität zu erkennen. Ziel der Erkenntnis ist deshalb, ein möglichst genaues, d. h. objektives Abbild der Realität zu gewinnen.

Der Konstruktivismus hingegen geht von einer andern Vorstellung aus: Eine Erkenntnis wird immer von einem Beobachter aus beschrieben. Was er beobachtet, ist abhängig von seiner subjektiven Wahrnehmung und wird nicht von der äußeren Realität vorgegeben. Die «Richtigkeit» der Beobachtung hängt von ihrer subjektiven «Brauchbarkeit» für den Beobachter ab. Die Vorstellungen über die Welt sind also subjektive Konstruktionen einer Wirklichkeit; der Konstruktivismus verwendet deshalb auch den Begriff Wirklichkeit und nicht Realität. Dies bedeutet jedoch nicht, dass die menschliche Wirklichkeitskonstruktion völlig beliebig ist. Ihre Brauchbarkeit für die Umsetzung in Handlungen ist ausschlaggebend, nämlich ob eine Erkenntnis (Wirklichkeitskonstruktion) viabel[17] ist, d. h. funktioniert und damit «lebensfähig» ist. Aus konstruktivistischer Sicht ist also nicht die realitätsbezogene Objektivität von Wissen relevant, sondern wie erfolgreich eine Erkenntnis sich in Handlung umsetzen lässt, wie gut sie in eine Wirklichkeit passt.

Dieses instrumentelle und funktionalistische Verständnis von Wissen entspricht damit eigentlich dem ökonomischen Verständnis von Wissen, bei dem vor allem die Nützlichkeit und Brauchbarkeit von Wissen in Anwendungs- und Problemlösungssituationen wichtig ist[18] und weniger, ob es sich um «richtige» Erkenntnisse handelt. Im Folgenden werden drei Wissensmanagement-Konzepte kurz vorgestellt, die diese beiden grundsätzlichen Vorstellungen von Wissen mit jeweils unterschiedlichen Begriffen darstellen.

2.6.1 Paket–Interaktions-Modell

Schneider[19] bezeichnete in ihrem Modell die ontologische Betrachtungsweise von Wissen als «Paketmodell» und die konstruktivistische als «Interaktionsmodell». Die Vorstellung, dass Wissen als «Paket» von Sender zu Empfänger geschickt wird, beruht auf dem ontologischen Weltbild, dass Wissen an sich gege-

---

17 Viabilität ist ein Begriff, der von Glasersfeld einführte: «Begriffe, Theorien und kognitive Strukturen im allgemeinen sind viabel bzw. überlegen, so lange sie die Zwecke erfüllen, denen sie dienen, so lange sie uns mehr oder weniger zuverlässig zu dem verhelfen, was wir wollen.» Von Glasersfeld 1987:141, zit. nach Meinsen 2003:26.

18 Siehe Kap. 1.2.

19 Schneider 1996:17 ff.

ben ist, weder körper- noch kontextgebunden. Wissen ist Abbild einer gegebenen Realität und kann wie eine andere materielle Ressource behandelt werden, z. B. gespeichert, verteilt, verarbeitet werden. Dem gegenüber steht das konstruktivistische «Interaktionsmodell», das auf der Vorstellung beruht, dass Wissen durch Interaktion mehrerer Menschen entsteht, weil es immer mehrere Möglichkeiten gibt, die Wirklichkeit zu erklären. Diejenigen Deutungen, die die Mehrheit als brauchbar erachtet, setzen sich dann durch, was dem oben erwähnten Konzept der Viabilität entspricht. In dieser Betrachtungsweise ist Wissen immer an das Individuum gebunden und kann nur mit interaktiven Prozessen zwischen Menschen entwickelt und ausgetauscht werden.

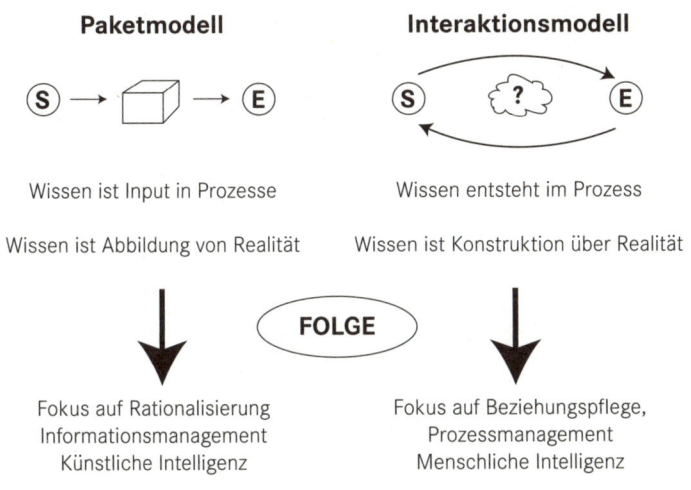

Abb. 3 Paketmodell – Interaktionsmodell von Schneider[20]

2.6.2 Stock–Flow-Modell

Auf der gleichen Gegensätzlichkeit beruhen die beiden Wissensmodelle, die Weggemann einerseits mit Stock-(Bestand)-Ansatz und andrerseits mit Flow-(Fluss)-Ansatz bezeichnet.[21] Hier steht vor allem der Aspekt der Übertragbarkeit im Vordergrund: Die Annahme, dass Wissen ein Bestand ist, geht davon aus, dass es objektiv übertragbar ist, folglich spielt die Informationstechnologie und die Speicherung in Datenbanken eine dominante Rolle. Hingegen geht die An-

---

20 Schneider 1996:19.
21 Weggemann 1999:48.

nahme, dass Wissen ein Fluss ist, davon aus, dass ein objektiver Transfer von Wissen unmöglich ist, da bei jedem Informationsverarbeitungsprozess, den letztlich immer ein Mensch ausführt, bewusst oder unbewusst subjektive Bewertungen einfließen. Von dieser Annahme ausgehend muss Wissensmanagement deshalb Lern- und Interaktionsprozesse fördern.

2.6.3 Objekt–Prozess-Modell

Wissen entweder als materiell-fassbar oder als immateriell-intangibel betrachtet, findet sich in ähnlicher Weise bei verschiedenen Autoren in der Wissensmanagementliteratur als Objekt–Prozess-Modell dargestellt.[22] Auch bei diesem Ansatz wird das Objekt-Verständnis von Wissen in Zusammenhang mit Informationsverarbeitung gebracht, das Prozess-Verständnis hingegen in Zusammenhang mit dem Handeln: Wissen entsteht durch Handeln. Folglich stehen bei der Prozess-Perspektive auch der Mensch und menschliche Interaktionen im Zentrum, sowohl bei der Wissensentstehung wie beim Wissenstransfer.

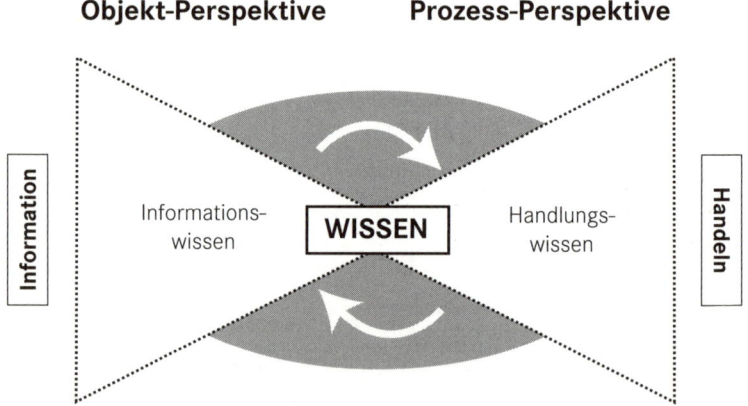

Abb. 4 Objekt–Prozess-Modell von Reinmann-Rothmeier [23]

2.6.4 Konsequenzen für das Wissensmanagement

Jedem Wissensmanagementansatz liegt eines der beiden Denkkonzepte zugrunde, entweder das auf einem ontologischen Weltbild beruhende «Paket-

---

22 z.B. bei Karl-Erik Sveiby 1996 http://www.sveiby.com/tabid/121/Default.aspx (29.11.06), bei North 1998 oder im Münchener Wissensmanagement-Modell von Reinmann-Rothmeier 2001.
23 Reinmann-Rothmeier 2001:17.

Stock-Objekt»-Modell oder das konstruktivistisch geprägte «Interaktions-Flow-Prozess»-Modell von Wissen. Im materialistischen Wissensverständnis von Technologie und Wirtschaft wird Wissen eher mit mentalen Modellen von Objekt, Bestand, Besitz assoziiert. Im psychologisch-pädagogischen Kontext hingegen, wo es um Lernprozesse geht, wird Wissen eher als immaterielle «flow»-Ressource betrachtet. Es ist also wesentlich, bei einer Wissensmanagement-Methode zuerst zu analysieren, auf welchem erkenntnistheoretischen Wissensverständnis die Methode beruht, und zu hinterfragen, ob sie für die konkrete Problemstellung die adäquate Sichtweise ist.

Das *Stock- resp. Objekt-Modell* geht davon aus, dass Wissen objektiv übertragbar ist, eine Art materielle Realität mit Mengencharakter hat und wie ein Vorrat gespeichert, abgerufen, erworben, vermehrt, verteilt werden kann. Es ist ein statischer Bestand oder Besitz, der Macht verleiht, der akkumulierbar und übertragbar ist, über den der Wissensträger verfügen kann. Dies entspricht der Definition von *expliziertem Wissen*[24]: Erst wenn Wissen externalisiert und in Form von Daten materialisiert worden ist, bekommt es die oben erwähnten Eigenschaften und kann z. B. mit Informationstechnologie verwaltet werden. Wenn ein Unternehmen auch seine Wissensressourcen mit dem klassischen Managementzyklus von Zielsetzung–Maßnahmenplanung–Umsetzung–Kontrolle steuern will, geht das Management von einem materialistischen Objekt-Verständnis von Wissen aus und wird logischerweise unter Wissensmanagement auch eher *Management of Information* verstehen.

Wissensmanagement als Management of Information verfolgt offen oder indirekt eine *Kodifizierungsstrategie*, d. h. alle Maßnahmen haben zum Ziel, das implizite Wissen aus den WissensträgerInnen herauszuholen und zu speichern, um es verfügbar zu machen. Es wird eine große Kreativität bei der Erfindung aller Arten von Methoden und Tricks entwickelt, wie man die Mitarbeitenden dazu bringen kann, ihr implizites Wissen zu explizieren. Solche Wissensmanagement-Methoden sind daher auf die Erfassung und Aufzeichnung von «Wissen» (eigentlich Daten) in Systemen und Datenbanken ausgerichtet, und IT spielt eine große Rolle. Das Informationsmanagement z. B. beruht praktisch ausschließlich auf der Objekt-Metapher. Aussagen wie: «Wissen ist die einzige Ressource, die durch Gebrauch nicht abnimmt, sondern sich vermehrt» basieren auf dem Objekt-Ansatz, indem hier eine Ausnahme von der (materiellen)

---

24 Siehe Kap. 2.4.2.

Mengenregel festgehalten wird. Auch wenn bei diesen Konzepten immer betont wird, dass es bei Wissensmanagement nicht in erster Linie um Informationstechnologie geht, ist IT der Hauptbestandteil solcher Wissensmanagement-Konzepte.

Der *Interaktions-Prozess-Ansatz* geht davon aus, dass Wissen nicht objektiv übertragbar ist, da jeder Übertragungsvorgang die subjektive Wertung der WissensträgerInnen enthält. Das Wissen im Kopf des Menschen wie aber auch die Wissensbasis der Organisation wird als Prozess, als ständige Bewegung, als Fluss betrachtet, wo permanent Neues hinzukommt und Bestehendes weitergegeben wird. Wissen wird nicht als materielle Menge, sondern als eine Art fließende Energie, als sich ständig verändernder Prozess oder als subjektive dynamische Konstruktion verstanden. Der Transferprozess erfolgt vor allem von Mensch zu Mensch durch die Kommunikation. So wie der Mensch nicht *nicht* kommunizieren kann,[25] kann er auch nicht *nicht* lernen. Kommunikation (und Lernen) ist ständige Informationsaufnahme, Verarbeitung zu Wissen und Weitergabe als Information. Wie sehr unsere westliche Wahrnehmung und Erkenntnisfähigkeit vom Objekt-Modell dominiert wird, zeigt sich an solchen Fragen, die ein Ausdruck des Objekt-Denkens sind: Wie *hält* man Wissen beispielsweise *fest*, wenn es in Bewegung (Flow) und nicht unmittelbar «greifbar» ist? Und wem *gehört* Wissen, wenn es in der Interaktion von mehreren Menschen entsteht?

Die Wissensmanagement-Konzepte, die auf dem Interaktions-Prozess-Ansatz beruhen, stellen deshalb die Unterstützung der Austauschmöglichkeiten zwischen den Mitarbeitenden und die Verbesserung der Kommunikation in einem Team, einer Abteilung oder einer ganzen Organisation in den Vordergrund. Deshalb sind diese Wissensmanagement-Modelle häufig auch Teil einer Personal(entwicklungs)-Strategie, die die Zusammenarbeitskultur fördern will, und werden als *Personifizierungsstrategie* bezeichnet. Ziel ist, das individuelle implizite Wissen (d. h. das Wissen in personifizierter Form, das für die Organisation relevant ist) durch Austausch, Kommunikation und Lernen im Interesse der Organisation weiterzuentwickeln. Bei der Förderung der Lernkultur stehen deshalb weniger die Speicherung als ein gesicherter Transfer im Vordergrund, nämlich *Management of People*.

Wissensmanagement-Maßnahmen, die Investitionen in Aktivitäten für den Informationsaustausch fordern, wie z. B. regelmäßige unternehmensweite Prä-

---

25 Vgl. dazu Kap. 5.4.1.

sentationen von laufenden Projekten, Wissensmärkte, interne Fachtagungen, Jobrotation usw., basieren auf dem Interaktions-Ansatz. Viele dieser Maßnahmen benötigen keine IT-Applikationen. Die Informationstechnologie kann dabei natürlich eine unterstützende Rolle spielen, indem sie z. B. Kommunikation über Distanz und Zeit ermöglicht und explizierte Resultate eines Austausches speichert.

Wenn wir für diese Überlegungen die Ausführungen zu den Wissensdimensionen hinzuziehen, zeigen sich einige Parallelen. Objekt- oder Bestandwissen geht eindeutig von explizitem Wissen aus, denn nur das Explizierte lässt sich bewahren und verwalten. Das schlecht Fassbare am Wissensbegriff des Interaktions-Fluss-Modells hingegen scheint dem Wesen des impliziten Wissens zu entsprechen. Es gibt für das Management also prinzipiell zwei Strategien, das Wissen zu managen. Management of Information: Die Mitarbeitenden durch geeignete Maßnahmen und Anreizsysteme dazu zu bringen, ihr (implizites) Wissen zu externalisieren und zu kodieren, damit es informationstechnologisch gespeichert und gesichert werden kann (Wissenstransfer Mensch–Technologie, Objekt-Ansatz), oder Management of People: eine Unternehmenskultur zu schaffen, in der Offenheit, Transparenz, Vertrauen, Wertschätzung und Stimulierung die Basis bilden, so dass der Wissenstransfer Mensch–Mensch funktioniert (Interaktions-Ansatz). Wie immer liegt die für eine konkrete Organisation und ihre spezifischen Wissens-Probleme adäquate Strategie in der richtigen Kombination beider Strategien.

Auch wenn sich in Konzeptpapieren zunehmend der Interaktions-Ansatz findet, so sieht die Praxis im Umgang mit Wissen in den Unternehmen häufig ganz anders aus. Hier dominieren nach wie vor IT-basierte Versuche, Wissen festzuhalten, zu horten und zu transportieren, was nur mit einer Objekt-Perspektive auf Wissen und mit expliziertem Wissen möglich ist. Es ist offensichtlich, dass Personifizierungsstrategien beim westlichen Management und in der Managementliteratur weniger populär sind, weil sie als Prozesse schlechter steuer- und kontrollierbar sind. Das Scheitern vieler Wissensmanagementprojekte in der Vergangenheit, die auf dem Objekt-Ansatz beruhten, führt nun aber dazu, dass Interaktions-Modelle Akzeptanz finden: Dies zeigt z. B. die mehr und mehr zu beobachtende Initiierung und Förderung von Communities of Practice (CoP). CoP sind eine Vernetzung von Personen zum ausschließlichen Zweck des Wissensaustausches, was über die Zweckbestimmung der traditionellen Arbeitsgruppe hinausgeht.[26]

Die auf einem ontologischen Weltverständnis basierenden «Paket-Stock-Objekt»-Modelle des Wissens gehen davon aus, dass Wissen eine materielle Menge ist, die identifiziert, gespeichert und verteilt werden kann und objektiv übertragbar ist. Der Fokus liegt also auf dem explizi(er)ten Wissen, folglich wird hauptsächlich eine Kodifizierungsstrategie (Externalisierung von implizitem Wissen) verfolgt, die Maßnahmen benötigen Informationstechnologie. Unter Wissensmanagement wird hier Management of Information verstanden.

Die auf einem konstruktivistischen Weltverständnis beruhenden «Interaktions-Flow-Prozess»-Modelle des Wissens gehen davon aus, dass Wissen immateriell und intangibel ist, nur im Kopf des Menschen existiert und fließend durch Kommunikation und Interaktion entsteht. Der Fokus liegt auf dem impliziten Wissen, und entsprechend wird eine Personifizierungsstrategie (Förderung des Wissensaustausches durch Kommunikation) bevorzugt, mit Maßnahmen, die nicht zwingend Informationstechnologie benötigen. Unter Wissensmanagement wird hier Management of People verstanden.

2.7 Wissen in der Praxis

Wissensmanagement beschäftigt sich mit *Wissen, angewendet im Arbeitskontext*, der ökonomisch oder nicht gewinnorientiert und öffentlich sein kann. Da Wissensmanagement aus wirtschaftlichen Gründen entstanden ist, stellt sich also die Frage, ob für Wissensmanagement im Non-Profit und Public Sector die gleichen Voraussetzungen und Rahmenbedingungen gelten wie in der Wirtschaft. Dazu vergleichen wir die Attribute, die Wissen im Wirtschaftskontext hat, mit den Merkmalen von Wissen im nicht gewinnorientierten und öffentlichen Sektor.

---

26   Mehr dazu im Kapitel 7.2.2.

2.7.1 Wissensattribute im gewinnorientierten Kontext

Wenn sich Wissen im Wirtschaftssystem als Produktivkraft entwickelt, wird es auch der Logik dieses Systems unterworfen: Das Unternehmen muss seine Produktivkräfte beherrschen und kontrollieren, also auch Wissen, das als Kapital betrachtet wird. Wir haben gesehen, dass die Hauptmotivation für Wissensmanagement bei den kommerziellen wissensintensiven Unternehmen der Erhalt resp. die Förderung ihrer Innovations- und damit Konkurrenzfähigkeit ist. Wissen als Produktionsfaktor bekommt dadurch die gleichen (marktwirtschaftlichen) Attribute wie die andern Produktionsfaktoren Kapital oder Arbeit:

- Objekt und Eigentum
- identifizierbare und bewertbare Materie (Wissenskapital)
- Produktion, Nutzung und Bewahrung von Wissen analog zu anderem Eigentum des Unternehmens
- Wissensentwicklung innerhalb der Unternehmensgrenzen und geschützt vor Konkurrenz (z. B. Joint Venture oder Merger als Zugang zu resp. Einverleibung von Konkurrenz-Wissen)
- Wissenstransfer als kommerzielle Handlung (Verkauf von Wissensprodukten)
- Schutz vor Verlust und Diebstahl (Geistiges Eigentum, Patente)

Eine solche Betrachtungsweise des Produktionsfaktors Wissen ist eine logische Konsequenz in einem Kampf-Kontext von Konkurrenz und Wettbewerb.[27] In der Unternehmensoptik ist Wissen als Objekt ein Kapital und Risikofaktor, wie ein anderes Wirtschaftsgut kann es produziert, bewertet, gehandelt und muss geschützt werden. Wissensmanagement hat die Funktion, all diese Prozesse zu unterstützen oder zu optimieren.

Daraus ergeben sich insofern Widersprüche, als diese Produktivkraft nur via WissensträgerInnen greifbar ist. Im Unterschied zur Produktivkraft Arbeit, die

---

27 Dieses Verständnis der Ressource Wissen zeigt sich in der Managementliteratur zu Wissensmanagement. Stellvertretend für andere sei hier aus dem Wissensmanagement-Standardwerk von Probst / Raub / Romhardt (1999) zitiert: «Welches Wissen ist heute für Ihren Geschäftserfolg entscheidend? [...] Kompetenzen *entwerten* sich im internationalen *Fähigkeitswettbewerb* immer schneller [...]. Wissensvorsprünge müssen *erkämpft* und in konkrete Nutzungsstrategien übersetzt werden. [...] Oder konzentrieren Sie sich auf Bereiche, welche die *Konkurrenz besser beherrscht*?» (63); «Als wir das Joint Venture mit unserer Partnerfirma eingegangen sind, dachten wir eigentlich an eine *gemeinsame Produktentwicklung*. Wie sich später herausstellte, haben wir die Motive des Partners völlig falsch eingeschätzt. Denen ging es eigentlich nur um den *Zugang zu unseren Marktkenntnissen*» (Zitat 65, kursive Hervorhebungen U.H.).

über die Automatisierung vollständig unter Kontrolle gebracht wurde, ist die Sache im Fall von Wissen(sarbeit) komplexer. Daten als materieller Output von Wissensarbeit lassen sich informationstechnologisch kontrollieren, verwerten und sichern, ihre Produktion und Nutzung benötigt jedoch ein lernendes System, nämlich den Menschen als Wissensträger. Wie wir wissen, sind nicht Daten die Produktivkraft, sondern Wissen. Wissensmanagement ist deshalb das Instrument, diese Produktivkraft in den Griff zu bekommen. Zum Beispiel indem versucht wird, die Produktivkraft Wissen via mehr oder weniger subtile Beeinflussungsmaßnahmen der WissensträgerInnen beherrschbar und nutzbar zu machen (Kodifizierungsstrategie). Wissen ist aber ausschließlich im Kopf des Menschen, umfasst sein ganzes Wesen, seine Identität, und letztlich verfügt nur er darüber. Der Mensch handelt in seiner Funktion als Arbeitskraft im Wirtschaftssystem, aber auch nach der gleichen Logik: Sein Wissen ist sein Eigentum und sein Kapital. Deshalb stoßen auch alle Wissensmanagement-Maßnahmen, die zu offensichtlich die Kontrolle der Organisation über die Produktivkraft Wissen zum Ziel haben, bei den Mitarbeitenden auf latenten bis offenen Widerstand.

Da Wissen nun zum wichtigsten Wertschöpfungsfaktor im Wirtschaftssystem und in der Gesellschaft geworden ist und Wissen ein integraler Bestandteil des denkenden Menschen ist, ergibt sich daraus theoretisch eine Konstellation, die genutzt werden könnte, um den Stellenwert der Wissensarbeitenden als wirkliche Eigentümer der wichtigsten Produktivkraft zu stärken. In der Praxis der Wirtschaftswelt und im Organisationsalltag erleben wir aber eine Art Backlash des Managements, das eine bedrohliche Machtstellung von Wissensarbeitenden erfolgreich verhindert.[28]

> **Im gewinnorientierten Kontext ist Wissen vor allem Besitztum, das wie andere Güter produziert, erworben und gehandelt werden kann und vor Konkurrenz geschützt werden muss. Die Produktivkraft der wahren Wissenseigentümer, der Wissensarbeitenden, muss das Unternehmen deshalb in den Griff bekommen.**

---

28 Siehe Kap. 7.2.4.

2.7.2 Wissensattribute im nicht gewinnorientierten und öffentlichen Kontext

Die sehr starke Fixierung der kommerziellen Unternehmen auf den Objekt- und Eigentums-Charakter und damit Konzentrierung auf Kontrolle und Sicherung des Wissens ist ein Ausdruck der Marktorientierung und des Konkurrenzdenkens. Es wäre nun grundfalsch, wenn mehr Wettbewerbsorientierung im öffentlichen Bereich[29] dazu führen würde, dass Wissensmanagement bei Non-Profit- und öffentlichen Organisationen mit den gleichen Zielsetzungen wie bei kommerziellen Unternehmen betrieben würde: die Wissensproduktion zu kontrollieren, das Wissen als Produkt zu handeln und das produzierte Wissen vor der «Konkurrenz» zu schützen.

Der große Unterschied zu Wirtschaftsunternehmen besteht darin, dass das Handeln der öffentlichen Organisationen mit einem Leistungsauftrag der Öffentlichkeit legitimiert wird, was auch für die meisten Non-Profit-Organisationen mit öffentlichen Mandaten gilt. Die Wissensproduktion im öffentlichen Sektor hat zum Ziel, die Erfüllung des Leistungsauftrags zu ermöglichen und sicherzustellen. Öffentliche Organisationen entwickeln und transferieren Wissen, das zur Erstellung einer öffentlichen Dienstleistung notwendig ist und auf das die Öffentlichkeit in gewissem Sinne ein Anrecht hat. Die Wissensprodukte der öffentlichen Organisationen sind grundsätzlich «öffentlich», wobei hier gleich differenziert werden muss. Öffentliche Verwaltungen und mandatierte Organisationen haben die Pflicht, bestimmtes Wissen zu sammeln, Wissen im Interesse der Öffentlichkeit zu bewahren (Archivierungspflicht) und auch dafür zu sorgen, dass bestimmtes Wissen geschützt wird (Datenschutz). Gesetze, Verordnungen, Standardisierungen etc. sind Formen der Wissensexplizierung und -bewahrung. Grundsätzlich gibt es im Public Sector deshalb eine öffentliche resp. demokratische Kontrolle in Bezug auf das Wissen, das die Verwaltung im Interesse der Öffentlichkeit verwaltet.

Solches Wissen wird grundsätzlich nicht als geistiges Eigentum betrachtet. Amtsgeheimnis bedeutet in der Regel eine Form von Datenschutz im Interesse von Betroffenen, aber nicht Schutz von Wissenskapital vor Konkurrenz. Hier zeichnet sich übrigens in allen öffentlichen Verwaltungen als Folge des New Public Managements (NPM) und der Forderung nach Transparenz ein grundsätzlicher Wandel vom Geheimhaltungsprinzip zum Öffentlichkeitsprinzip ab. Dies

---

29 Vgl. die Ausführungen zum New Public Management in Kap. 1.4.

bedeutet, dass die Öffentlichkeit von Verwaltungsdokumenten die Regel ist und Geheimhaltung begründet werden muss.

Im Non-Profit und Public Sector ist zu unterscheiden, ob es

a) um Wissensentwicklung und Wissenstransfer als Teil des öffentlichen Leistungsauftrags oder

b) um verwaltungsspezifische «interne» Wissensprodukte (Konzepte, Prozessverbesserungen etc.) geht.

Bei a) handelt es sich um öffentliches Wissenskapital, um spezifisches *Verwaltungswissen über Wissensverwaltung für die Allgemeinheit*, z. B. politisch kontrollierte Wissensentwicklung oder öffentliche Dokumentierung als Form der Wissenssicherung. Bei b) ist auch als Folge der Wettbewerbsorientierung von NPM ein Trend zu marktwirtschaftlichen Attributen zu beobachten: Solches verwaltungsinternes Wissen wird als Besitztum betrachtet, das man der «Konkurrenz», andern Verwaltungen oder Organisationen, nicht einfach zur Verfügung stellt. Es handelt sich also um spezifisches *Verwaltungswissen als Produktionsfaktor* und wird deshalb auch als proprietär betrachtet. Im Einzelfall kann es für eine Verwaltung oder Non-Profit-Organisation aber schwierig sein zu unterscheiden, ob Wissen, das intern entwickelt wurde, z. B. eine Prozessverbesserung, dieser Organisation gehört und andern als Best Practice verkauft wird oder ob man es als quasi öffentliches Wissen andern zur Verfügung stellt, damit sie ihre Prozesse ebenfalls verbessern können.

Es stellt sich die grundsätzliche Frage, ob alles Wissen, das mit Steuergeldern entwickelt wird, auch der Öffentlichkeit oder andern für die Öffentlichkeit arbeitenden Organisationen «gehört». Sobald ein Bereich sich wettbewerbsorientiert verhalten muss (z. B. bei Einführung von NPM), wird Wissen zum Wettbewerbsfaktor und als Eigentum betrachtet.

Wir können also festhalten: Je stärker wettbewerbsorientiertes Verhalten und Konkurrenzdenken im öffentlichen Bereich gefördert wird, desto mehr gleicht sich der Umgang mit Wissen der gewinnorientierten Privatwirtschaft an – aus Sicht Wissensmanagement nicht unbedingt ein Vorteil. Profitcenter-Denken, besonders innerhalb einer großen Organisation oder Verwaltung, verhindert systemoffene gemeinsame Wissensentwicklung und freien Wissenstransfer.

Aus den im New-Public-Management-Postulat formulierten Zielen öffentlicher und nichtkommerzieller Organisationen, nämlich Kunden-, Wirkungs-, Qualitäts- und Wettbewerbsorientierung, ist aus Sicht Wissensmanagement der Qualitätsaspekt der wichtigste, da er, auf das Wissen bezogen, die Aspekte Kunden- und Wirkungsorientierung einschließt. Die Wettbewerbsorientierung hingegen darf nicht der (Haupt-)Grund für bessere Qualität sein, sondern die Qualitätsoptimierung muss aus der Wahrnehmung der Kundensicht und dem intrinsischen Interesse an einer möglichst guten Wirkung der Dienstleistung resultieren. Denn die Bewertungskriterien für eine öffentliche Leistung sind *nicht gewinnbezogen, sondern wirkungsbezogen,* Wissen wird entwickelt und eingesetzt zur Erzeugung einer gewünschten Wirkung, nicht zur Erzeugung von Gewinn.

Also nicht Wissen in nichtimitierbarer Form entwickeln, schützen und gewinnbringend nutzen, *sondern für die Öffentlichkeit wertvolles Wissen aufbereiten, zielgruppengerecht zur Verfügung stellen und möglichst breit transferieren,* wäre der adäquate Umgang mit Wissen im Public Sector. Somit können wir in Analogie zu den marktwirtschaftlichen Attributen der Ressource Wissen diejenigen Attribute aufzeichnen, die für Wissen als Ressource im Non-Profit und Public Sector adäquat wären:

Attribute der Ressource Wissen	
In der Marktwirtschaft	*Im Non-Profit und Public Sector*
Wissen ist Eigentum	Wissen ist «Eigentum» der Öffentlichkeit, ist öffentlich
Wissensgenerierung als Produktentwicklung, geschützt vor Konkurrenz	Wissensgenerierung als Leistungsauftrag der Öffentlichkeit (z. B. als politische Entscheidungsgrundlage), Informationsverarbeitung im Interesse der Öffentlichkeit
Wissenstransfer als kommerzielle Handlung	Wissenstransfer als Zweck der Leistungserstellung, als Verpflichtung, als Grundlage der öffentlichen Tätigkeit
Speicherung und Sicherung wie anderes Eigentum	Speicherung und Sicherung für die Öffentlichkeit als Archivierungspflicht

Tab. 3 Attribute der Ressource Wissen

2.8 Wissensmerkmale im Überblick

Zusammenfassend werden die Kriterien, mit denen Wissen beschrieben werden kann, in einer Tabelle einander gegenübergestellt.

Kriterien	Merkmale	Beschreibung
Wissens-aspekte	*kognitiv*	Wissensinhalte, die durch Denkprozesse strukturiert und artikuliert werden können. Wissen (Inhaltswissen), Kompetenz
	operativ	Wissensinhalte, die aus körperlichem Tun und Erfahrungen resultieren und kaum mittels Sprache artikuliert werden können. Können (Handlungswissen), Fertigkeit
Wissens-dimensionen	*implizit*	Immateriell, im Kopf des Wissensträgers, Zustand von unbewusst bis bewusst: – Stilles Wissen (unbewusst): 　mit kaum artikulierbaren *operativen* Elementen, z. B. Geschicklichkeiten, manuelles Erfahrungswissen; mit teilweise artikulierbaren *kognitiven* Elementen, z. B. Überzeugungen, Denkmuster, Glaube. – Latentes Wissen (nicht bewusst): 　Unbemerkt als Begleitumstand gelernt, ist potenziell aktivierbar. – Bewusstes Wissen: 　Intentional und bewusst gelernt, ist kognitiv verfügbar und kann bei Bedarf expliziert werden.
	explizi(er)t	Materiell, formalisiert in Form von Daten: implizites Wissen mit hohem kognitivem Anteil, das in einen Code, z. B. Sprache, gefasst und artikuliert wurde.

Kriterien	Merkmale	Beschreibung
Wissensarten	*Know-that*	Wissen, dass etwas ist (Propositionales, deklaratives Wissen, Fakten- wissen, Sachwissen, Allgemeinwissen, Theoriewissen) gut explizierbar
	Know-about	Wissen über / von etwas (Faktenwissen im Sinne von Ereigniswissen, raum-zeitliches Lokalisierungswissen, Ge- schichtenwissen) narrativ explizierbar
	Know-how	Wissen, wie etwas zu tun ist resp. funktioniert (Prozedurales Wissen, Handlungswissen, Erfahrungswissen, Anwendungswissen, Können, Fertigkeit) schlecht explizierbar
	Know-why	Wissen, warum etwas so ist, etwas erklären können (Setzt know-that, know-about und know-how voraus, Reflexionswissen, Metawissen, explikatives Wissen) explizierbar
	Know-what-to-do	Wissen, was zu tun ist (Setzt know-that, know-about, know-how und know-why voraus, strategisches Wissen, Entscheidungswissen, Methodenwissen, Expertenwissen) schlecht explizierbar

Kriterien	Merkmale	Beschreibung
Wissens-modelle	*ontologisch*	Die Realität existiert unabhängig vom Menschen und seiner Wahrnehmung, Wissen ist an sich gegeben, weder körper- noch kontextgebunden: Wissen kann als «Paket» von Sender zum Empfänger geschickt werden (Paketmodell), Wissen kann verteilt, vermehrt und wie ein Vorrat gespeichert werden (Stock-Modell), Wissen ist materiell fassbar und kann gehandelt werden wie andere Produkte (Objekt-Modell).
	konstruktivistisch	Wirklichkeit ist eine subjektive Konstruktion, Wissen ist eine brauchbare subjektive Wahrnehmung eines Beobachters, die sich in Handlung umsetzen lässt: Wissen entsteht durch Kommunikation und Austausch (Interaktionsmodell), Wissen ist unfassbar und wird wie ein Energiefluss übertragen (Flow-Modell), Wissen entsteht dynamisch durch Handeln (Prozess-Modell).
Nichtwissen[30]	*Ignoranz*	*Ich weiß nicht, dass ich es nicht weiß*
	Vergessenes	*Ich weiß, dass ich es nicht mehr weiß*
	Wissenslücke	*Ich weiß, dass ich es nicht weiß*
	Unbewusstes	*Ich weiß nicht, dass ich es weiß*
	Alte Weisheit (Sokrates)	*Ich weiß, dass ich nichts weiß*
	Neue Weisheit (Wissensarbeitende)	*Ich weiß, was ich (im Moment) nicht wissen muss*

Tab. 4 Wissensmerkmale im Überblick

---

30   «Siehe Kap. 2.9.

2.9 Nichtwissen

Nichtwissen[31] kann verschiedenes bedeuten: Etwas, von dem man nichts weiß, (*Ich weiß nicht, dass ich es nicht weiß*), etwas, das man vergessen hat (*Ich weiß, dass ich es nicht mehr weiß*), etwas, von dem man bewusst kein Wissen hat (*Ich weiß, dass ich es nicht weiß*), etwas, von dem man kein bewusstes Wissen hat (*Ich weiß nicht, dass ich es weiß*[32] – stilles Wissen), oder die Koketterie von Sokrates' *Ich weiß, dass ich nichts weiß*. Obwohl es hier ja nicht um eine philosophische Diskussion geht, greifen wir das Thema des Nichtwissens kurz auf, denn auch das Verhältnis zwischen Wissen und Nichtwissen, zwischen Gewissheit und Ungewissheit, hat die Wissensgesellschaft problematisiert. Für das Wissensmanagement relevant sind die beiden Fälle *Ich weiß nicht, dass ich es weiß* und *Ich weiß, dass ich es nicht weiß*. Ersteres haben wir bereits als stilles Wissen (tacit knowledge) bei den Wissensdimensionen implizit–explizit besprochen, Letzteres ist ein Phänomen, das für die Wissensgesellschaft und die Wissensarbeitenden typisch geworden ist.

Eine Vorstellung davon zu haben, was man alles *nicht* weiß, entsteht erst bei Informationsüberflutung. Wenn nämlich die zur Verfügung stehende Information nicht mehr verarbeitet werden kann und bei der Suche nach Antworten ständig Entscheidungen getroffen werden müssen, wo man die Grenze zwischen Wissen und Nichtwissen ziehen will, entsteht zuerst ein Gefühl von Ungewissheit als Verlust von Gewissheiten. Typisch für Wissensarbeitende ist, dass ihre Informationsverarbeitung zur Wissenserweiterung mit dem Bewusstsein geschieht, dass man damit nur einen kleinen Teil eines Gebietes erfasst hat und dass dahinter noch eine unendliche Menge an «Wissen» liegt, die man nie wird verarbeiten können. Diese Verunsicherung beeinflusst auch die Bewertung des Wissensteils, den man verarbeitet hat: Es kann nur ein relatives, momentanes, vorläufiges Wissen sein, nur ein kleiner Ausschnitt und dazu noch mit einem sehr knappen Haltbarkeitsdatum. Wissensarbeitende machen die Erfahrung, dass schon die nächste Informationsverarbeitung zum gleichen Thema dazu führen kann, dass Teile des bisherigen Wissens revidiert werden müssen. Kein

31 Schneider untersucht in «*Management der Ignoranz*» (2006) Ignoranz als die andere Seite des positiven Wissensbegriffs, als der blinde Fleck im Wissensmanagement-Diskurs. Vgl. dazu auch Baecker 1999:105 f.
32 *Wenn Ihr Unternehmen wüsste, was es alles weiß...* lautet der Titel Wissensmanagement-Standardwerkes von Davenport / Prusak (1998) und wurde bezeichnenderweise als Motto für viele Wissensmanagementprojekte gewählt.

Wissen und keine Erkenntnis halten heute noch ein paar Jahre, geschweige denn ein Leben lang.

Diese atemberaubende Beschleunigung der Wissenszunahme ist natürlich eine Folge der Informatisierung, insofern als die weltweite Distribution von Daten eine umfangreiche Informationsverarbeitung erzwungen hat, was wiederum zu einer Vervielfachung bei der Wissensproduktion und erneuter Dissemination, d. h. Produktion von Daten, führte. Dieser Zyklus von Informationsverarbeitung–Wissensproduktion–Datenverbreitung beschleunigt sich exponentiell und verstärkt bei den Wissensarbeitenden das Gefühl der Vorläufigkeit jeglichen Wissens, dass es kein wirklich gesichertes Wissen mehr gibt.[33] Es scheint also nicht so zu sein, dass durch Informationsverarbeitung schrittweise Wissen erarbeitet wird und so die dahinter liegende Nichtwissensmenge kontinuierlich verkleinert wird. Sondern im Gegenteil, dass bei jedem Schritt der Wissenserarbeitung ein noch größeres Feld von Nichtwissen sichtbar wird.

Mehr Wissen bedeutet also gleichzeitig auch immer mehr Nichtwissen, ein neues Risiko der Wissensgesellschaft. Die Wissensgesellschaft verwandelt die Ignoranz, das reine Nichtwissen *Ich weiß nicht, dass ich es nicht weiß* in die Unsicherheit und Ungewissheit des *Ich weiß, dass ich es nicht weiß.* Im Unterschied zu früher ist die Auflösung von Nichtwissen durch Recherche heute verbunden mit der Erzeugung von neuem Nichtwissen: Gewissheit kann nur zum Preis zunehmender Ungewissheit erkauft werden. Es kann vermutet werden, dass die Entdeckung neuer Ungewissheiten im Laufe einer Problembearbeitung heute im Durchschnitt bereits größer ist als die Konstruktion von abgesicherten Wissensbeständen.[34] Wissen scheint sich quantitativen Naturgesetzen zu entziehen: So wie Wissen durch Teilung nicht abnimmt, sondern sich vermehrt, erzeugt neues Wissen noch mehr Nichtwissen, Gewissheit wachsende Ungewissheit. Wer Wissensarbeit verrichtet, kann mit diesem Paradox nur umgehen, wenn eine neue Souveränität im Umgang mit Nichtwissen entwickelt wird: *Ich weiß, was ich (im Moment) nicht wissen muss.*

---

33 Dieselbe Problematik stellt sich natürlich auch, wenn man eine Einführung wie diese schreibt, von dem erwartet wird, dass sie «gesichertes» Wissen in einem Gebiet darstellt. Dies kann beim Thema Wissensmanagement heute aber nicht mehr als die subjektive Auswahl und Informationsverarbeitung aus einem momentanen Wissensstand sein …
34 Vgl. Krohn 2001:15.

Die Beschleunigung der Wissensproduktion durch Informatisierung führt dazu, dass neues Wissen ständig noch mehr Nichtwissen, Gewissheit ständig wachsende Ungewissheit erzeugt. Die Wissensgesellschaft hat die Ignoranz (Ich weiß nicht, dass ich es nicht weiß) in Wissenslücken (Ich weiß, dass ich es nicht weiß) verwandelt, was von den Wissensarbeitenden eine neue Souveränität im Umgang mit Nichtwissen verlangt (Ich weiß, was ich nicht wissen muss).

3. System Wissensarbeit

3.1 Mechanistisches versus systemisches Wissensmanagement

Wissensmanagement hat sich aus wettbewerbsbedingten Sachzwängen in der Wissensökonomie als Managementmethode entwickelt, wie wir eingangs gesehen haben. Aus einer Managementsicht, die von tayloristisch geprägten, mechanistischen Vorstellungen von Steuerung ausgeht, wird auch Wissen mit dem klassischen Managementzyklus von Zielsetzung–Maßnahmenplanung–Umsetzung–Kontrolle gemanagt. In einem solchen Wissensmanagementansatz werden die vier Taylorschen Prinzipien[1] sichtbar: die Analyse, Planung und Kontrolle der Wissensmanagement-Maßnahmen ist Sache des (Wissens-) Managements (Prinzip 1), das den besten und richtigen Weg, wie mit Wissen zum Wohl des Unternehmens effizient umzugehen ist, kennt (Prinzip 2). Die Wissensarbeitenden setzen um. Bei solchen Wissensmanagementansätzen wird auch

---

[1] Der Taylorismus geht zurück auf den amerikanischen Ingenieur Frederick Winslow Taylor (1856–1915), der sich sein ganzes Leben lang mit der Effizienzsteigerung in den Betrieben beschäftigt hatte. Der Taylorismus beruht auf 4 Prinzipien: 1. Hand- und Kopfarbeit werden getrennt: die Analyse, Planung und Kontrolle der Arbeit sind Aufgabe des Managements, die Durchführung erledigen die Arbeiter nach Anweisung. 2. Das Management gibt den besten Weg, eine Arbeit zu erledigen, vor (One-best-way-Prinzip). 3. Die Arbeit wird in kleinste Arbeitsschritte aufgeteilt (hohe Arbeitsteilung), da sie nur so durch das Management plan- und kontrollierbar ist. 4. Geld wird als Anreizfaktor eingesetzt, indem der Lohn von der Arbeitsleistung abhängig gemacht wird (Akkordarbeit, Prämien). Nachdem die Methoden von Taylor zuerst zu einer starken Produktivitätssteigerung der amerikanischen Industrie geführt hatten (Henry Ford führte 1909 nach den Taylorschen Prinzipien die Fließbandarbeit ein und erreichte mit seinem Automodell Ford T hohe Marktanteile), zeigte die zunehmende Entfremdung der Arbeit im Gesamtprozess der Produktion auch negative Folgen bei den Arbeitern (Monotonie, Fehlzeiten, Qualitätsverlust, hohe Fluktuation). Kritisiert wurde in neuerer Zeit insbesondere die falsche Aneignung des Taylorismus als Managementmethode und in der Folge davon auch im New Public Management. Management-Standards wie vorfixierte Ziele, leistungsorientierte Vergütung, Budgets und Plan-Ist-Vergleiche etc. werden heute aus verhaltenswissenschaftlicher Sicht kritisiert, und es wird ein motivationstheoretischer Ansatz (z. B. job enrichment) gefordert.

geraten, Maßnahmen in kleine überschaubare Einheiten und «Quick-wins» aufzuteilen, damit die Zielerreichung sofort sicht- und kontrollierbar ist (Prinzip 3). Mit derselben Logik wird vorgeschlagen, Mitarbeitende mit diversen Anreizen und Prämien dazu zu motivieren (Prinzip 4), ihr Wissen im Interesse des Unternehmens zu explizieren und in Datenbanken zu speichern. Wir haben bereits darauf hingewiesen, dass solche Wissensmanagementansätze bei den Wissenarbeitenden auf latenten bis offenen Widerstand stoßen, die Gründe liegen im tayloristischen Verständnis, das diesen Maßnahmen zugrunde liegt und das der heutigen Komplexität der Wissensarbeit nicht gerecht werden kann.

Die Erkenntnisse aus den humanwissenschaftlichen Disziplinen wie Soziologie, Psychologie und Pädagogik haben in den vergangen Jahren das Verständnis von Wissensmanagement erweitert, und zwar inhaltlich wie methodisch. Das Forschungsobjekt dieser Wissenschaftsgebiete ist der Mensch, folglich fokussieren auch ihre Untersuchungen zu Wissensmanagement auf dem Menschen. Den Menschen als arbeitendes Wesen gibt es jedoch nicht ohne ein Arbeitsumfeld, ohne eine arbeit- oder auftraggebende Organisation. Aus humanwissenschaftlicher Sicht ist diese Beziehung zwischen dem arbeitenden Menschen und der Organisation und somit auch das Wissensmanagement komplex, weil geprägt von vielen vernetzten Faktoren, die sich gegenseitig bedingen und voneinander abhängig sind. Zur Beschreibung und Erklärung solcher Wechselbeziehungen hat sich in den letzten fünfzig Jahren in verschiedenen Wissenschaftsgebieten eine systemorientierte Sichtweise[2] entwickelt, da eine isolierte Betrachtung von Einzelerscheinungen und eine lineare Denkweise von Ursache–Wirkung die beobachtete komplexe Wirklichkeit nicht mehr erklären können.

Systemtheorie ist ein Erkenntnismodell, das heute in den unterschiedlichsten Bereichen angewendet wird und das dem linearen Kausalitätsdenken mit seiner simplen Ursache-Wirkungs-Beziehung ein umfassenderes systemisches Denken

---

2   Die allgemeine Systemtheorie wurde in den fünfziger Jahren vom Biologen Karl Ludwig von Bertalanffy entwickelt. Etwa zur gleichen Zeit entstanden die Informationstheorie (C. Shannon, W. Weaver), die Grundlage der späteren Informationswissenschaft, und in der Mathematik eine neue Theorie der Kommunikation und Kontrolle von sozialen Systemen durch Feedbackschleifen, die Kybernetik. Diese Theorien wurden in den siebziger Jahren in den Humanwissenschaften aufgenommen und erweitert, u.a. zum Radikalen Konstruktivismus, der wie in Kap. 2.6 bereits erwähnt die Kernthese vertritt, dass unsere Wirklichkeitsvorstellung eine subjektive Konstruktion ist (H. Maturana, E. von Glasersfeld, H. von Foerster, P. Watzlawick, und zur Soziologischen Systemtheorie N. Luhmann, S. Schmidt). Die zunehmende Komplexität aufgrund von Informatisierung und Vernetzung führte in den vergangenen Jahren zur Entwicklung der Theorie komplexer adaptiver Systeme, die auf Computersimulationen beruht.

entgegensetzt. Als System wird dabei eine Ganzheit bezeichnet, deren Elemente in einer Wechselwirkung zueinander stehen, die durch einen Zweck oder eine Funktion bestimmt wird. Sie grenzen sich von der umgebenden Umwelt und von andern Systemen ab. Systeme funktionieren aufgrund von Strukturen, mit denen sie sich organisieren und erhalten. Mit Strukturen werden alle Regelmäßigkeiten bezeichnet, die sich innerhalb eines Systems herausbilden und ihm eine gewisse Stabilität ermöglichen. Die Identifikation eines Systems ist stets vom Betrachter und seiner Position, d. h. von seinem Erkenntnisinteresse abhängig und damit subjektiv. Systeme im Sinne der Systemtheorie sind zum Beispiel soziale Systeme (Gesundheitssystem, Parteisystem, Schulsystem), Wirtschaftssysteme (Bankensystem, Unternehmen als Organisationen, Versicherungssysteme), biologische Systeme (Ökosystem, Mensch, Immunsystem) oder auch technische Systeme (Betriebssystem, Transportsystem, Mathematik).

Systemisches Denken auf das Wissensmanagement angewendet bedeutet, dass zuerst bestimmt werden muss, was als System betrachtet wird. Aus der Makroperspektive[3] kann das Unternehmen als soziotechnisches System verstanden werden, dessen Elemente, Mitarbeitende und Maschinen, aufgaben- und zweckorientiert nach bestimmten Strukturen (Prozesse, Abläufe, Verhaltensregeln, Kommunikationsvorgaben etc.) interagieren und so das Unternehmen als System organisieren und stabilisieren. Aus systemischer Sicht umfasst Wissensmanagement die Gesamtheit organisationaler Strategien zur Schaffung einer *intelligenten* Organisation, aus mechanistischer Managementsicht die Gesamtheit organisationaler Strategien zur Schaffung einer *konkurrenzfähigen, schlagkräftigen* Organisation. Die Gegenüberstellung zeigt die Gegensätzlichkeit der Ansätze deutlich: Intelligenz ist ein Zustand per se, der verschiedene Wirkungen wie Lernfähigkeit und flexible Wettbewerbsfähigkeit hervorbringen kann. Konkurrenzfähigkeit ist ein normatives Ziel im Hinblick auf ein konkretes Marktproblem und kann folglich unter plötzlichen Marktveränderungen in sich zusammenfallen, wenn das Unternehmen nicht «intelligent» ist.

Taylorismus und mechanistisches Management sind keine Erkenntnismodelle, sondern Methoden, die bestimmte Resultate hervorbringen sollen. Sie basieren auf einem linearen Finalitätsdenken *(man muss x tun, damit y passiert)*, was nichts anderes ist als die Umkehrung des Kausalitätsdenkens in der Wissenschaft *(y ist passiert, weil man x getan hat)*. Der Zustand y, z. B. Konkurrenzfä-

---

3 In seinem Standardwerk *Systemisches Wissensmanagement* (1998) bettet Willke das Thema Wissensmanagement in noch größere gesamtgesellschaftliche Systemzusammenhänge ein.

higkeit, soll aber nicht erklärt, sondern geschaffen werden, dazu verhilft der Managementzyklus Zielsetzung–Maßnahmenplanung–Umsetzung–Kontrolle. Durch die Anwendung des Managementzyklus ist mechanistisches Wissensmanagement meist stark dirigistisch und normativ: Ziele müssen zuerst definiert werden, möglichst mit messbaren Quantitäten, da sonst keine Kontrolle möglich ist, und Maßnahmen werden quantitativ in Bezug auf die Zielerreichung bewertet.

Geht man von einem umfassenden Verständnis von Wissen – auch als ökonomische Ressource – aus, wird schnell klar, dass es praktisch unmöglich ist, in einer Organisation das organisationale Wissen zu identifizieren, messbare Wissensziele zu definieren und das «Wissenskapital» mit sogenannten Wissensbilanzen zu bewerten. All diese Maßnahmen müssen auf *quantifizierbaren Indikatoren* basieren, wie z. B. Anzahl Personen mit einer bestimmten Ausbildung, Anzahl Personen mit einem bestimmten Diplom, Anzahl Weiterbildungstage pro Personenkategorie, Anzahl Gesprächsminuten pro Kunde und pro Mitarbeiter, Anzahl durchgeführter Projekte nach Relevanz (Projektbudget, Anzahl Teammitglieder) und Abteilung, etc., da etwas anderes nicht messbar ist. Die Daten, die so gesammelt werden, sind unter Umständen interessant und zeigen Zusammenhänge auf, die bisher übersehen wurden.

Die Wahl der Indikatoren und die Schlüsse, die man daraus zieht, stehen jedoch in einer heiklen Korrelation: Es werden keine Aussagen über die «Wirklichkeit» der organisationalen Wissensbasis gemacht, sondern Aussagen über das Verständnis von Wissen, das man hat. Die Zahlen zeigen z. B. nicht, wie viel Expertise die Organisation hat, sondern wie viele Personen sie beschäftigt, die aufgrund bestimmter Indikatoren als Experten definiert worden sind. Die Bewertungen der gemessenen Indikatoren sind also völlig subjektiv, abhängig von der Betrachterperspektive und der Absicht der Zählerei. Aus der Gesamtsicht der Organisation stehen auch Indikatoren in einer Wechselwirkung, d. h., Einzelmaßnahmen können sehr wohl Auswirkungen bei andern Indikatoren haben, die nicht beachtet wurden. Um eine bestimmte Wirkung zu erzeugen, müssen verschiedene Rahmenbedingungen in der Organisation zusammenspielen. Systemisches Wissensmanagement geht deshalb davon aus, dass nur indirekt durch Gestaltung dieser Rahmenbedingungen eine erwünschte Wirkung hervorgebracht und gesteuert werden kann.

> Mechanistisches Wissensmanagement basiert auf einem linearen Finalitäts-
> denken und geht davon aus, dass der Umgang mit der Ressource Wissen
> mit dem Managementzyklus von Zielsetzung–Maßnahmenplanung–Um-
> setzung–Kontrolle direkt steuerbar ist.
> Systemisches Wissensmanagement basiert auf der Vorstellung, dass die Or-
> ganisation ein komplexes System mit Elementen und Bedingungen ist, die
> in einer Wechselwirkung stehen. Folglich ist nur eine indirekte Steuerung
> durch die optimierende Gestaltung der Rahmenbedingungen und ihres
> Zusammenspiels möglich.

3.2 Technologie–Mensch–Organisation

Wissensmanagement wird definiert als Gesamtheit aller Strategien und Maßnahmen, die in einer Organisation den Umgang mit der Ressource Wissen
gestalten und steuern. Wenn wir genauer betrachten, welche Faktoren in der
Arbeitswelt den Umgang mit der Ressource Wissen in einer Organisation beeinflussen, finden wir drei Akteure:
• das arbeitende und denkende Individuum (Mensch)
• die strukturierenden Arbeitsprozesse (Organisation)
• die unterstützenden Arbeitsinstrumente (Technologie)

Dies gilt sowohl für kommerzielle wie für nichtkommerzielle und öffentliche
Organisationen. Diese drei Akteure stehen in der Organisation als Arbeitskontext in einem gegenseitigen Bestimmungs- und Abhängigkeitsverhältnis. Es bestehen komplementäre Beziehungen zwischen Geben und Bekommen, wie
nachfolgende Abbildung zeigt. Damit das System Arbeit funktioniert, müssen
die Beziehungen zwischen Mensch und Organisation und von beiden mit der
unterstützenden Technologie reziprok und ausgewogen sein, wobei «Ausgewo-
genheit» (jeder kommt auf seine Rechnung) eine subjektive Wahrnehmung und
Einschätzung ist. Geht es bei der Arbeitstätigkeit um den Umgang mit Daten,
die Aktivierung der Wissensressource des arbeitenden Menschen und die Her-
stellung von Wissensprodukten, sprechen wir von Wissensarbeit. Die Ausführung von Wissensarbeit ist der Fokus, wo die «Tätigkeiten» der drei Akteure
Mensch, Organisation und Technologie konvergieren. Systemisch betrachtet,

kann Wissensarbeit als System bezeichnet werden, in dem die drei Akteure Mensch, Organisation und Technologie in einem komplexen Beziehungsgefüge interagieren.

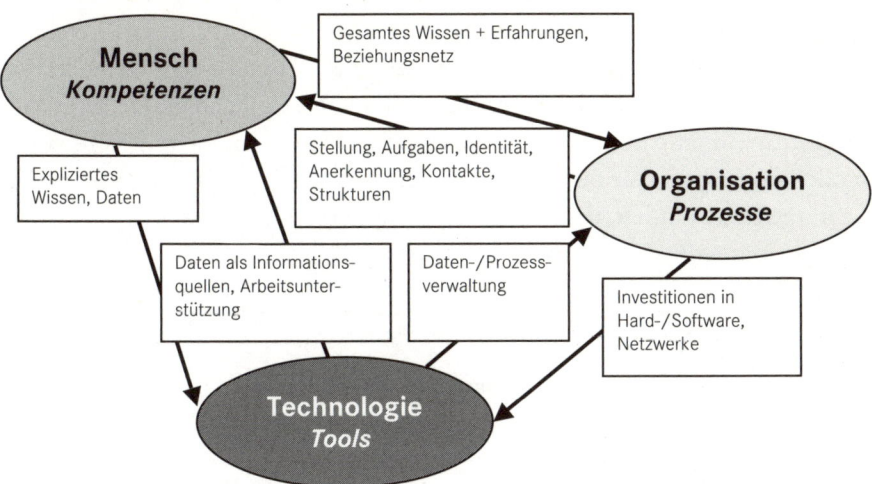

Abb. 5 System Wissensarbeit

Systemisches Wissensmanagement geht davon aus, dass alle Maßnahmen, die den Umgang mit Wissen beeinflussen sollen, immer Auswirkungen auf das ganze Beziehungsgefüge haben. Wissensmanagement umfasst deshalb Gestaltungsmaßnahmen, die alle drei Akteure betreffen, aber mit je unterschiedlichen Themen und Zugriffen. Beim Menschen, der sein ganzes Wissen und seine Erfahrungen einbringt, um Wissensarbeit auszuführen, geht es um die Themen Lernen, Lernfähigkeit, Kompetenzen, Qualifizierung und Kommunikation. Bei der Organisation, die die Wissensarbeit durch Regelmäßigkeiten in Form von Arbeitsabläufen und Kommunikationsvorgaben strukturiert, steht die Gestaltung von Prozessen, Kommunikationsräumen und Teamarbeit im Zentrum. Mit Blick auf die Informationstechnologie, die als technische Infrastruktur die Wissensarbeit unterstützen soll oder zum Teil überhaupt erst ermöglicht, geht es um ein adäquates Informationsverständnis, um Datenmanagement, nämlich Speicherung und Zurverfügungstellung z. B. in Form von sogenannten Wissensportalen und um Kommunikationsunterstützung.

Wie wir bereits erwähnt haben, ist Wissensmanagement keine eigentliche Theorie oder Wissenschaft, sondern eine interdisziplinäre Perspektive auf Fragen des «Umgangs mit Wissen», die auch in andern Disziplinen wie Wissenstheorie, Kommunikationswissenschaft, Pädagogik, Psychologie, Management (Change Management, Qualitätsmanagement, strategisches Management) etc. angeschnitten werden. Je nachdem, welcher Fokus für die Fragestellung «Wissen managen» zentral ist – ob es um die Mitarbeitenden als WissensträgerInnen geht, um wissensbasierte Unternehmensprozesse oder um unterstützende Informationstechnologie –, stehen andere Methoden und Lösungen im Vordergrund. Bei jeder Einzelmaßnahme jedoch, die entweder den Menschen, die Organisation oder die Technologie betrifft, müssen die Auswirkungen auf die andern Akteure mitgedacht werden, da im System Wissensarbeit alle Elemente in interdependenten Beziehungen stehen.

Akteure	Themen
Technologie	Informationsmanagement, Datenverwaltung (Speicherung, Retrieval, Distribution), Prozess- und Kommunikationsunterstützung, Wissensportale Kommunikation als Datentransfer
Mensch	Lerntheorien, Lernvorgänge, Lernfähigkeit, Entstehung von Kompetenzen und Skills; Kommunikation als indiv. Wirklichkeitskonstruktion
Organisation	Strukturierende Tätigkeiten wie Gestalten von Abläufen, Prozessen, des Austausches von Daten und Wissen; planerische Tätigkeiten wie Ressourcennutzung und Entwicklung von organisationalen Kernkompetenzen; Kommunikation als Wissenstransfer

Tab. 5 System Wissensarbeit

In den folgenden drei Kapiteln werden deshalb die für das Wissensmanagement relevanten Themen bezüglich der drei Akteure Technologie, Mensch und Organisation erläutert.

4. Technologie: Daten und Informationen

4.1 Informationen über Information

Mit Informationstechnologie[1] wird explizi(er)tes Wissen in Form von Daten so aufbereitet, dass diese Daten eine Informationsqualität für Nutzer bekommen. Wir nehmen die Begriffe Daten und Information im Kontext der Informationstechnologie nochmals auf:[2] Wenn Daten aufbereitet, z. B. mit andern Daten kombiniert und in einen bestimmten Kontext gestellt werden, können sie für einen Menschen einen Informationswert bekommen. Wenn der Mensch die Daten in diesem Kontext wahrnimmt, sie versteht und internalisiert, weil er gerade ein Problem lösen muss oder in seinem Kopf Wissensbestände hat, die durch diese Daten aktiviert werden (sie wecken Interesse, haben etwas mit ihm und seinen Bedürfnissen zu tun), hat er die Daten als Informationen verarbeitet und genutzt. Jede Informationsverarbeitung ist ein Abgleich mit bestehenden Wissensbeständen im Kopf und ihre Erweiterung, was auch als Lernen bezeichnet werden kann. Informationsverarbeitung ist für den Menschen nie Selbstzweck, sondern die ständige Erweiterung der Wissensbestände kann als biologischer Prozess der kontinuierlichen Optimierung der (Über-)Lebensfähigkeit betrachtet werden, und die Lebensfähigkeit des Menschen manifestiert sich in seiner Kommunikations- und Handlungsfähigkeit. Der Mensch erweitert also kontinuier-

---

1   Die informationstechnologischen Aspekte des Wissensmanagements werden auf der Website des Kompetenznetzwerks Wissensmanagement ausführlich und übersichtlich dargestellt http://wiman.server.de/servlet/is/3436/ Eine nützliche Liste mit Beschreibungen der für das Wissensmanagement wichtigsten IT-Tools findet sich auf der Website des Wiper-Projektes (Wissens- und Personalmanagement) der FH Frankfurt a.M. http://www.wiper.de/instrumente_it.htm

2   Vgl. Kap. 2.2. Eine ausführliche und lesenswerte Erläuterung des Informationsbegriffs gibt Kuhlen 2004.

lich seine Wissensbestände, um sein Wissen in Kommunikation und Handlungen zu externalisieren. Wir haben Information bereits als virtuelle Qualität von Daten bezeichnet, wir können diese Definition nun erweitern: Information ist eine Qualität, die durch den Transferprozess von Daten zu Wissen (Internalisieren durch den Menschen) und Wissen zu Daten (Externalisieren durch den Menschen) entsteht. Damit ist die Rezipientensicht mit der Sendersicht von Information verbunden, die in der allgemeinsprachlichen Verwendung des Begriffs Information auch zum Ausdruck kommt, wie wir bereits erwähnt haben. In Sätzen wie «Das ist keine Information, das weiß ich schon» oder «Ich weiß das bereits, ich brauche keine weiteren Informationen» oder «Diese Information ist mir viel wert» drückt sich die Rezipientensicht aus, nämlich Beurteilung des Neuigkeitswerts und damit des Nutzens von Daten. In Sätzen wie «Ich habe eine wichtige Information für dich» oder «Die Information muss prominent im Intranet publiziert werden» oder «Der Informationsgehalt unserer Pressemitteilung ist zu dürftig» drückt sich die Sendersicht aus, nämlich die Bewertung des Informationspotenzials von Daten für andere. Unter Informationen werden gemeinhin auch alle Daten verstanden, die der Sender mit der Absicht verteilt, dass sie als Information dienen. So betrachtet sind alle Texte, Zahlen, Grafiken etc., die publiziert oder über irgendwelche Kanäle zur Verfügung gestellt werden, Informationen. Dies zeigt sich auch in den Begriffen Informationsangebot und -nachfrage, die im Informationsmanagement eine wichtige Rolle spielen.

> **Information ist eine Qualität, die durch den Transferprozess von Daten zu Wissen (Internalisieren durch den Menschen) und Wissen zu Daten (Externalisieren durch den Menschen) entsteht. Somit ist sowohl die Rezipientensicht («Informationsnachfrage») als auch die Sendersicht («Informationsangebot») im Begriff Information enthalten. Information entsteht erst durch einen beurteilenden oder bewertenden Menschen.**

Im Folgenden stellen wir die Grundlagen des Informations- und Datenmanagements so weit vor, als sie für das Wissensmanagement von Belang sind, d. h., wir fokussieren nicht auf die technischen Aspekte, sondern auf die Nutzersicht. Ziel dieser Erläuterungen ist es deshalb nicht, tief in die technischen Details oder gar auf die Ebene von Softwareprodukten zu gehen, sondern einen Überblick über die Konzepte, ihre Terminologie und die wesentlichen Fragestellungen des Informations- und Datenmanagements aus Sicht der Anwendung und des Nutzens zu geben. Auch wenn wir uns vordergründig bei Anwendung und Nutzen von Systemen auf die damit am Arbeitsplatz arbeitenden Menschen beziehen, darf man nicht aus den Augen lassen, dass die Entscheidungen für die Wahl und die Investition in Informationstechnologie aber von der Organisation getroffen werden. Ihre Beweggründe sind meist komplexer als «nur» die Unterstützung und Verbesserung von Arbeitsabläufen für die Mitarbeitenden. In letzter Konsequenz will die Organisation damit ihre Abhängigkeit von den Wissensarbeitenden verringern und das Handling der Produktivkraft Wissen in den Griff bekommen, insbesondere die Verfügung über expliziertes Wissen und die Produktivität der Wissensarbeitenden.

4.2 Informationsmanagement

Informationsmanagement ist Teil einer ganzen Begriffsgruppe von Informationstheorie, Informationswissenschaft, Informationswirtschaft oder Informationstechnologiemanagement. Informationstheorie und Informationswissenschaft beschäftigen sich theoretisch und wissenschaftlich mit Information und Informationsprozessen.[3] Unter Informationswirtschaft wird häufig die Anwendung von informationstechnologischen Systemen im Unternehmen verstanden, ähnlich dem Informationstechnologiemanagement, das als Synonym für Datenmanagement mit Fokussierung auf Datenbanken, Datensicherheit, Datenschutz unter Einsatz spezieller Informationsverarbeitungssysteme oder umfassend für Management der Informatik-Ressourcen (Hardware, Software) einer Organisation verwendet wird.

Für Informationsmanagement finden sich verschiedenste Erläuterungen, vom Werbeslogan

Informationsmanagement ist die richtige Information zur richtigen Zeit am richtigen Ort[4]

bis zur sehr präzisen Definition:

Informationsmanagement ist die wirtschaftliche (effiziente) Planung, Beschaffung, Verarbeitung, Distribution und Allokation von Informationen als Res-

3   Eine komplette und gut verständliche Einführung in die Informationswissenschaft ist online verfügbar: Harms/Luckhardt 2005: Virtuelles Handbuch Informationswissenschaft. Der Index dient auch als Glossar für Fachbegriffe: http://is.uni-sb/studium/handbuch.htm.
4   Werbung von Oracle, 1995.

source zur Vorbereitung und Unterstützung von Entscheidungen (Entscheidungs-
prozessen) sowie die Gestaltung der dazu erforderlichen Rahmenbedingungen.[5]

Das Informationsmanagement hat zwei Hauptaufgaben: einerseits Informationen extern und intern zu beschaffen und die Organisation damit zu versorgen (strategischer Teil) und andererseits Informationen mit Informationssystemen «herzustellen» und in der Organisation verfügbar zu machen, indem Daten aufbereitet, verteilt, gepflegt und verwaltet werden (operativer Teil). Dies wird auch als Information Engineering bezeichnet, nämlich der unternehmensweite, systematische und abgestimmte Einsatz von Methoden, Techniken und Werkzeugen. Informationsmanagement ist ohne Informationstechnologie nicht möglich, es ist aber mehr als nur der Einsatz von IT. Die operativen Aufgaben, zu denen auch der Aufbau und die Pflege einer geeigneten Infrastruktur für Informations- und Kommunikationstechnologie (IKT oder ICT) zählen – nämlich das eigentliche Informationstechnologiemanagement und die Informationslogistik – gehören eindeutig in den Zuständigkeitsbereich der Informatikdienste. In vielen Organisationen ist jedoch nicht klar geregelt, wer für den strategischen Teil zuständig ist, d. h., wer bestimmt, welche Informationen das Unternehmen wann und in welcher Form benötigt. Das Grundproblem bei Planung und Entscheidungen – den zentralen Managementtätigkeiten – ist die Informationsbeschaffung resp. Bereitstellung von Daten mit den richtigen Informationsqualitäten. Planung und Entscheidung werden heute als Informationsverarbeitungsprozesse verstanden. Wenn Informationen, gleich wie Personal, Finanzmittel und Sachmittel als Unternehmensressource betrachtet werden, dann wird das Informationsmanagement in einer Organisation ebenfalls ein betriebswirtschaftlicher Funktionsbereich analog zu den klassischen Funktionsbereichen wie Logistik, Produktion, Vertrieb, Marketing, Finanz- und Rechnungswesen, Planung und Organisation, und die Informationsstrategie wird von der Unternehmensleitung bestimmt.

Für Organisationen im Non-Profit und Public Sector stellen sich die gleichen strategischen und operativen Probleme der Informationsbeschaffung, -auswahl, -aufbereitung, -distribution und -verwaltung, noch verstärkt durch die Tatsache, dass die öffentliche Leistungserstellung nicht nur auf Informationsprozessen beruht, sondern auch daraus besteht: Informationen für die Öf-

---

5   Voss / Gutenschwager 2001: 70.

fentlichkeit herzustellen, Daten aufzubereiten, zu verteilen und zu archivieren. Aus diesen Gründen ist eine sorgfältige Analyse des adäquaten Informationsmanagements je nach Art der Leistungserstellung und des öffentlichen Leistungsauftrags sehr wichtig.

4.2.1 Informationsbedarf, -angebot und -nachfrage

Aus den Anfängen des Einsatzes von Informationstechnologie in Unternehmen, das vornehmlich zum Ziel hatte, Managementplanung und -entscheidungen zu unterstützen, hat sich aufgrund der technologischen Entwicklung (Kommunikation, Internet) und parallel zur Herausbildung von Wissensmanagementanforderungen die Aufgabe des Informationsmanagements ausgeweitet auf grundsätzliche und konzeptionelle Überlegungen zu Speicherung, Darstellung und Nutzung von Informationen für alle Mitarbeitenden. Gefragt ist nun auch die Unterstützung von Arbeitsprozessen, Gruppenzusammenarbeit und Kommunikation durch Informationstechnologie. Dies setzt strategische Überlegungen voraus, wie eine Organisation mit der Ressource Information umgehen will, nicht nur als Grundlage für Managemententscheide, sondern als Grundlage für die Tätigkeit der ganzen Organisation.

Wenn das Ziel ist, die richtige Information in der richtigen Qualität zur richtigen Zeit am richtigen Ort zu haben, und dies für den richtigen Empfänger, stellen sich für das Informationsmanagement drei Fragen, die im Rahmen einer *Informationsstrategie* und in einem *Informationskonzept* beantwortet werden müssen:

- Wer benötigt wann welche Information? (Definition des Bedarfs)
- Welches sind die richtigen Informationen? (Bestimmung des Angebots)
- Wie werden sie am besten gefunden und abgeholt? (Hypothese über die Nachfrage)

Diese Fragen zeigen klar, dass die Antworten komplex sind und die operativen Aspekte des Informationstechnologie-Managements übersteigen. Andere Unternehmensbereiche wie Personalwesen und interne Kommunikation müssen ebenfalls strategisch mitarbeiten, um diese Fragen zu beantworten.

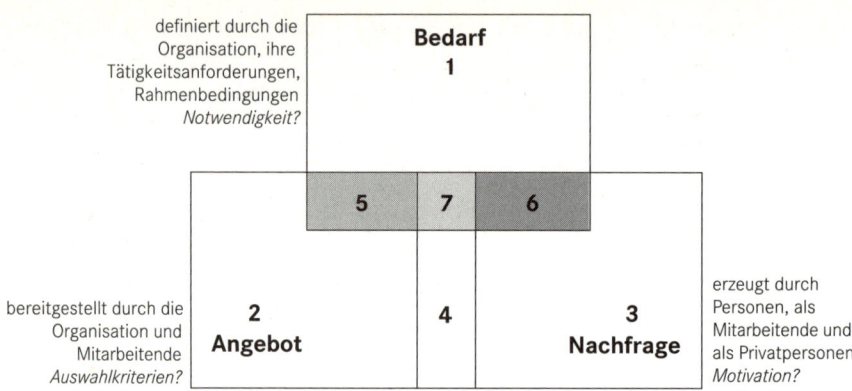

Abb. 6 Zusammenspiel von Informationsbedarf, -angebot und -nachfrage

Aufgabe des Informationsmanagements ist es, Informationen, die von der Organisation in der Informationsstrategie als notwendig erachtet wurden, auch möglichst vollständig anzubieten und zu erreichen, dass sie auch alle nachgefragt werden (Ziel: Feld 7 maximieren). Auf jeden Fall ist bei einer bestehenden Onlineplattform, z. B. einem Intranet, nach einer Analyse mittels Soll-Ist-Vergleich (Feld 1 und 2) und mittels Zugriffsstatistiken (Feld 3 und 2) nach dem Aufdecken der Abweichungen mit entsprechenden Maßnahmen eine möglichst große Übereinstimmung anzustreben. Wie der Handlungsbedarf aussehen könnte, zeigt die folgende Tabelle:

	Analyse	Handlungsbedarf
1	Notwendig, aber weder angeboten noch nachgefragt	*Dringend* Warum bisher kein Angebot? Warum nicht nachgefragt?
2	Angeboten, aber weder nachgefragt noch notwendig	Kann entfernt werden

3	Nachgefragt, aber weder angeboten noch notwendig	*Ja* Analyse, ob eine «nice to have» Informationen für Mitarbeitende, wichtig für das Wohlbefinden oder eine bisher entgangene Notwendigkeit?
4	Angeboten und nachgefragt, aber nicht notwendig	Soll bestehen bleiben
5	Angeboten und notwendig, aber nicht nachgefragt	*Dringend* Analyse, ob wirklich notwendig, wenn ja, warum keine Nachfrage?
6	Nachgefragt und notwendig, aber nicht angeboten	*Dringend* Angebot bereitstellen

Tab. 6 Informationsanalyse und Handlungsbedarf

Die Anforderung einer Informationsstrategie, die kommunikative Analyse einer Informationsplattform und der skizzierte Handlungsbedarf zeigen auch klar auf, dass die strategische und konzeptionelle Seite des Informationsmanagements keine Aufgabe der operativen Informatikdienste mehr ist, sondern vielmehr in die Zuständigkeit der Human Resources, der internen Mitarbeiterkommunikation oder der Wissensmanagement-Verantwortlichen, falls vorhanden, gehört.

Aus Sicht Wissensmanagement ist das Zusammenspiel von Bedarf, Angebot und Nachfrage sehr wichtig. Zum Beispiel besteht der Zweck von Kodifizierungsmaßnahmen ja darin, dass Mitarbeitende implizites Wissen, das die Organisation als Bedarf für alle identifiziert hat, explizieren und in Datenbanken speichern, damit es für alle als Angebot zur Verfügung steht. Der Bedarf wird von der Organisation definiert, das Angebot muss aber von den Mitarbeitenden bereitgestellt werden, und es wird erwartet, dass eine Nachfrage entsteht. Wie die Geschichten vieler gescheiterter Projekte von Wissensdatenbanken aber zeigen, wird insbesondere das wertvolle Erfahrungswissen, z. B. Tipps im Umgang mit einem bestimmten Kunden oder wie man erfolgreich ein schwieriges Projektteam führt, von den Mitarbeitenden ungern in schriftlicher Sprache «verewigt» und in Files abgelegt. Dies hat jedoch nichts mit «Wissen ist Macht» und «Wissen nicht teilen wollen» zu tun, sondern hat ganz andere Gründe. Dieselben Personen werden unter Umständen bereitwillig einem Kollegen auf Nachfrage alles über den besten Umgang mit diesem Kunden oder über Tricks, wie man mit schwierigen Projektmitgliedern umgeht, *erzählen.* Deshalb ist beim Externalisieren von Erfahrungswissen die Personifizierungsstrategie adäquater.

Erfahrungswissen ist bekanntlich unbewusstes (stilles) oder nichtbewusstes (latentes) Wissen, das aktiviert werden kann, wenn ein entsprechender Kontext hergestellt wird, d. h., wenn durch Kommunikation eine Erzählsituation stimuliert wird. In einer mündlichen Kommunikationssituation ist ein konkretes Gegenüber da, auf dessen Bedürfnisse und Reaktionen das Erzählen des Erfahrungswissens als Interaktion ausgerichtet werden kann. Zudem ist das Erzählen von Erfahrungen und Erfolgsgeschichten auch valorisierend für den Erzählenden. All diese Faktoren wie Aktivierungssituation, hörergerechte Version, unmittelbare Reaktion des andern und Anerkennung fallen beim schriftlichen Formulieren für einen anonymen Leser weg, deshalb werden solche Maßnahmen offen oder verdeckt boykottiert.

Zugleich wurde bei diesen wenig erfolgreichen Wissensdatenbanken festgestellt, dass die schriftlichen Erfahrungsberichte auch kaum abgeholt und gelesen wurden – aus den gleichen Gründen. Der Leser möchte vielleicht nicht genau das oder noch etwas anderes wissen, einiges versteht er vielleicht auch nicht und kann nicht sofort nachfragen. Ungeklärt ist weiter die Frage, wann solches Erfahrungswissen veraltet ist und wer für die Aktualisierung in einer Datenbank zuständig ist. In einem mündlichen Erzählkontext kann die Aktualität einer Erfahrung flexibel angepasst und relativiert werden. Ziel der Personifizierungsstrategie ist deshalb nicht primär, explizites Wissen schriftlich zu speichern und als Angebot zur Verfügung zu stellen. Vielmehr soll es durch Kommunikation in der Organisation zirkulieren und somit greifbar werden.

Basiert das Wissensmanagement auf einem mechanistischen Steuerungsmodell, definiert die Organisation den Bedarf. Ziel ist dann, Anreize zu schaffen, dass die Mitarbeitenden einerseits «Wissen» bereitstellen und andererseits das «Wissen» der andern nutzen. Ein systemisches Wissensmanagement geht davon aus, dass es sinnvoller ist, wenn auch die Mitarbeitenden den Bedarf definieren, weil sie dann auch für die Bereitstellung des Angebots und die Nachfrage besorgt sind. Dem tragen die neuen Technologien für nutzergenerierte Inhalte wie Blogs und Wikis Rechnung, auf die noch eingegangen wird.

Ziel des Informationsmanagements ist es, Informationsbedarf, -angebot und -nachfrage in eine möglichst große Übereinstimmung zu bringen. Dies setzt eine Informationsstrategie voraus, die in die Zuständigkeit der ganzen Organisation und nicht der IT-Dienste gehört.

Ganzheitliches Wissensmanagement geht davon aus, dass nicht nur die Organisation, sondern auch die WissensträgerInnen den Bedarf definieren, weil sie dann auch für die Bereitstellung des Angebots und die Nachfrage motiviert sind.

4.3 Datenmanagement

Die Grundlage der Informationstechnologie bilden Zeichen und Daten. Unter Datenmanagement[6] versteht man die Beschaffung und Bereitstellung von (organisationsinternen) Daten für Informationssysteme, die der Aufgabenerfüllung und Entscheidungsunterstützung dienen. Datenmanagement umfasst grundsätzlich fünf Anforderungen an den Umgang mit Daten:

- Dateneinlieferung (Produktion, Screening)
- Datenspeicherung (Bewahrung, Sicherung)
- Datenretrieval (Suche, Zugriff)
- Datenrepräsentation (Darstellung, Verständlichkeit)
- Datendistribution (Verteilung, Zugänglichkeit)

Aus Sicht Wissensmanagement lassen sich zwei Arten von Datenproduktion unterscheiden: Daten, die mit Informationstechnologie hergestellt werden, und Daten, die der Mensch produziert und mit Informationstechnologie erfasst. Letztere sind in der Regel ein Produkt der menschlichen Informationsverarbeitung und haben als Daten in Systemen folglich eine höhere Informationsqualität als durch ein System erzeugte Daten.

---

6   Eine gut verständliche Einführung in die Grundlagen der modernen Datenverarbeitung gibt Bodendorf 2005.

4.3.1 Daten speichern

Alle Systeme, die Daten in organisierter Form speichern, sind Datenbanken. Sie bilden das Fundament vieler Softwaresysteme, wie Dokumenten- und Contentmanagementsysteme. Es werden grundsätzlich formale (strukturierte) und informale (unstrukturierte) Datenablagen unterschieden, die je nach Art und Verwendung der Daten Vor- und Nachteile haben.

Datenablage	formal (Datenbank)	informal
Datenkonzept	Gemeinsames Schema (Modellierung) für alle abgelegten Daten; mit Gruppen von Attributen in einer Relation bei relationalen DB	Als Datei abgelegten Dokumente in verschiedensten Formaten: HTML, Postscript, RTF, E-Mail, Textdateien, Grafiken, Audio, Video etc., keine formale Abfrage, Suche erfolgt wortorientiert
Zugriff	Schnittstellen in Softwaresysteme, Suchmasken	Unternehmensinterne Datenbestände direkt über Anwendungsprogramme oder Suchapplikationen, externe, meist webbasierte Datenbestände (Internet) über Browser und Metasuchsysteme (Google etc.)
Vorteile	Redundanzarmut (nur einmal speichern), Flexibilität der Abfrage über beliebige Verknüpfungen, kurze Abfragezeit, Kombination verschiedener Datenbanken für aussagekräftigere Resultate	Nutzer braucht kein Wissen über Datenbankstruktur, intuitive Suche

Nachteile	Nur innerhalb eines Nutzersystems möglich (Organisation); u. U. aufwändige Modellierung der Daten, Nutzer muss Abfragemodus kennen	Fehlende Verbindung zwischen verschiedenen Datenbeständen, längere Abfragezeit, bedingt eine effiziente Suchapplikation, zu große und unspezifische Suchergebnisse (Informationsproliferation)

Tab. 7 formale und informale Datenablage

Alle Wissensmanagement-Instrumente, mit denen im Rahmen einer Kodifizierungsstrategie Kenntnisse und «Wissen» dokumentiert werden, wie zum Beispiel Wissensträgerkarten (Yellow Pages), Expertenverzeichnisse, Kompetenzportfolios, Wissenslandkarten, Mikroartikel, Lernalben, Knowledgebanks etc., basieren in der Regel auf formalen Datenbanken. Entsprechend groß ist einmal der Aufwand für die Modellierung und anschließend für die Datenlieferanten, die ihre Datenbankeinträge nach einem bestimmten Schema vornehmen müssen. Durch die Modellierung sind die Daten jedoch bereits strukturiert und höherwertig, d. h., ihr Informationspotenzial ist größer als bei Daten in unformatierten (informalen) Datenbeständen.

Aufgrund verschiedener Entwicklungen wie Kommunikationstechnologien, Zunahme der Wissensarbeit und globale Präsenz von nutzeraktivierten Medien wie Internet ist ein klarer Trend Richtung *Nutzerfokussierung* auszumachen: möglichst einfache, intuitive Handhabung aller Technologien für Nutzer, personalisierte Anwendungen, Plattformen und Portale, Priorisierung von nutzergenerierten Inhalten (Content) und Aktivierung der Nutzerinteressen (z. B. Web2). Diese Entwicklung ist auch für das Wissensmanagement signifikant. Je mehr technologische Möglichkeiten nun dem Nutzer zur Verfügung stehen, sehr niederschwellig und einfach Inhalte zu generieren, die für ihn nützlich sind, desto mehr implizites Wissen wird expliziert. Das bedeutet, dass immer mehr des entscheidenden explizi(er)ten Wissens in einer Organisation in solch unformatierten Datenbeständen liegt. Damit stellen sich zwei Herausforderungen: a) Wie lassen sich aus unstrukturierten Datenbeständen Informationen herausziehen und b) wie lassen sich verschiedene solcher Datenbestände kombinieren, um relevante Informationen zu generieren.

4.3.2 Daten finden: Information Retrieval

Unter diesem Begriff werden die verschiedenen Möglichkeiten der Informationsextrahierung aus Daten und Dokumenten zusammengefasst. Bei formatierten Datenbeständen kann dies z. B. eine übergeordnete Datenbank mit Schlüsselwörtern (Keywords) aus verschiedenen Datenbanken oder eine Gruppierung von Themen (hierarchische Struktur) sein. Unformatierte Datenbestände können mit Volltextsuche, die aber meistens zeitraubend ist und zu Informationsproliferation führt, oder mit Retrievaltechnologie, die auf Indexierung der Datenbestände und Algorithmen beruht, durchsucht werden. Da die meisten Datenbestände unformatiert sind und ihre Bedeutung wächst (das Internet generell, aber auch alle möglichen Datenquellen in einer Organisation), liegt die Zukunft bei immer effizienterer und intelligenterer Suchtechnologie.

Das bekannteste Beispiel für Recherchesysteme sind Suchmaschinen im Internet. Sie identifizieren über das Verfolgen von Hyperlinks Dokumente im Internet, die in einem automatischen Prozess deskribiert werden. Hinterher lassen sich diese Dokumente meistens über Stichwörter suchen. Bei einigen Suchmaschinen werden die Dokumente entweder manuell oder automatisiert auch Kategorien zugeordnet. Dabei handelt es sich um eine Klassifikation. Die Grundlage für die Suche sind heute immer noch Wörter und Wortgruppen.

Die Kernfrage bei Information Retrieval ist die Qualität und Relevanz der gefundenen Information, sie ist das direkte Ergebnis der eingesetzten Retrievaltechnologie. Internetsuchmaschinen wie Google liefern heute auf eine Suchanfrage problemlos Ergebnislisten mit zig Millionen Treffern, d. h., es werden einerseits zu viele nicht relevante Treffer und andererseits nicht alle relevanten Ergebnisse geliefert. Die Ergebnisse werden vom Suchalgorithmus der Suchmaschine in einer bestimmten Reihenfolge präsentiert, die insofern sehr relevant ist, als die suchende Person erfahrungsgemäß maximal die ersten zwanzig Ergebnisse anschaut. Um ein solches Ranking der Treffer zu erstellen, muss die Suchmaschine die Wichtigkeit der gefundenen Websites bewerten. Google kopierte sein Rankingsystem von dem in den Wissenschaften gängigen Referiersystem, wo die Relevanz eines Werks steigt, je häufiger es zitiert wird, und bestimmt anhand der Zahl der Links, die auf eine Website verweisen, die Wichtigkeit dieser Website. Zwischen dem so ermittelten Ranking eines Suchergebnisses und dem Informationsbedürfnis in einer Suchanfrage gibt es aber keinerlei Korrelation bezüglich Qualität der gefundenen Information.

Das Problem liegt darin, dass die unstrukturierten Datenbestände im Internet nicht mit Angaben zu ihrer Bedeutung versehen sind, die «Bedeutung» wird wie oben erwähnt einzig indexbasiert (stichwortbasiert) vermittelt. Die Internet-Markup-Sprache HTML beschreibt, wie Daten im WWW dargestellt und verknüpft werden können, sie besitzt aber zu wenig differenzierte Möglichkeiten, auch die Bedeutung der Daten, d. h. ihren Informationsgehalt, auszudrücken. Die Bedeutung eines Textes besteht ja nicht in der Bedeutung einzelner vorkommender Wörter oder in der Summe aller Wortbedeutungen, sondern ist eine neue Qualität des Gesamttextes. Erst mit zusätzlichen Kontextangaben könnte die Bedeutung eines Dokumentes bezüglich einer Suchanfrage ermittelt werden und so eine wirkliche Antwort auf die Suchanfrage liefern.

In diesem Zusammenhang ist kurz auf das visionäre Großprojekt *Semantisches Web*[7] hinzuweisen, auch als Internet der Zukunft bezeichnet, das für das Wissensmanagement von großer Bedeutung ist. Die Idee des Semantischen Web geht auf den Begründer des World Wide Web, Tim Berners-Lee, zurück. 2001 beschrieb dieser seine Vision des Semantic Web als Erweiterung des bestehenden Web, in welchem Informationen mit eindeutig definierten Bedeutungen versehen sind, damit Mensch und Computer besser zusammenarbeiten können. Semantik, ein Begriff aus der Linguistik, ist die Lehre der Bedeutung. Um dem Menschen gewisse informationsverarbeitende Tätigkeiten abzunehmen, sollen Computer nicht nur mit Daten, sondern auch mit Informationen «intelligent» umgehen können, dazu muss der Computer aber fähig sein, die «Bedeutung» der Daten zu erkennen.

Wie wir ausgeführt haben, werden Daten erst zu Informationen durch das Wahrnehmen ihrer Relevanz und Verarbeiten der Daten durch einen Menschen, der ein Wissensbedürfnis hat. Die Kapazität des Menschen, Informationen zu verarbeiten, wird aufgrund der global rasant wachsenden Datenmenge eine immer kostbarere und knappere Ressource. Hier setzt das Semantic Web mit seiner Grundidee an: Intelligente Technologie, sog. Wissenstechnologie, soll einen Teil der menschlichen Informationsverarbeitung übernehmen. Dazu müssen Wege (neue Darstellungssprachen) gefunden werden, damit die Dokumente im Netz auch zusätzliche Angaben (Metadaten) über ihre «Bedeutung», d. h. ihr Informationspotenzial, enthalten. Bibliotheken verwenden übrigens schon seit Jahrhunderten «Metadaten», um Bücher zu klassifizieren und sie so besser zu erschließen. Im Semantic Web werden diese Metadaten von sog. Intelligenten

---

7   Ausführliche Informationen und Fachartikel dazu finden sich z. B. auf der Website der Semantic Web School http://www.semantic-web.at. Vgl. auch Pellegrini/Blumauer 2006.

Agenten, das sind autonom agierende Anwendungsprogramme, gebraucht und «gelesen». Dank diesen Metadaten können die Intelligenten Agenten Daten aus verschiedenen Beständen und Applikationen in Beziehung zueinander setzen und so für den Menschen neue höherwertige Informationen generieren. Wenn der Mensch ein komplexeres Informationsbedürfnis hat, muss er dieses heute in Einzelkomponenten zerlegen und entsprechende Suchanfragen stellen, dann aus den einzelnen Trefferlisten mühsam selektionieren und aus den passenden Ergebnissen endlich die gesuchte Information zusammenstellen. Im Semantic Web würden die Intelligenten Agenten diese Arbeit übernehmen und dem Menschen gleich die komponierte, komplexe Information liefern.

Eines der Ziele des Semantic Web ist es deshalb, die keywordbasierte Suche durch eine inhaltsbasierte Suche zu ersetzen, die personalisiert ist oder über gezielte Fragen dem Suchenden ermöglicht, die Suchanfrage zu präzisieren oder Fragen über verschiedene Dokumente zu beantworten – was die Funktion des Intelligenten Agenten wäre. Um dieses Ziel zu erreichen, müssen zuerst Textdokumente und Datenbankeinträge von einer Applikation unabhängig gemacht werden, damit sie zwischen Anwendungen ausgetauscht werden können. Dazu wird die Metasprache XML (Extensible Markup Language) geschaffen, die eine Syntax darstellt und dadurch ermöglicht, dass Daten mit eigenen oder zusätzlichen Befehlen (Tags) versehen werden können, die ihre Bedeutung ausdrücken. Zum Beispiel können die einzelnen Wörter von Personalien in einer Datenbank mit Tags wie <Vorname>, <Nachname>, <Person-id345>, <Geburtsdatum>, <Adresse> usw. versehen werden, so dass diese Angaben ganz unterschiedlich gruppiert und dargestellt werden können, z. B. je nach Anforderung als Liste oder als Visitenkarte.

Die «Bedeutung» wird informationstechnologisch verstanden als eine Vernetzung von Begriffsangaben, die definiert werden können: der Begriff selber als Einheit (Instanz oder Klasse), die Beziehungen zu andern Begriffen und die Regeln, die für diese Beziehungen gelten. Die Daten, Begriffe in einem bestimmten Bereich, werden mit hierarchischen Taxonomien[8] klassifiziert, damit Daten gleicher Kategorie richtig kombiniert werden können. Diese Relationen zwischen

---

8   Eine *Taxonomie* ist ein Klassifizierungssystem von Begriffen in einer Domäne, z. B. die berühmte und heute noch gebräuchliche Nomenklatur von Tier- und Pflanzenwelt durch Carl von Linné (1707–1778). Ein *Thesaurus*, auch *Topic Map* genannt, ist die Sammlung von Begriffen in einem bestimmten Bereich, die durch Relationen, wie Ober-, Unterbegriffe, Synonyme, Homonyme miteinander verbunden sind. Eine *Ontologie* schließlich ist ein Katalog mit Regeln über sinnvolle und zulässige Vernetzungen von Begriffen in einer Domäne.

den Daten werden mit einer neuen Auszeichnungssprache RDF (Resource Description Framework) beschrieben. Und schließlich werden mit Hilfe von Ontologien (Regelkataloge) die Daten, die Eigenschaften von Daten und die Beziehungen zwischen den Daten (ihre Vernetzung) erfasst. Diese Vernetzung von Metadaten wird mit der Metasprache OWL (Web Ontology Language) beschrieben.

Bisher werden Inhalte im Web (=Resources) mit Suchbegriffen gefunden, die *in* der Seite explizit vorkommen. Werden Webinhalte nun mit solchen semantischen Zusatzinformationen wie Zugehörigkeit zu einer Kategorie und Beziehung zu einer andern Kategorie versehen, können Suchmaschinen auch aufgrund solcher «Bedeutungs»-Angaben Inhalte einem Suchbegriff zuordnen und würden so qualitativ bessere Ergebnisse liefern. Werden beispielsweise verschiedene Webinhalte über Musikstile und verschiedene Webinhalte über Produzenten und Komponisten mit semantischen Zusatzinformationen versehen, könnten Retrievalsysteme direkt auch komplexe Anfragen wie *Wer sind die wichtigsten Produzenten von Afro-Jazz?* beantworten.

Zurzeit wird in der Informatik an Universitäten und in Unternehmen intensiv an der Entwicklung der entsprechenden Technologien geforscht. Der Hauptaufwand für die Realisierung des Semantic Web, die Generierung von strukturierten Metadaten, kann jedoch bereits heute durch entsprechend präparierte Contentmanagementsysteme und Wissensportale als laufender Prozess erfolgen. Anwendungsschwerpunkte sind unter anderem die Integration von Unternehmensdaten und das Wissensmanagement. Damit sind wir aus der Zukunft wieder in die Gegenwart zurückgekehrt.

Das Hauptproblem bei Information Retrieval im Internet ist die Qualität und Relevanz der Treffer, da mit der Internetsprache HTML zu wenig Möglichkeiten bestehen, die Bedeutung der Webinhalte zu beschreiben. Dem möchte das Großprojekt Semantic Web abhelfen, indem mit neuen Auszeichnungssprachen (RDF, OWL) auch die Metadaten (Kontextinformationen) eines Dokumentes und ihre Vernetzung mit Metadaten von andern Dokumenten erfasst werden können, aus denen Retrievalsysteme dann die «Bedeutung» ableiten können.

4.3.3 Daten verwalten: Dokumenten- und Contentmanagementsysteme

Ziel des Wissensmanagements ist ja, dass WissensträgerInnen möglichst viel von ihrem wertvollen Wissen so explizieren, damit es für die Organisation verfügbar ist und organisationales Lernen erlaubt. Die Mitarbeitenden produzieren während ihrer Arbeit permanent Daten in Form von Text- oder Zahlendateien und vor allem E-Mails. Der größte Teil dieses expli zi(er)ten Wissens wird jedoch als Dokument in persönlichen Ablagen gespeichert und ist nicht allgemein zugänglich. Deshalb wurden in den vergangenen Jahren vielerorts aufwändige Dokumentenmanagementsysteme implementiert, einerseits um große Datenbestände zu verwalten, andererseits aber auch um Teile von persönlichen Ablagen allgemein zugänglich zu machen. Die zentralen Themen der Datenmanagementsysteme sind Datenrepräsentation und -distribution.

Dokumentenmanagementsysteme DMS verwalten den ganzen Lebenszyklus eines Dokumentes von der Entstehung, Verteilung, Überarbeitung bis zur Archivierung und Löschung. DMS unterstützen die Arbeit mit großen Dokumentensammlungen, und zwar die Erzeugung, Erfassung, Ablage, Verwaltung sowie das Wiederauffinden und Weiterverarbeiten von Dokumenten. DMS ermöglichen auch eine Versionenkontrolle der Dokumente und regeln damit deren Rechtsverbindlichkeit. Bei der Installation eines DMS muss der Lifecycle eines jeden Dokumentes vorgängig definiert werden, deshalb ist die Implementierung meist sehr aufwändig, weniger technologisch als organisatorisch. Viele Arbeitsschritte (Workflow) im Zusammenhang mit einem Dokument müssen geklärt und viele Berechtigungen in Form von Rollen zuerst definiert werden: Wer erstellt ein Dokument, wer kontrolliert, wer darf freischalten, wer entscheidet über die Zugriffsmöglichkeiten, wer darf nur lesen, wer auch verändern, wer entscheidet über die Zugänglichkeit etc.

Bei großen Dokumentenbeständen, vor allem in öffentlichen Verwaltungen, ist die Einführung von Dokumentenmanagementsystemen sinnvoll und notwendig. Voraussetzung ist aber, dass die Dokumentenbestände «bottom-up» differenziert werden in solche, die von «öffentlichem» Interesse sind (und deshalb allen zugänglich und nicht mehrfach in persönlichen Ablagen gespeichert werden), und in solche, die nur abteilungsrelevant sind oder persönlich bleiben sollen. Bei Einführung eines umfassenden Dokumentenverwaltungssystems in einer Abteilung oder sogar organisationsübergreifend muss in der Regel für jedes in der DMS-Ablage erfasste Dokument ein Publikationsstatus (Entwurf, freigegeben) und ein Zugänglichkeitsstatus (öffentlich, nur Team, persönlich) bestimmt werden.

Steht eine Organisation oder Verwaltung jedoch unter Spardruck, inmitten von Umstrukturierungsmaßnahmen oder plant Personal abzubauen, ist der Zeitpunkt für die Einführung einer umfassenden Dokumentenablage denkbar ungeeignet. Dies löst Bedenken und Widerstand aus, wenn erwartet wird, dass möglichst viele Dokumente den Status freigegeben und öffentlich haben sollen. Die Mitarbeitenden befürchten, mit der «Veröffentlichung» ihrer Arbeitsdokumente indirekt auch Einblick in ihre Arbeitseffizienz zu geben. Sie erfassen dann zwar viele ihrer Dokumente im DMS, umgehen aber das Problem, andern Einsicht in «ihre» Dokumente zu gewähren, indem sie den Dokumenten den Status «Entwurf» geben und sie im DMS unter «persönliche Ablage» speichern.

Contentmanagementsysteme CMS folgen ähnlichen Prinzipien wie Dokumentenmanagementsysteme, der Fokus liegt jedoch nicht auf der Form (Dokumentart), sondern auf dem Inhalt. CMS unterstützen die Erzeugung und Verwaltung von Inhalten, die – in der Regel online – publiziert werden sollen. Solche Dokumente mit einem redaktionellen Inhalt werden als Content bezeichnet und ihre Verwaltung als Contentmanagement. Der Schwerpunkt der CMS liegt deshalb auf dem redaktionellen Management von Inhalten im Intra- oder Internet.

Ein Dokument bildet eine Einheit aus Inhalt, Struktur und Layout, für die Dokumentenanalyse und -verarbeitung werden Inhalt (die eigentlichen Informationen), Struktur (Aufbau und Reihenfolge der Informationen) und Layout (Angaben zur Visualisierung des Dokumentes) getrennt und mit verschiedenen Auszeichnungselementen (sog. Tags) versehen. Dies ermöglicht, unterschiedliche Inhalte mit dem gleichen Layout zu publizieren oder gleiche Inhalte unterschiedlich zu strukturieren und darzustellen. Dies ist überall dort von Vorteil, wo die Publikation von Dokumenten im Vordergrund steht, was bei webbasierten Informationssystemen (Websites, Wissensportale, Intranets) der Fall ist. Ein CMS besteht deshalb immer aus drei Komponenten: einem Editorial System, einem Content Repository (Datenbank) und einem Publishing System. CMS ermöglichen also eine darstellungsunabhängige Erzeugung und Publikation von Inhalten in unterschiedlichen Kontexten, Kombinationen, Medien und Formaten. Gleichzeitig werden redaktionelle Abläufe wie die Prüfung und Freigabe der Inhalte unterstützt. Die meisten größeren Websites im Internet und Intranet werden heute mit CMS verwaltet.

Dokumentenmanagementsysteme DMS verwalten den ganzen Lebenszyklus eines Dokumentes von der Entstehung, Verteilung, Überarbeitung bis zur Archivierung und Löschung. Sie organisieren die Verwaltung großer Dokumentenbestände.

Contentmanagementsysteme CMS haben ähnliche Funktionen: Sie verwalten bei einem Dokument Angaben über Inhalt, Struktur und Layout getrennt und ermöglichen so eine darstellungsunabhängige Erzeugung und Publikation von Inhalten in unterschiedlichen Kontexten, Kombinationen, Medien und Formaten.

4.4 Kommunikationsmanagement

Das Kommunikationsmanagement umfasst im engeren Sinn den durch IT ermöglichten oder durch IT unterstützten Austausch zwischen Personen oder Gruppen. Dazu gehören alle Anwendungen, die die Zusammenarbeit von Gruppen und Teams organisieren helfen, sogenannte Groupware und Collaborative Tools. Ebenso Applikationen, die standardisierte Arbeitsabläufe automatisieren, die Workflow-Funktionalitäten. Seit einiger Zeit ist eine neue Form von Kommunikationsanwendungen, zusammengefasst unter dem Begriff Social Software, stark im Trend. Wir stellen Weblogs und Wikis im Kapitel 4.6 über Wissensmanagement-Systeme vor, weil sie inzwischen auch von Organisationen als Instrumente für das Wissensmanagement entdeckt wurden, womit Mitarbeiterwissen personifiziert expliziert werden kann.

4.4.1 Groupware

Groupware ist ein Oberbegriff für Informations- und Kommunikationstechnologien, die unterschiedliche Formen der Kommunikation, Koordination und Kooperation zwischen Menschen unterstützen und ermöglichen. Einige Groupware-Systeme erlauben auch weltweite Zusammenarbeit über große Distanzen. Mit Groupware wird also ein Typ Software bezeichnet, der alle Aspekte der Zusammenarbeit von Gruppen unterstützen kann, z.B. ein Medium (Videoconferencing), um die Kommunikation zu dokumentieren, oder Bereitstellung eines spezifischen Zugriffs auf für die Gruppe wichtige Daten und Austausch

(z. B. E-Learning, virtual classroom). Das Groupware-Konzept dient der Entwicklung der Zusammenarbeit und Gruppenproduktivität durch Automatisierung bestimmter Aufgaben und Abläufe, wodurch die Effizienz erhöht und die Entscheidungsprozesse verbessert werden sollen. Heute wird auch oft der Begriff Communityware verwendet, wenn es um die Kollaboration von Personen geht, die nicht unbedingt eine Gruppe bilden, sondern sich nur über eine Plattform virtuell treffen.

Auch das gemeinsame Bearbeiten von Dokumenten mit mehreren Benutzern ist eine häufige Funktion dieser Systeme. Durch gemeinsame elektronische Arbeitsumgebungen können Arbeitsgruppen Dokumente austauschen und über geteilte Kalender ihre Tätigkeiten koordinieren. Groupware wird also häufig mit einem Dokumentenmanagementsystem und mit einer Workflow-Funktion kombiniert.

4.4.2 Workflow

Darunter versteht man die standardisierte Gestaltung von Arbeitsflüssen (Prozessen). Dazu werden alle für die Ausübung eines Arbeitsprozesses notwendigen Arbeitsschritte, die Rangordnung dieser Schritte sowie die beteiligten Rollen (d. h. die Funktion eines bestimmten Arbeitsschrittes in Bezug auf den ganzen Prozess) und Berechtigungen erfasst. Mittels einer Workflow-Software können in einer Organisation Arbeitsflüsse definiert, koordiniert und gesteuert werden, meist in Verbindung mit einem Dokumentenmanagementsystem, da in einem Arbeitsprozess Dokumente geschaffen, ausgefüllt, verschickt oder sonst wie verarbeitet werden müssen. Die Software organisiert und regelt die Schnittstellen zwischen den an einem Arbeitsprozess beteiligten Personen. Wie wir bereits erwähnt haben, kann die Implementation einer Workflow-Software unter Umständen sehr aufwändig sein, weil die Prozesse in allen Details analysiert und festgelegt werden müssen. Die Datenflüsse sind also formal zu definieren, was bedingt, dass sie überhaupt bekannt sind. Unter Umständen löst dies Konflikte über Berechtigungen aus oder lässt schwelende Konflikte in Prozessen zum Vorschein kommen.

Groupware-Systeme unterstützen und ermöglichen unterschiedliche Formen der Kommunikation, Koordination und Kooperation zwischen Menschen, z. B. als Projekt- oder E-Learning-Plattformen.

Workflow-Funktionalitäten bilden einen Arbeitsprozess standardisiert nach und können so Abläufe beschleunigen, indem Arbeitsschritte online erledigt werden.

4.5 Wissensbasierte Systeme

Zur Unterstützung des Wissensmanagements werden von kommerziellen Anbietern ganze Knowledgemanagement-Systeme angeboten, die die verschiedenen, hier unter Daten- und Kommunikationsmanagement vorgestellten Funktionalitäten kombinieren. Solche Komplettsysteme, auch Knowledgemanagement-Suites genannt, bieten in der Regel folgende Funktionalitäten an: Datenmanagement (Dokumenten- und Contentmanagement), Information Retrieval, Wissensrepräsentation (Strukturierung und Visualisierung) und Collaboration (Kommunikationsunterstützung, Groupware, Workflow).

Der wesentliche Unterschied zwischen Datenbanken mit Suchfunktionalität und sogenannten Wissensmanagementsystemen besteht darin, dass hier Daten verarbeitet werden, indem sie mit andern Datenbeständen kombiniert oder angereichert werden. Man könnte diese Datenverarbeitung als höherwertig bezeichnen, weil das Konzept der Kombination und Anreicherung selber viel Wissen enthält, wodurch die abrufbaren Informationen einen Mehrwert bekommen, d. h. veredelt worden sind. Bei den kommunikationsunterstützenden Komponenten besteht der Unterschied zwischen einfachen Kommunikationssystemen wie E-Mails, Chats oder Videoconferencing und komplexeren Groupware- oder Learning-Plattformen darin, dass der Austausch strukturiert und im Hinblick auf die Dokumentierung von Daten, die im Austausch entstanden sind, organisiert wird. Wissensmanagementprojekte, die mit einer Personifizierungsstrategie den Wissenstransfer zwischen den Personen fördern wollen, können unter anderem solche Tools zur Unterstützung des Austausches einsetzen, vor allem für Kommunikation über Raum und Zeit hinweg. Wenn dies jedoch nur dazu dient, um das implizite Wissen der Mitarbeitenden zu erfassen (Verkaufsargument eines solchen Tools: Ihre Mitarbeitenden müssen ihr Wissen nicht mehr mühsam in Datenbanken abfüllen, das System erfasst und extrahiert automatisch aus Mail- und Datenverkehr relevantes Wissen!), ist aber mit Widerstand der Beteiligten zu rechnen, zudem liegt das Ganze rechtlich in einer Datenschutz-Grauzone.

Den potenziellen Käufern wird oft vorgegaukelt, dass sie mit der Implementierung einer solchen Komplettlösung Wissensmanagement betreiben. Die Hauptprobleme bestehen darin, dass diese umfangreichen Gesamtlösungen teuer sind, eine ressourcen- und zeitaufwändige Implementierung erfordern und Funktionalitäten beinhalten, für die nicht unbedingt Bedarf bestand. Oder der «Bedarf» wird nachher geschaffen, indem Prozesse an die Software angepasst werden, damit sich die Investition auch gelohnt hat. Solche Realitäten zeigen klar ein mechanistisches Verständnis von Wissensmanagement. Wenn überhaupt ist es sinnvoller, aus den vielen Angeboten von Gesamtlösungen eine zu wählen, die modular eingekauft werden kann. Man schafft eine oder zwei Komponenten an, für die ein konkreter Bedarf besteht, z. B. eine Groupware mit einem DMS, und implementiert nach erfolgreichem Einsatz schrittweise weitere Module, falls diese neuen Bedürfnissen entsprechen. Ein solches Vorgehen erspart der Organisation Anschaffungskosten, Zeit, Ressourcen, Ärger und einen Softwarefriedhof.

Im Gegensatz zu diesen Knowledgemanagement-Systemen, die einfach verschiedene Applikationen kombinieren, versteht man unter *wissensbasierten Systemen* informationsverarbeitende Technologien, die Daten aus Datenbeständen und aus Kommunikationsquellen aufbereiten, mit Wissen anreichern (sog. veredeln) und so als höherwertige Information auf interaktiven komplexen Plattformen wieder zur Verfügung stellen. Wissensbasierte Systeme werden überall dort eingesetzt, wo üblicherweise der Mensch seine Intelligenz benötigt. Man erhofft sich, mit diesen Technologien Lösungsverfahren für komplexe Probleme zu entwickeln, die auf unvollständigen Informationen beruhen. Dabei ist zu unterscheiden zwischen eigentlichen wissensbasierten Systemen, die auf einer expliziten Wissensbasis aus Problemlösungsregeln aufbauen, und wissensorientierten Systemen, die selbstlernend sind, also nicht programmiert, sondern trainiert werden. Die Wissensbasis entsteht dort dynamisch aus einem «dummen» Anfangszustand, indem solche Systeme laufend Lernzyklen durchlaufen und die Problemlösungsregeln anpassen und verfeinern. Dies geschieht mit Technologien der Künstlichen Intelligenz (AI – Artifical Intelligence). Künstliche neuronale Netze können dort eingesetzt werden, wo die Problemstellungen schwer formalisierbare Parameter aufweisen und deshalb zu komplex sind, als dass sie noch mit herkömmlichen analytischen Verfahren lösbar sind, z. B. Börsenkursprognosen, Robotersteuerung, Bildverarbeitung, Ampelsteuerung oder Dienstplanoptimierung.

Aus der Perspektive Wissensmanagement betrachten wir die wissensbasierten Systeme noch etwas genauer, weil sie einen interessanten Versuch darstellen, das implizite Problemlösungswissen des Menschen zu explizieren und mit Systemen vom Menschen losgelöst verfügbar zu machen. Zu den wissensbasierten Systemen gehören verschiedene Systeme, die die Aufgabe haben, anstelle des Menschen Zusammenhänge zu erkennen und automatisiert Lösungen zu generieren, wie Data- resp. Textmining und sogenannte Case-Based-Reasoning-Systeme und Expertensysteme.

4.5.1 Data und Text Mining

Wenn mehrere Datenbestände, z. B. Kundendaten, Produktspezifikationen und Verkaufszahlen, in einem *Data Warehouse* anhand von Metadaten zusammengeführt werden, braucht es unterstützende Systeme, um die Daten so zu sichten und zu kombinieren, dass relevante Informationen entstehen. Die Riesenmengen von Daten, die heute problemlos gespeichert werden können, erhalten einen Wert (Informationswert) für einen Nutzer erst durch Auswertung, Analyse und Auffinden von Zusammenhängen (Mustern) zwischen den Daten. Unter *Data Mining* werden die automatisierte Datenanalyse und das automatisierte Erkennen von statistischen und semantischen Zusammenhängen zwischen Daten verstanden. Ein Data Mining-System scannt die Daten in einem Data Warehouse oder in Datenbanken und bildet Hypothesen über mögliche Zusammenhänge und Muster zwischen den Daten. Die Hypothesen werden in mehreren Durchgängen anhand von Daten überprüft und die plausibelsten Hypothesen ermittelt.

Eine bekannte Anwendung ist zum Beispiel im E-Shopping die Warenkorbanalyse, die dem Kunden manchmal als Kaufanreiz auch mitgeteilt wird, z. B. bei Amazon: Kunden, die Buch x und Buch y gekauft haben, haben auch Buch z gekauft. Aufgrund des tatsächlichen Warenkorbs des Kunden werden die Hypothesen des Systems dann verfeinert und validiert. Die von einem Data-Mining-System präsentierten Zusammenhänge müssen in der Regel vom Nutzer noch interpretiert werden. Data Mining wird auch Wissensextraktion (Knowledge Extraction), Information oder Knowledge Discovery, Data Archeology usw. genannt.

Text Mining ist eine Erweiterung des Data-Mining-Verfahrens auf unformatierte Datenbestände, in der Regel Dokumente und Texte. Text Mining bezeichnet, in Analogie zu Data Mining, die automatisierte Indexierung und Klassifizierung von Dokumenten mittels Hypothesenbildung und -validierung. Es steht als Oberbegriff für sämtliche Methoden, mit denen sich unbekannte, aber potenziell nützliche Informationen, die implizit in großen Textmengen enthalten sind, auffinden lassen. Dazu wird textanalytisches Wissen aus der Computerlinguistik eingesetzt (Assoziationsanalyse, Semantik, Indexierung, Clustering etc.).

Ein Anwendungsbereich sind zum Beispiel auch *Community-Support-Systeme*. Sie beinhalten Funktionen, die bei größeren Gemeinschaften die Zusammenarbeit erleichtern. Dazu zählt das Aufdecken und die Visualisierung von Beziehungen (Matchmaking) und das Nutzen dieser Beziehungsdaten für das (halb)automatische Filtern von Informationen. Dabei kann das Aufdecken der Beziehungen über die Auswertung der Handlungen erfolgen, die Mitglieder einer Community über das Community-Support-System ausführen. Benutzen z. B. zwei Mitglieder ein Wissensobjekt, so kann dies auf ein gemeinsames Interesse hinweisen. Ab einer bestimmten Häufigkeit interpretiert das Data Mining dies als Muster und weist die betreffenden Mitglieder auf diese vermutete Gemeinsamkeit hin. Diese Beziehungen können auch Informationen für ein Expertenverzeichnis bereitstellen. Weiterhin unterstützen einige Community-Support-Systeme das Filtern von Informationen auf Grundlage dieser Beobachtungen (kollaboratives Filtern). Hat ein Mitglied ein ähnliches Profil wie ein anderes, so können dem einen auch die Wissensobjekte zur Nutzung vorgeschlagen werden, die der andere verwendet hat.

Um den Wissensaustausch zwischen den Mitgliedern von Wissensgemeinschaften zu unterstützen, verfügen Community-Support-Systeme über eine Reihe von Funktionen. Dazu zählen:

- das Verwalten der Mitgliedschaft in der Gemeinschaft, einschließlich der dazugehörenden Arbeitsabläufe bei einem Neuantrag oder einer Löschung der Mitgliedschaft,
- das Bereitstellen von Werkzeugen zur Kommunikation und Kooperation der Mitglieder untereinander, z. B. durch Diskussionsforen oder Konferenzmöglichkeiten,

- die Analyse der Nutzungsdaten und Profile der Mitglieder, um Empfehlungen für relevante Mitgliederkontakte oder Wissensobjekte zu erzeugen.

> Data Mining ist die automatisierte Datenanalyse und das automatisierte Erkennen von statistischen Zusammenhängen zwischen Daten. Ein Data Mining-System scannt die Daten in einem Data Warehouse, bildet Hypothesen über mögliche Muster, überprüft diese in mehreren Durchgängen anhand von Daten und ermittelt die plausibelste Hypothese.
>
> Text Mining bezeichnet, in Analogie zu Data Mining, die automatisierte Indexierung und Klassifizierung von Dokumenten mittels Hypothesenbildung und -validierung.

4.5.2 Case-Based-Reasoning und Expertensysteme

Unter *Case-Based-Reasoning* versteht man fallbasiertes Schlussfolgern, das auf psychologischen Lernkonzepten beruht und davon ausgeht, dass wir in der Regel Probleme so bearbeiten, indem wir aus vorangegangenen ähnlichen Problemen, die wir gelöst haben, Schlüsse ziehen, wie das neue Problem gelöst werden kann. Dieses Vorgehen wird mit einem Case-Based-Reasoning-System nachgebildet: Den Kern bildet eine Datenbank mit Fallbeschreibungen und ihren Lösungen, die Fallbasis. Wird ein neues Problem ins System eingegeben, wird mit einer Suchfunktion (Retrieval) in der Fallbasis ein ähnlicher Fall gesucht und die dazugehörende Lösung an das neue Problem angepasst (Re-use) und ein erster Lösungsvorschlag präsentiert. Hier tritt nun der Mensch in Aktion: Der Lösungsvorschlag wird real ausprobiert oder mittels einer Simulation bewertet, um Kosten und Risiken zu reduzieren. Die eventuell korrigierte Lösung (Revise) wird anschließend wieder im System erfasst und in der Fallbasis zusammen mit der Problembeschreibung gespeichert (Retain).

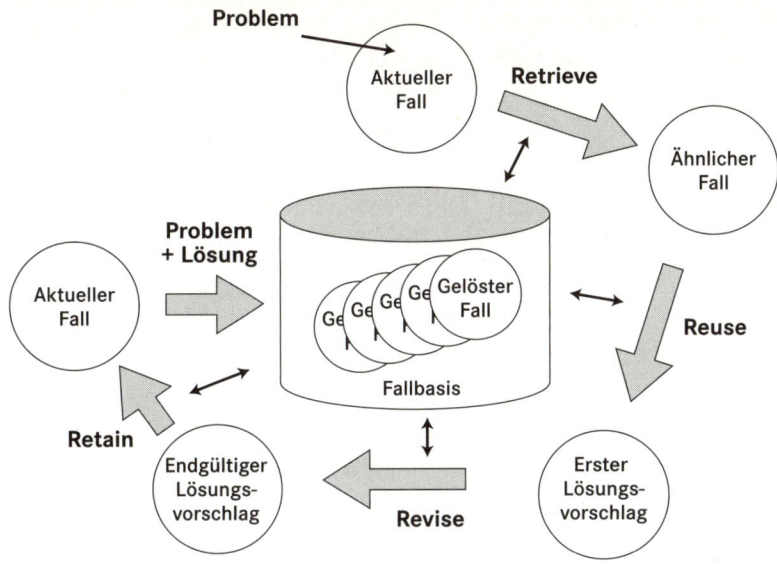

Abb. 7 Konzept des Case-Based-Reasoning gemäß Bodendorf[9]

Ein Case-Based-Reasoning-System beruht also auf einer Interaktion zwischen einer speziell aufbereiteten Fallbasis und dem evaluierenden Menschen, der mit der endgültigen Lösung implizit sein Problemlösungswissen dokumentiert. Die Fallbasis wächst durch den Gebrauch kontinuierlich und kann so immer adäquatere Lösungsvorschläge liefern. Case-based-Reasoning-Systeme werden deshalb durch den Gebrauch auch gleich gepflegt und aktualisiert. Die Systeme stellen eine Art kollektives Problemlösungswissen von Experten dar, das nicht in Form von Regeln expliziert werden muss, sondern implizit bleiben kann, da ihre Nutzung immer noch Experten bedingt, die die Lösungen bewerten können. Viele Experten arbeiten lieber mit analogen Fallbeispielen als mit Regeln, weil so das Wissen, wie ein Problem gelöst werden kann, nicht völlig explizit gemacht werden muss, sondern implizit im Beispiel des ähnlichen Falls (analoge Modalität der Kommunikation) vorhanden ist. Typische Anwendungsbereiche für Case-Based-Reasoning-Systeme sind technische Supportdienste, Hotlines oder auch die Verschreibung medizinischer Therapien.

Im Gegensatz dazu versuchen *Expertensysteme* das Fachwissen und die Pro-

---

9   Bodendorf 2005:148.

blemlösungsfähigkeit eines Experten nachzubilden. Sie bestehen aus zwei Hauptkomponenten: aus einer *Wissensbasis* (Fallbasis und weitere Quellen für themenspezifische Fakten) und einem *Steuerungssystem* (Regelmenge, Inferenzmaschine, Dialogkomponente mit dem Benutzer). Die beiden Komponenten sind das technologische Abbild des Faktenwissens und des strategischen Problemlösungswissens eines Experten. Expertensysteme sind jedoch extrem aufwändig zu füllen, weil sie voraussetzen, dass der ganze Problemlösungsprozess explizit gemacht werden kann. Die Erstellung der Wissensbasis und der Inferenzmaschine (Wenn-dann-Regeln) verlangt die Suche nach geeigneten Experten, die Extraktion des Expertenwissens mit speziellen Befragungstechniken und die Strukturierung und Aufbereitung des Wissens (Formalisierung und maschinelle Repräsentation, Erstellen der Regel-Bäume).

Die Qualität der Wissensbasis ist jedoch oft dadurch beschränkt, dass Experten gar nicht fähig sind, ihr Problemlösungswissen zu beschreiben, weil sie selber nicht das Gefühl haben, den vollständigen Überblick über ihre Domäne zu haben. Zudem ist Problemlösungswissen als implizites Wissen ein komplexes Knäuel aus stillem, latentem und bewusstem Erfahrungswissen. Intuitives Lösungswissens (stilles Wissen) kann kaum expliziert werden. Gehören Teile des Lösungsvorgehens zum latenten Wissen, können sie durch geeignete Befragungstechniken, z. B. Storytelling, bewusstgemacht und expliziert werden. Einzig die Teile, die als Lösungsstrategien kognitiv bewusst sind, können gut formalisiert und beschrieben werden.

Expertensysteme werden am häufigsten in der Experten-Laien-Kommunikation eingesetzt, wo Personen mit wenig Erfahrung oder Fachkenntnissen Probleme lösen müssen, für die es Expertenwissen braucht, und bei repetitiven, wissensbasierten Anfragen z. B. als Diagnosesysteme und Beratungssysteme (Online-Gesundheitsberatung, technische Helpdesks).

Case-Based-Reasoning, fallbasiertes Schlussfolgern, ist die Bearbeitung einer Problemstellung durch Anwendung von Lösungswissen, das aus vorausgegangenen ähnlichen Fällen entwickelt wurde. Der Lösungsvorschlag des Systems muss vom Benutzer validiert oder korrigiert werden.

Expertensysteme bilden den Problemlösungsprozess des Experten technologisch nach und bestehen aus zwei Hauptkomponenten: der Wissensbasis («Faktenwissen») und dem Steuerungssystem («Problemlösungsstrategie des Experten» in Form von Regeln).

4.6 Wissensplattformen und Portale

Unter einer Plattform wird die Zusammenstellung von verschiedenen Datenquellen und / oder Applikationen für eine bestimmte Usergruppe oder für bestimmte Tätigkeiten verstanden. Eine Plattform wird dann als Portal bezeichnet, wenn sie als «Eingangspforte» Zugang zu weitern Unterplattformen und andern Applikationen öffnet. Moderne Portale sind in der Regel individuell konfigurierbar (Auswahl der Inhalte, Layout). Die meisten Plattformen oder Portale sind heute webbasiert und dienen der Unternehmenskommunikation und dem Marketing auch als Kommunikationsinstrumente. Aufgrund der Hauptfunktion, die eine Plattform oder Website hat, werden drei Typen unterschieden:

- Die *Informationsplattform* enthält speziell aufbereitete Informationen zur Unterstützung der Arbeit oder bei Entscheidungsprozessen. Beispiel: immer noch viele *Intranets*, Management-Informations-Systeme (Report- und Oberflächengeneratoren), Personal-Informations-Systeme usw. Die meisten Unternehmenswebsites waren früher reine Informationsplattformen (Einweg-Kommunikation).
- Die *Kommunikationsplattform* (häufig als Portal) bietet nebst Informationen zusätzlich Kommunikationsmöglichkeiten wie E-Mail, Chat, Diskussionsforen, Gästebücher, Blogs, Groupware-Funktionen usw. an; die Kommunikation kann synchron (zeitgleich, z. B. Chat) oder asynchron (z. B. E-Mail-Funktion) sein.
- Die *Transaktionsplattform* (häufig als Portal) bietet dem Benutzer die Möglichkeit, Tätigkeiten über die Plattform abzuwickeln (E-Commerce, E-Shopping, E-Business, E-Governement etc.), z. B. Käufe zu tätigen oder ein Gesuch einzureichen, Dokumente zu bestellen, Inhalte downzuloaden, Formulare auszufüllen, oft kombiniert mit Workflow-Funktionen (z. B. geführtes Ausfüllen der Steuererklärung).

4.7 Social Software

Das Internet entwickelt sich zunehmend zu einer Plattform mit neuen Diensten, die zum Ziel haben, Inhalte und kommunizierende Menschen besser zu verknüpfen. Unter dem Stichwort Web 2.0 oder auch offenes Web wird heute eine neue Generation von Webapplikationen und Internetdiensten, die mit offenen Standards entwickelt wurden (Open-Source Software, Open Access, Open Services etc.), zusammengefasst, die den Nutzern die Freiheit und Möglichkeit bietet, Inhalte aktiv mitzugestalten.[10] Je nach Perspektive kann man das als Rückeroberung des Netzes durch die Nutzer nach einer Phase der starken Kommerzialisierung des Internets oder einfach als logische technologische Weiterentwicklung betrachten. Auf jeden Fall geht damit das Internet, das als Medium erst mit der Aktivierung durch einen Nutzer funktioniert, den nächsten Schritt in der Entwicklung: Der Nutzer ist nicht mehr nur Informationsempfänger, der sich die Inhalte holt, sondern er wird zum Informationsproduzenten, der die Inhalte mitgestaltet oder selber herstellt. Insbesondere die gemeinsame Produktion von Inhalten, z. B. in der Online-Enzyklopädie Wikipedia, geht vom Glauben an eine kollektive Intelligenz aus und nimmt eine alte Vision des Internets wieder auf: weltweiter Speicher des globalen Wissens der Menschheit zu werden.[11]

Mit *Social Software* bezeichnet man verschiedene Internetdienste, die Benutzer miteinander verbinden und die Kommunikation und Kollaboration unterstützen. Als Vorläufer können Groupware-Systeme, die ganze Telefonie und auch E-Mail betrachtet werden, einen Durchbruch erzielten die Systeme aber erst, als sie über PC, schnelle Internetverbindungen und Webbrowser einfach und ohne Vorkenntnisse bedienbar wurden. Im Gegensatz zu herkömmlicher Software wurde Social Software nicht primär zur Lösung von Problemen entwickelt, sondern zum Aufbau von Netzwerken und sozialen Prozessen. Die sich so bildenden Gemeinschaften funktionieren auch weitgehend mittels Selbstorganisation und Selbstkontrolle. Zu den bekanntesten Anwendungen zählen Foren, Chats, Instant Messengers, Weblogs, Wikis. Für das Wissensmanagement in Organisationen könnten sich vor allem Weblogs und Wikis als vielversprechende Anwendungen erweisen, deshalb werden im

---

10 Vgl. dazu Kleske 2006: Wissensarbeit mit Social Software.
11 *Time Magazin* wählt am Jahresende jeweils die Persönlichkeit des Jahres. Das Titelbild der letzten Ausgabe von 2006 zeigt einen leeren Computerbildschirm mit dem Wort «You»: Gefeiert wird als Persönlichkeit des Jahres 2006 die virtuelle Gemeinschaft aller Internetnutzer, die im Netz gratis ihr Wissen, ihre Intelligenz und ihre Kreativität der Öffentlichkeit zur Verfügung stellen. Diese Weisheit der Massen wird auch bereits kommerziell genutzt mit Crowdsourcing: Die Lösung eines Problems wird der kollektiven Intelligenz einer Freiwilligenmasse übertragen, insbesondere die Bewertung von Informationen und Inhalten – wie wir wissen, eines der Hauptprobleme bei Informationsüberflutung, vgl. unsere Ausführungen zu Semantic Web im Kap. 4.4.2. Solche Bewertungen (die Mehrheit kann sich nicht irren) werden dann gewinnbringend verwertet.

Folgenden diese Tools und ihre Einsatzmöglichkeiten im Wissensmanagement kurz vorgestellt.[12]

4.7.1 Weblogs

Weblogs, oder kurz Blogs, waren ursprünglich Online-Tagebücher. Heute sind es Websites mit bestimmten Funktionalitäten (Kommentar, Verlinkung), wo jemand regelmäßig Persönliches erzählt, seine Meinung äußert oder irgendwelche Inhalte kommentiert. Wer einen Blog führt, verlinkt seine Beiträge auf Websites oder andere Blogs und kommentiert diese in seinem Blog für andere Nutzer, die die Beschreibungen und Kommentare ihrerseits wieder kommentieren. So entsteht ein dichtes Gewebe vernetzter Inhalte. Aufgrund einfach zu handhabender Software (Weblog-Publishing-Systeme sind einfache CMS) und Vernetzungsmöglichkeiten breiteten sich die Blogs in den vergangenen Jahren explosionsartig aus, im Jahr 2005 wurden weltweit über 20 Millionen Blogs gezählt, aktuell (Ende 2006) sind es über 63 Millionen, täglich werden zurzeit 175 000 neue Blogs geschaffen und die bestehenden Blogs täglich mit 1,6 Millionen Einträgen ergänzt.[13] Diese Zahlen belegen eindrücklich die Dynamik und rasante Zunahme von nutzergenerierten Inhalten. Die so entstehende und dicht vernetzte Blogwelt wird auch Blogosphäre genannt, in der sich immer neue Blogformen entwickeln, wobei der «virtuelle Dorfplatz mit viel Selbstdarstellung», d. h. Blogs mit Erlebnissen, Ferienbildern, persönlichen Bemerkungen, subjektiven Meinungen etc., aber bei weitem die eigentlichen Informationsblogs überwiegt. Themen in der Blogosphäre werden als Trendsetter von der etablierten Presse aufgenommen. Firmen haben diese Chance mittlerweile auch erkannt und unterhalten Blogs als PR-Instrumente oder – was unter Bloggern als verwerflich gilt – bezahlen Blogger für positive Beiträge über die Firma in ihren Blogs.

Die Bedeutung von Weblogs für das Wissensmanagement liegt vor allem in seiner Kommunikationsform. Werden Blogs in der Organisation eingesetzt, haben sie aber eine andere Funktion als in der freien Webpublikation. Die Organisation ist ein strukturiertes System mit Kommunikationsregeln, die auch für

---

12 Social Software und Anwendungen im Wissensmanagement war ein Titelthema im Fachmagazin *Wissensmanagement* 3/2006, vgl. dort die Beiträge von Burger/Pircher; Bendel und Schütt zum Thema.

13 Gemäß der Website Technorati, die sich selbst als *die* Autorität im World *Live* Web bezeichnet, weil sie permanent das ganze Web nach dynamischen Inhalten durchsucht und diese als Blog-Suchmaschine zugänglich macht. http://www.technorati.com/about/ (30.12.06).

Blogs gelten. Werden in einer Organisation Blogs über das Intranet ermöglicht, müssen zuerst die Spielregeln und eine Blogetikette vereinbart werden. Blogs sind für die Lesenden in erster Linie Informationsquellen. Beispielsweise wären diejenigen Stellen in einer Organisation, die Mitteilungen verbreiten dürfen, auch a priori berechtigt zu «bloggen»: Die Verantwortlichen für die interne Mitarbeiterkommunikation oder die Geschäftsleitung könnten Newsletters oder andere interne Mitteilungen in Form von Blogs führen. Da Blogs immer subjektive Äußerungen sind, wirken Informationen in dieser Form wie persönliche Kommentare. Eine weitere Möglichkeit wäre, Blogs für das Vorschlagswesen zu nutzen. Alle Wissensarbeitenden könnten auch fachspezifische Blogs initiieren, Projektleitende und FachexpertInnen bringen mit einem Blog eine Fachdiskussion über die Entwicklung in einem Fachgebiet in Gang. Oder eine Mitarbeiterin kann sich mit einem Fachblog als Expertin profilieren.

Aus Sicht Wissensmanagement sind solche internen Fachblogs interessant, da sie eine direkte Form des Explizierens von implizitem Wissen darstellen, insbesondere wenn sie rege kommentiert und breit auch mit externen Bezügen verlinkt werden. Da Blogs eine Art Protokoll des lauten Denkens einer Person sind, kann auch in Projekten unter Umständen die Wissensentwicklung mit einem Projektblog unterstützt werden, der die Funktion des assoziativen Entwickelns von Gedanken hätte. In einem Arbeitsteam von Wissensarbeitenden können Blogs, die nur im Team zugänglich sind, auch sogenannte Gruppenblogs, als persönliches Sammelsurium für Webfunde und Ideen, oder als eine Art virtuelle Post-it-Zettelkette benutzt werden, die aber archivierbar und für alle immer wieder auffindbar ist.

Bevor nun Weblogs als Wissensmanagement-Instrumente propagiert werden, gibt es doch einige Fragen zu bedenken. Das in Weblogs wachsende explizierte Wissen entspricht der «Interaktions – Flow – Prozess»-Vorstellung von Wissen, und eine Organisation kann diese Interaktionsprozesse unterstützen, im Vertrauen darauf, dass die Wissensentwicklung ein sich ständig erneuernder Fluss ist. Will man jedoch mit einem «Stock – Objekt»-Verständnis dieses explizierte Wissen für die Organisation verwerten und speichern, sind Ressourcen notwendig, nämlich Fachleute, die die Blog-Inhalte analysieren, eine Triage vornehmen, verdichten und das Wesentliche in strukturierten Formen in Datenbanken speichern. Nicht zu unterschätzen ist auch der Faktor Zeit: Haben die Mitarbeitenden überhaupt Zeit für das Bloggen und Lesen von Blogs und wird dies offiziell als Teil der Arbeitszeit betrachtet? Eventuell ist auch niemand motiviert, einen Blog zu schreiben, weil in der Organisation Hierarchien und Intransparenz eine Diskussionskultur verhindern.

4.7.2 Wikis

Ein *Wiki* (auch Wiki-Wiki oder Wikiweb, aus dem Hawaiischen für «schnell, schnell») ist eine Website, bei der ähnlich wie bei einem CMS die Nutzer nicht nur lesen, sondern auch den Inhalt verändern können. Die bekannteste Anwendung ist die Online-Enzyklopädie Wikipedia, an der theoretisch alle Leser auch mitschreiben können. Über eine einfache Bearbeitungsfunktion kann der Artikel bearbeitet werden, wobei die ursprüngliche Version immer gespeichert bleibt und auch wieder aufgerufen werden kann, wenn ein Inhalt zum Beispiel mutwillig verfälscht wurde. Auch Wikis sind Hypertexte und verlinken auf andere Beiträge, Websites oder Blogs. Bei Wikipedia zum Beispiel verweisen die internen Links auf andere oder noch zu erstellende Einträge, dadurch wird auch das entstehende Wissen gleich strukturiert.

Bei Wikis steht im Unterschied zu Blogs nicht das persönliche laute Denken im Vordergrund, sondern ein Textprodukt, das man mit kollektivem Wissen erstellt. Deshalb sind Wikis in einer Organisation überall dort interessant, wo es um Dokumentation von Wissen geht. Beispielsweise kann die Dokumentation von Problemfällen mit ihren Lösungen zur Erstellung der Falldatenbank in einem Case-Based-Reasoning-System als gemeinsamer Schreib- und Bewertungsprozess mit einem Wiki verfasst werden. In einem Mitarbeiterhandbuch können Frequently Asked Questions und Tipps für Neue mit einem Wiki laufend ergänzt und aktualisiert werden. Oder ein Glossar über unternehmensrelevante Begriffe lässt sich ähnlich wie Wikipedia mit einem Wiki aufbauen. Aus Sicht Wissensmanagement wird durch solche Initiativen implizites Wissen der Mitarbeitenden expliziert, und zwar in einer Form, die direkt das kollektive Wissen bereichert und damit die organisationale Wissensbasis erweitert. Die Hauptprobleme von Wikis im offenen Internet, Vandalismus und Qualitätskontrolle, fallen beim organisationsinternen Gebrauch weg, da die soziale Kontrolle funktioniert und beim internen Einsatz eines Wikis auch immer eine verantwortliche Person oder Abteilung bestimmt wird.

Mit Social Software bezeichnet man verschiedene Internetdienste, die Benutzer miteinander verbinden und die Kommunikation und Kollaboration unterstützen.

Weblogs, oder kurz Blogs genannt, sind Websites mit bestimmten Funktionalitäten (Kommentar, Verlinkung), wo jemand regelmäßig Persönliches erzählt, seine Meinung äußert oder irgendwelche Inhalte kommentiert.

Ein Wiki ist eine Website mit einem integrierten Redaktionssystem, bei der die Nutzer nicht nur lesen, sondern auch den Inhalt verändern können.

5. Mensch: Lernen und Kommunikation

Der Mensch ist in der Organisation derjenige, der Informationen erkennen und sie in seinem Kopf zu Wissen verarbeiten kann. Er ist der Wissensgenerator, der Wissensverteiler und der Wissensträger. Irgendwelche Steuerungsmechanismen der Organisation, die den Umgang mit Wissen beeinflussen wollen – sei es Erhalt von neuem Wissen, bessere Nutzung von Wissen oder Verhinderung von Wissensverlusten –, können nur mit der freiwilligen Kollaboration der Mitarbeitenden etwas bewirken, umso mehr, wenn es sich bei ihnen um eigentliche Wissensarbeitende handelt. Wie wir ausgeführt haben, ist die Wissensgesellschaft dadurch charakterisiert, dass Daten resp. Informationen im Überfluss vorhanden sind, während die menschlichen Kapazitäten der Informationsverarbeitung und Wissenserzeugung immer knapper werden, je mehr potenzielle Informationen geschaffen werden. Das Wechselbad zwischen Euphorie über die Informationsfülle und Ohnmacht angesichts der dadurch sichtbar gewordenen Komplexität treibt uns dazu, immer noch mehr Daten zu produzieren, um die Komplexität zu reduzieren – wodurch wir den Teufelskreis weiter antreiben.

Parallel zur steigenden Informationsmenge entwickelt die Informationstechnologie Tools zu deren Verarbeitung und übernimmt so für den Menschen schrittweise mehr und mehr Basistätigkeiten der Informationsverarbeitung. Es ist dies, wie wir gesehen haben, insbesondere die Unterstützung bei der Selektion (immer bessere Retrievaltechnologien) und bei der Aufbereitung, Kombination und Repräsentation der Daten, damit ihr Informationspotenzial für den Menschen steigt. Der Mensch bekommt so direkt komplexere Informationen, die er zum benötigten Wissen verarbeiten kann, ohne diverse Einzelinformationen zur gesuchten Information kombinieren zu müssen. Dies bedeutet aber auch, dass diejenigen Teile der Informationsverarbeitung, die dem Menschen bleiben, die anspruchsvollen sind.

Wissen entsteht im Kopf des Menschen durch den permanenten Zyklus von Internalisierung von Informationen und Verarbeitung zu Wissen und wieder Externalisierung als Information für andere. Der Internalisierungs- und Verarbeitungsprozess umfasst im engeren Sinn das *Lernen*, der Externalisierungsprozess die *Kommunikation*. Beide Prozesse laufen jedoch permanent und synchron ab, bei beiden wird je auch kommuniziert und gelernt, sie sind nicht voneinander zu trennen. Wir betrachten in diesem Kapitel Wissensmanagement aus der Perspektive Mensch und erläutern deshalb die Aspekte Lernen und Kommunikation als Grundoperationen der Wissenserzeugung und der Wissensdissemination, immer im Hinblick auf Wissen als Arbeitsressource.

5.1 Lerntheorien aus Sicht Wissensmanagement

Die eingangs beschriebenen Entwicklungen in der Wissensgesellschaft und der Wissensarbeitswelt sind so rasant, dass das berufliche Bildungssystem das erforderliche Berufswissen nicht mehr rechtzeitig bereitstellen kann und berufsspezifisches Fach- und Methodenwissen zunehmend am Arbeitsplatz und im Arbeitsprozess erworben werden muss. Dazu kommt, dass die Zeit für formales Lernen in organisierten Weiterbildungskursen für den meist unter Zeitdruck stehenden Wissensarbeitenden ohnehin rar ist. Das sogenannte *informelle Lernen am Arbeitsplatz* ist jedoch erst in den letzten Jahren unter dem Stichwort «lebenslanges Lernen» am Rande auch thematisiert worden, es bekommt in den Lerntheorien nun aber zunehmende Wichtigkeit. Aus der Perspektive des Wissensmanagements ist dieses Alltagslernen als Bestandteil des Arbeitsprozesses jedoch entscheidend, denn das so Gelernte aktivieren die Mitarbeitenden direkt als für die Organisation nützliche Kompetenzen.

Wissensmanagement-Ansätze, die sich in den vergangenen Jahren sowohl von den stark technologiezentrierten Vorstellungen wie auch von mechanistischen Managementsteuerungsmodellen emanzipiert haben, definieren mit einem ganzheitlichen, systemischen Ansatz als Ziel von Wissensmanagement die *Schaffung einer intelligenten, d. h. lernenden Organisation*[1]. Voraussetzung für

---

1   Vgl. Willke 1998:39

organisationales Lernen sind jedoch lernende Mitarbeitende in der Organisation. Das informelle Lernen im Arbeitsprozess ist der Ausgangpunkt für alle weiteren Wissensmanagement-Maßnahmen. Bevor wir die Übergänge von individuellem zu organisationalem Lernen erläutern, betrachten wir zuerst das menschliche Lernen als Wissensentwicklungsprozess.

Die Psychologie beschäftigt sich seit rund hundert Jahren mit dem menschlichen Lernen. Da individuelle Lernprozesse nicht direkt beobachtbar, sondern nur aus beobachtetem verändertem Verhalten erschließbar sind, haben sich im Laufe der Jahrzehnte mehrere Lerntheorien entwickelt, die jeweils auch ein Ausdruck des wissenschaftlichen Weltverständnisses ihrer Zeit sind. Die wichtigsten drei Lerntheorien, die auch heute noch eine Rolle spielen, sind der *Behaviorismus,* vorherrschende Theorie in den USA zwischen 1913 und Ende der fünfziger Jahre des letzten Jahrhunderts, der *Kognitivismus* dominierend in den sechziger bis achtziger Jahren und seit den frühen achtziger Jahren der *Konstruktivismus.*

5.1.1 Behaviorismus

Der Behaviorismus[2], auch verhaltenstheoretische Psychologie genannt, versteht den Menschen als eine Art Black Box, deren Funktionsweise nur mit einem Vergleich zwischen dem Input (Reiz, Stimulus) und dem Output (Reaktion, Response) zu beobachten ist. Die Behavioristen konzentrieren sich ausschließlich auf das äußerlich beobachtbare Verhalten. Lernvorgänge werden als *Stimuli-Response-Verbindungen* definiert, die nach bestimmten Gesetzmäßigkeiten funktionieren. Eine solche Gesetzmäßigkeit ist für den Behavioristen die *klassische Konditionierung,* die darin besteht, dass ein bestehendes Reiz-Reaktions-Schema mit einem zusätzlichen Reiz 2 kombiniert wird. Nach einer «Lernzeit» oder besser Konditionierung lässt man Reiz 1 weg und es erfolgt auch nur nach Reiz 2 die gleiche Reaktion.[3]

Da jedoch das meiste menschliche Verhalten nicht auf klar definierte Reize

---

2   Als Begründer des Behaviorismus gilt der amerikanische Psychologe John B. Watson, der sich damit gegen die (europäischen) psychologischen Ansätze richtete, die mit den Mitteln der Introspektion (in sich hineinhorchen) versuchten, menschliches Verhalten zu erklären. Watson forderte, dass psychologische Erklärungen ausschließlich auf Verhaltensweisen basieren dürfen, die durch einen außenstehenden Beobachter feststellbar sind.

3   Bekanntes Beispiel ist das Hundeexperiment des russischen Neurophysiologen Pawlow.

zurückgeführt oder damit erklärt werden kann, wurden neue Experimente[4] entwickelt, in denen man versuchte, nicht mehr den Reiz, sondern die Reaktion zu
konditionieren. Das menschliche Verhalten ist bekanntlich stark abhängig von
den Folgen, die es auslöst. Beim Reaktionslernen setzen die Versuche also beim
Verhalten an und lassen es eine Reaktion auslösen, die als Reiz auf das Verhalten
zurückwirkt. Dann wird beobachtet, ob sich das ursprüngliche Verhalten nun
verändert oder neues Verhalten entstehen lässt (positive oder negative Verstärkung). Dieses Verstärkungslernen wird *operante Konditionierung*[5] genannt, der
wesentliche Unterschied zur klassischen Konditionierung besteht darin, dass
hier der Reiz nach der Reaktion kommt und das Verhalten Konsequenzen hat.
Der Lerneffekt wird also durch *das Antizipieren der Folgen einer Handlung* ausgelöst.[6]

In den fünfziger Jahren entwickelte Skinner daraus die Methode des *programmierten Lernens,* die darauf beruht, dass der zu lernende Stoff in viele kleine
Lerneinheiten zerlegt ist, die alle mit einer Lernkontrolle abgeschlossen werden,
worauf der Lernende «zur Belohnung» mit der nächsten Lerneinheit beginnen
darf. Programmiertes Lernen beruht auf dem Selbststudium, der oder die Lernende kann aufgrund der kleinen Lerneinheiten die Lernzeit individuell gestalten. Was sich mit der Methode des programmierten Lernens aneignen lässt, ist
Faktenwissen (deklaratives Wissen, Know-that), es wurde deshalb auch am meisten in Sprachlernprogrammen eingesetzt. Nach Jahren der Vergessenheit ist
programmiertes Lernen heute als Methode in E-Learning-Kursen wieder aktu-
eller denn je. Aufgrund der informationstechnologischen Möglichkeiten von Si-
mulationen und virtuellen Experimenten kann mit programmiertem Lernen im
E-Learning auch ein gewisses prozedurales Wissen (Know-how) trainiert werden: Lernen durch Versuch und Irrtum wird auch als operante Konditionierung
betrachtet.

Behaviorismus gehört erkenntnistheoretisch zum Empirismus: Die Erfahrung wird als einzig mögliche Quelle für Erkenntnis und Wissen betrachtet. Außer in der Form des programmierten Lernens wird der Behaviorismus heute als

---

4   Die verschiedenen Experimente werden z. B. bei Stangl ausführlich beschrieben und illustriert http://
     arbeitsblaetter.stangl-taller.at/LERNEN/Behaviorismus.shtml (30.11.06).
5   Die Theorie der operanten Konditionierung wurde vom amerikanischen Sprachwissenschaftler und
     Psychologen Burrhus F. Skinner in den dreißiger Jahren entwickelt und machte ihn zum bekanntesten
     der Behavioristen.
6   Später wurde das starre Reiz-Reaktions-Konzept um intervenierende Variablen erweitert und der Be-
     griff instrumentelle Konditionierung (= Bekräftigungslernen) geschaffen.

überholt betrachtet. Die Hauptkritik am Behaviorismus war, dass die Laborversuche mit Tieren nicht einfach auf komplexe menschliche Verhaltenweisen übertragen werden können, insbesondere fehlt der Einbezug der Abläufe im Gehirn, die Beschreibung der Motivationen, die das menschliche Verhalten steuern. So wurde der Behaviorismus anfangs der sechziger Jahre durch den aufkommenden Kognitivismus in den Hintergrund gedrängt.

> **Der Behaviorismus konzentriert sich ausschließlich auf das äußerlich beobachtbare Verhalten und versteht Lernen als eine Verbindung von Stimulus/Reiz und Response/Reaktion. Bei der klassischen Konditionierung wird der Reiz, bei der operanten Konditionierung die Reaktion konditioniert. Für den Behaviorismus ist Wissen ein Abbild der Realität und kann wie ein Objekt vom Lehrenden auf den Lernenden übertragen werden. Diese Vorstellung ist heute noch aktuell als programmiertes Lernen in E-Learning-Kursen.**

5.1.2 Kognitivismus

Nach dieser jahrzehntelangen Konzentration auf das äußerlich Sichtbare schlug das Pendel wieder in die andere Richtung, in die Erforschung der «Black Box» des menschlichen Gehirns. Nicht die Erfahrung, sondern das Denken steht nun im Zentrum. Denken in einem umfassenden Sinn wird als Kognition (lat. «Erkennen») bezeichnet und beinhaltet alle «erkennenden» Funktionen des menschlichen Gehirns wie Wahrnehmen, Verstehen, Urteilen, Bewerten, Lernen, Erinnern, Sprache, Kreativität.

Die kognitive Psychologie beschäftigt sich also mit all den Abläufen im Gehirn, die zwischen der Reizwahrnehmung und einer eventuellen Reaktion liegen, d. h. mit den Mechanismen des menschlichen Denkens, das Intuition und Reflexion verbinden kann. Für den Kognitivismus steht die innere Repräsentation der Realität im Vordergrund, d. h., wie Wissensbestände im Gedächtnis repräsentiert und organisiert sind. Das Bindeglied zwischen Reiz und Reaktion ist die *kognitive Repräsentation,* die Integration von Informationen in ein persönliches Erfahrungs- und Denksystem. Folglich sind für den Kognitivismus das Bewusstsein und die damit verbundenen kognitiven Prozesse wie Wahrnehmen, Denken, Urteilen oder Folgern die Grundpfeiler des menschlichen Lernens und nicht die äußerlich beobachtbaren Merkmale, da es auch Lernen ohne sichtbare Verhaltensänderungen gibt.

Kognition ist der Prozess des Erkennens der Umwelt. Lernen bedeutet, bestimmte kognitive Strukturen zu erwerben, die vernünftiges, rationales Handeln des Individuums ermöglichen. Wissenserwerb ist gekennzeichnet durch aktive, subjektive Strukturierungsvorgänge. Lernen wird folglich als *Informationsverarbeitungs- und Problemlösungsprozess* verstanden. Der Kognitivismus geht dabei vom Prinzip aus, dass wir mit kognitiven Ordnungen wie Begriffgruppen, Mustererkennung, Kausalrelationen operieren und dass wir dadurch fähig sind, Erwartungen aufzubauen, Handlungen zu planen und rational-begründbar zu handeln.

Kognitives Lernen bedeutet die Aneignung oder Umstrukturierung von Wissen, das auf kognitiven Fähigkeiten wie wahrnehmen, vorstellen, erkennen beruht, und kann deshalb als Lernen durch Einsicht verstanden werden. Einsicht meint hier das Erkennen und Verstehen eines Sachverhalts, das Erfassen einer Ordnung, z. B. Kausalbeziehung (Ursache–Wirkung), oder der Bedeutung einer Situation. Eine durch Problemlösung gewonnene Einsicht wird als Konzept gespeichert und kann deshalb auch auf neue Situationen angewendet werden. Wird der lernende Mensch im Behaviorismus als reagierendes Objekt gesehen, so erscheint er im Kognitivismus nun als agierendes, planendes Subjekt.

Aus Sicht Wissensmanagement stehen beim individuellen Lernen in der Organisation vor allem die Informationsverarbeitung und die Problemlösungsfähigkeit im Vordergrund. Die zum Kognitivismus gehörende Gestaltpsychologie betont den ganzheitlichen Charakter menschlichen Wahrnehmens, Erlebens und Handelns («Das Ganze ist mehr als die Summe seiner Teile»). Gemäß Gestaltpsychologie ist deshalb der Überblick über die gesamte Problemsituation eine Voraussetzung für das Problemlösen, denn nur dann können Teile zu einem Ganzen zusammengefügt werden. Ein Mensch löst ein Problem, indem er plötzlich die Beziehung zwischen den Elementen einer Problemsituation als Gesamtbild wahrnimmt. Bei komplexen Problemen ist es somit manchmal hilfreich, wenn die Problemstellung umformuliert oder umstrukturiert (umgestaltet) wird, damit plötzlich ein Lösungsweg sichtbar wird. Diese Umgestaltungsmöglichkeit muss den Wissensarbeitenden aber auch zugestanden werden – wenn sie ihre Kompetenzen entwickeln sollen. Daraus können wir schließen, dass nur ganzheitliche, vollständige Aufgaben die Problemlösungsfähigkeit und damit Lernen im Arbeitsprozess fördern.

Kognitive Prozesse müssen nicht immer bewusst sein. Wie wir beim impliziten Wissen[7] ausgeführt haben, enthalten auch latentes und stilles Wissen kognitive Anteile. Zum Beispiel sind Abschauen, Imitieren und Nachahmen Lernprozesse, die auf Kognitionen beruhen. Der Mensch lernt auch von Vorbildern und ahmt ihr Verhalten nach, wenn es zu den gewünschten Folgen führt. Diese Lernformen werden als *Beobachtungslernen oder Lernen am Modell* bezeichnet, und sie sind als soziale Lernformen deshalb auch beim informellen Lernen in der Organisation wichtig. Bekanntlich ist operatives Erfahrungswissen sehr schlecht sprachlich artikulierbar und damit schwierig zu externalisieren, das Können kann jedoch vorgemacht werden und vom Lernenden nachgeahmt werden. Wir kennen diese Lernform auch als «Meister–Novize»-Lernen. Damit ein Beobachtungslernen möglich ist, müssen beim lernenden Beobachter aber verschiedene Bedingungen gleichzeitig erfüllt sein: Aufmerksamkeit, Erinnerungsvermögen, motorische Fähigkeit (das zu Beobachtende zeigt sich ja in einer Handlung) und vor allem Motivation.

Wenn im Rahmen einer Wissensmanagement-Maßnahme wichtiges Erfahrungswissen von alten «Meistern», die in Rente gehen, gesichert werden soll, gelten die genannten Bedingungen auch für den Wissensmanagement-Beobachter: Er kann die Person nicht nur befragen, sondern muss auch selber so weit motorisch lernen (nachahmen und aneignen), bis er versteht, worin das entscheidende zu bewahrende Erfahrungswissen besteht. Das Erkennen der Fertigkeit (was der Meister selber nicht können muss) ist ein kognitiver Prozess des nachahmenden Beobachters, der das Können des Meisters mit einer konkreten Handlungssituation verbindet. Wie das letzte Beispiel zeigt, spielt der Handlungskontext eine wichtige Rolle, um Lernen als Problemlösungsprozess zu verstehen, dies versuchen in der Folge nun die konstruktivistischen Lerntheorien zu beschreiben.

Der Kognitivismus versteht Lernen als Informationsverarbeitung, als aktiven kognitiven Strukturierungsprozess, und untersucht die verborgenen kognitiven Repräsentionen des Wissens wie Ordnungsmuster, Schematas, Beziehungen. Kognitive Fähigkeiten sind wahrnehmen, erkennen, verstehen, vorstellen, analysieren, erinnern etc. Der Kognitivismus unterscheidet kognitives Lernen (lernen aus Einsicht) vom Beobachtungslernen oder Lernen am Modell (lernen als Imitation, Identifikation).

---

7   Vgl. Kap. 2.4.1.

5.1.3 Konstruktivismus

Die konstruktivistischen Lerntheorien umfassen Erkenntnisse aus verschiedenen Richtungen, sie bauen im Wesentlichen auf dem Kognitivismus und der Andragogik (Wissenschaft von der Bildung Erwachsener) auf. Lernen ist für Konstruktivisten nicht ein Aneignungs- oder Reaktionsprozess, sondern grundsätzlich ein Konstruktionsprozess, bei dem die Lernenden laufend Wirklichkeitsvorstellungen erzeugen, die dann durch Kommunikation verifiziert werden. Lernen und Wirklichkeitskonstruktion sind nicht voneinander zu trennen.

Aus konstruktivistischer Sicht ist Lernen folglich am effektivsten, wenn die Lernenden ihren Lernprozess selber steuern können. Als größtes Hindernis für das Lernen wird das Verhindern des eigenständigen Konstruierens durch vorgegebene Lernabläufe betrachtet, wie es im klassischen Instruktionismus geschieht. *Instruktionismus,* die herkömmliche Stoffvermittlung, beruht auf einem Objektverständnis von Wissen: Eine Lehrperson verpackt den Wissensstoff in einer bestimmten Reihenfolge in Informationseinheiten, die die Lernenden aufnehmen und zum verlangten Wissen verarbeiten. Lernen wird hier verstanden als Inhaltsverarbeitung und Fähigkeit, Fakten und Wissen zu reproduzieren. Im Gegensatz dazu geht der Konstruktivismus nicht davon aus, dass das Wissen außen objektiv vorhanden ist und dann in den Lernenden transferiert werden kann. Der Konstruktivismus beruht auf einem interaktionistischen Prozessverständnis von Wissen:[8] Lernen ist nicht Wissensreproduktion, sondern *aktive Wissenskonstruktion,* die nicht mehr lehrer-, sondern lernergesteuert ist. Die konstruktivistische Lernmethode ist deshalb als *selbstgesteuertes Lernen* bekannt geworden.

Unter selbstgesteuertem Lernen wird verstanden, dass die Lernenden ihren Lernprozess selber lenken und weitgehend selber bestimmen, ob, was, wann, wie und mit welchem Ziel sie lernen. Das selbstgesteuerte Lernen kann auch als Ausdruck des Individualisierungstrends betrachtet werden. Es ist wichtig zu unterscheiden, ob von alltäglichem, informellem Lernen oder von institutionalisiertem, formellem Lernen in Bildungs-[9], Ausbildungs- und Weiterbildungssituationen die Rede ist. Da wir aus der Perspektive des Wissensmanagements auf

---

8   Vgl. auch unsere Ausführungen zum konstruktivistischen Verständnis von Wissen zu Beginn des Kap. 2.6.

9   Die Methode des selbstgesteuerten Lernens wird in der Pädagogik beispielsweise in den Montessori-Schulen angewendet. Sie wurde durch die Umsetzung in der berühmten Summerhill-School auch als anitautoritäre Erziehung bekannt.

das informelle Lernen der Erwachsenen im Arbeitskontext fokussieren, ist das selbstgesteuerte Lernen als Erklärungsmodell für das Alltagslernen interessant.

Gerade Wissensarbeitende, deren Hauptcharakteristikum die ständige Wissens- und Kompetenzerweiterung ist,[10] wenden beim informellen Lernen im Arbeitsprozess selbstgesteuertes oder selbstorganisiertes Lernen an. Selbstgesteuertes Lernen ist jedoch ein komplexes Phänomen und setzt beim Lernenden verschiedene Fähigkeiten voraus: Entscheidungen über die Ziele (was will ich wissen?), die Inhalte (welchen Stoff brauche ich dazu?), die Medien (wo finde ich es?), die Lerndauer (bis wann muss ich es wissen?), die Art der Verarbeitung (brauche ich Unterstützung durch einen Vermittler?) und schließlich auch über die Bewertung (habe ich das Richtige gelernt?). Das bedeutet, dass eine so lernende Person bereits über Lernerfahrungen verfügen muss und über ihr Lernen auch reflektiert hat: ihre individuellen Voraussetzungen, ihre persönlichen Ziele und die für sie erfolgreichen Methoden. Erwachsene lernen in informellen Lernsituationen selbstgesteuert und zielgerichtet, um Probleme im Alltag zu lösen, und nutzen die bisherigen Erfahrungen beim Lernen.

Aus der Sicht Wissensmanagement soll das individuelle Lernen jedoch einen Nutzen für das organisationale Lernen haben. Erst wenn das individuelle Lernen eine Wirkung auf die Organisation zeigt, kann die Organisation «lernen». Es ist klar, dass mit individuellem Lernen nicht die Teilnahme an betrieblichen Weiterbildungs- und Qualifizierungsprogrammen gemeint ist, sondern dass es um selbstgesteuerte Lernprozesse im informellen Alltagslernen während der Arbeit geht, die der oder die Lernende eigenmotiviert initiiert. Insbesondere die Wissensarbeitenden sind in einem permanenten selbstgesteuerten Lernprozess drin, weil ihre Arbeit gerade darin besteht, ständig für Wissensprobleme Lösungen zu suchen, die sie dann in der konkreten Arbeit anwenden.

Wissensarbeitende lernen aber nicht für die Organisation, sondern um ein fachliches Problem zu lösen. Wissensarbeitende konstruieren nicht Wissen für die Organisation, sondern um ihre Problemlösungsfähigkeit kontinuierlich zu verbessern. Genau diese Fähigkeit ist für die Organisation wertvoll, und sie wird noch wertvoller, wenn die Wissensarbeitenden ihre Lern- und Problemlösungsfähigkeiten potenzieren, indem sie austauschen und voneinander lernen. Ein steuerndes Wissensmanagement versucht deshalb, die Wissensarbeitenden dazu zu bringen, ihr strategisches Problemlösungs- und Methodenwissen zu explizie-

---

10 Dies wird im Kap 5.2 noch eingehender erläutert.

ren und in einer attraktiven Form zu speichern, damit andere es holen können. Auf die hohe Misserfolgsquote solcher Kodifizierungsprojekte haben wir bereits hingewiesen. Ein systemisches Wissensmanagement versucht nicht zu steuern, sondern «natürliche» Arbeitssituationen zu finden oder zu arrangieren (Personifizierungsstrategie), wo die Wissensarbeitenden durch den Austausch mit Kollegen selbstgesteuert lernen, d. h. ein Problem lösen oder ihr Wissen erweitern und somit einen Nutzen für sich generieren können.

Eine bekannte Maßnahme ist die *Job-Rotation,* bei der Arbeitsplätze oder Aufgabenbereiche gewechselt werden, manchmal auch nur temporär. Ziel ist, durch den neuen Arbeitskontext eine Tätigkeitserweiterung und eine Arbeitsbereicherung zu erfahren, was Lernprozesse auslöst. Die fachliche und soziale Kompetenzerweiterung, das Kennenlernen neuer Lösungsansätze oder eine neue Perspektive auf das Unternehmen, die eine Person gewinnt, bringen der Organisation jedoch nur etwas, wenn die Mitarbeitenden über ihre Lernerfahrungen reflektieren und kommunizieren – und wenn sich *die Organisation auch für ihre Erkenntnisse interessiert.* Diese scheinbare Banalität wird oft auch bei andern Wissensmanagement-Maßnahmen nicht berücksichtigt und ist der Grund für den schlechten Impact.

Weitere Maßnahmen sind beispielsweise auch die *Hospitation:* ein zeitlich begrenzter Austausch von Mitarbeitenden unterschiedlicher Organisationen bzw. Unternehmen, der die Möglichkeit eröffnet, Anschauungen und Vorstellungen über ein bisher unbekanntes Praxisfeld zu gewinnen, oder *wandernde Schnittstellen:* in stark projektbasierten Organisationen arbeiten wichtige WissensträgerInnen in mehreren Projekten oder Bereichen gleichzeitig oder nacheinander und haben die Aufgabe, Informationen hin und her zu transferieren, oder *Lernpartnerschaften:* ein freiwilliger temporärer Zusammenschluss von zwei Personen mit dem Ziel, mit- und voneinander zu lernen, oder auch die erwähnten Foren, Chats und Blogs.

Auch der Konstruktivismus hat mit dem Selbstgesteuerten Lernen im Zusammenhang mit E-Learning eine zusätzliche Wichtigkeit bekommen. Die informationstechnologischen Möglichkeiten der Multimedialität mit Sprache, Bild, Graphik, Ton und Film und die Hypertextfunktion bieten ganz neue Möglichkeiten für selbstgesteuerte Lernarrangements. Bei näherer Betrachtung sind viele E-Learning-Angebote dann doch wieder instruktionistisch, weil der Lernende seine Wissenskonstruktion nicht völlig selbst bestimmen kann, sondern ein korrekter Lernablauf vom virtuellen Lehrer, also der Lernsoftware, vorgegeben wird.

> **Der Konstruktivismus versteht Lernen nicht mehr als Wissensreproduktion, sondern als aktive und subjektive Wissenskonstruktion. Wissen ist kein Objekt und lässt sich nicht vermitteln, jeder Lernende konstruiert sein individuelles Wissen. Die konstruktivistische Lernmethode, das selbstgesteuerte Lernen, ist deshalb nicht mehr lehrer-, sondern lernergesteuert und kritisiert den immer noch vorherrschenden Instruktionismus. Selbstgesteuertes Lernen ist aber komplex und anspruchsvoll und verlangt vom Lernenden Lernerfahrungen, Methodenwissen und Reflexionsfähigkeit.**

5.1.4 Lernspirale des Individuums

Der Konstruktivismus verarbeitet sowohl Teile der behavioristischen wie auch Teile der kognitivistischen Lerntheorie. Wie ein Mensch Informationen aus dem Umfeld zu Wissen verarbeitet und welche Wirklichkeitsvorstellung er dabei konstruiert, ist nur erkennbar an seinen Reaktionen, nämlich an der Wirkung auf seine Handlungen. Jeder Mensch erfasst die Umwelt aus subjektiver Sicht, weil jedes Individuum sein Umfeld anders erlebt, und interpretiert kognitiv einen Sinn und eine Bedeutung. Sein Wissen ist dynamisch in einem Handlungszusammenhang generiert worden. Wissen wird also in konkreten Situationen über die persönliche Erfahrung aufgebaut und ist deshalb immer situativ und kontextuell gebunden. Wie die persönliche Erfahrung leicht zeigt, verfügt der Mensch über beide Modi des Lernens, sowohl über *Erfahrung* wie über *Denken,* die konstruktivistische Lerntheorie ist also ein integriertes Lernkonzept.

Ein integriertes Modell[11] des individuellen Lernens geht von einem Lernzirkel durch vier «Aktivitäten» aus: Wahrnehmung, Analyse, Planung und Handeln. Nach jedem Durchgang von Wahrnehmung über Analyse und Planung zum Handeln hat sich die Wissensbasis des Individuums verändert, und der nächste Durchgang erfolgt bildlich gesprochen auf einer höheren Wissensebene. Wir sprechen deshalb nicht von einem Lernzyklus, sondern von einer *Lernspirale.* In der nachfolgenden Abbildung sind auch die Erklärungsbereiche der drei Lerntheorien des Behaviorismus, Kognitivismus und Konstruktivismus zugeordnet.

---

11   Des Sozialpsychologen Kurt Lewin 1963, zit. nach Schüppel 1996:69.

Beim Erfahrungs- und Faktenwissen verläuft der Pfeil in beide Richtungen, was bedeutet, dass Wahrnehmen und Aufnehmen einer Information zwei Schritte darstellen. Die Wahrnehmung einer Information ist zuerst ein Input ins System, der durch eine Beurteilung mit dem Erfahrungswissen aufgenommen (= verarbeitet) wird oder nicht. Bei den andern Phasen verhält es sich folgendermaßen: Mittels des Konzeptwissens wird analysiert und mittels Planungs- und Handlungswissens das adäquate Verhalten entworfen und gehandelt. Die hier verwendeten Wissensarten entsprechen in etwa unseren know-Kategorien:[12]

- *Erfahrungs- + Faktenwissenwissen* – know-that (wissen, dass etwas ist), know-about (wissen über/von) und know-how (wissen wie)
- *Konzeptwissen* – know-why (wissen warum)
- *Planungswissen und Handlungswissen* – know-what to do (wissen, was zu tun ist)

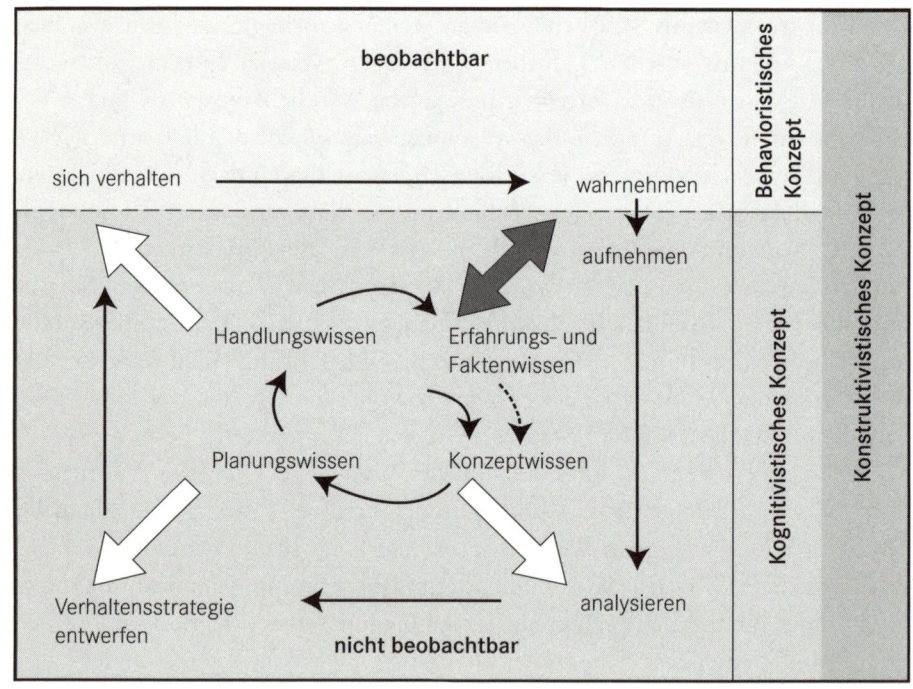

Abb. 8 Lernspirale des Individuums[13]

---

12 Vgl. Kap. 2.5 Wissensarten.
13 Eigene Darstellung in Ergänzung des Lernzirkels in Schüppel 1996:70.

Jedes System, so auch das psychische System des Menschen, verhält sich möglichst ökonomisch, d. h. haushälterisch mit Energie. Es werden deshalb in Lernkreisläufen schnell Ordnungsmuster erkannt und Schemata angelegt, die auch als *geistige Landkarten* (cognitive map) bezeichnet werden. Damit können die Prozesse der Wahrnehmung, Analyse und Entscheidung stark beschleunigt werden. Besonders bei standardisierten Tätigkeiten oder Problemen müssen nur die entsprechenden Schemata als Handlungsroutinen abgerufen werden. Handlungsroutinen, die durch positive Ergebnisse der Handlung bestätigt werden, verfestigen sich und können so immer unbewusster ablaufen. Hingegen führen negative Resultate zu momentaner Unstabilität des Systems und damit zum Aufbau neuer Ordnungsmuster.

Die Handlungsroutinen können auch als *Oberflächenwissen* verstanden werden. Dieser ganze Aufbauprozess von Handlungsroutinen, Umlernen, Neuaufbau etc. führt beim Individuum zu kognitiven Verarbeitungsmustern und Handlungsstrategien, die die Selbst- und Weltsicht (Normen) des Individuums ausmachen, und die eine Art *Tiefenwissen* bilden.[14] Die Wissensbasis des Individuums besteht nebst «Inhalten» aus den Handlungsroutinen (Oberflächenwissen) und den kognitiven Verarbeitungsmustern und -strategien (Tiefenwissen).

Bevor wir uns mit den Übergängen von individuellem zu kollektivem und organisationalem Lernen beschäftigen, wo Tiefen- und Oberflächenstrukturen wieder eine Rolle spielen, beschäftigen wir uns noch mit der Frage: Was geschieht weiter, nachdem jemand im Arbeitsprozess etwas gelernt hat?

5.2 Kompetenz und Expertise

Der Begriff Kompetenz[15] (lat. competere: zusammentreffen, zustehen) ist seit einiger Zeit, wohl auch ein Ausdruck der Wissensgesellschaft, inflationär in allen möglichen Kombinationen anzutreffen: Medienkompetenz, Kommunikationskompetenz, Internetkompetenz, Coachingkompetenz, interkulturelle Kompetenz, Selbstorganisationskompetenz, Beurteilungskompetenz, Lesekompetenz, Managementkompetenz etc. Kompetenz hat im Deutschen zwei Bedeutungen, die es auseinanderzuhalten gilt: Kompetenz bezeichnet einerseits (rechtliche)

---

14   Vgl. Schüppel 1996:73.
15   Die nachfolgenden Ausführungen basieren u. a. auf Erpenbeck/von Rosenstiel 2003: Einleitung.

Zuständigkeit und *Befugnis,* eine Aufgabe auszuführen, und andererseits eine *spezielle Fähigkeit,* eine Aufgabe selbstständig ausführen zu können. Im Folgenden geht es nur um diese zweite Bedeutung von Kompetenz.

Die Psychologie definiert die Kompetenz als das Ergebnis von Entwicklungen *grundlegender Fähigkeiten,* die nicht einfach natürliche Reifungsprozesse sind, sondern vom Individuum *selbstorganisiert* durch Interaktionen hervorgebracht wurden. Als eine solche innere Disposition lässt sich Kompetenz nicht direkt beschreiben, sie wird, wie auch bei andern Konstrukten wie Begabung, Intelligenz, Motivation, erst durch das *Handeln der kompetenten Person* beobachtbar. Kompetenz ist also eine aktivitätsorientierte Fähigkeit, die jemandem aufgrund der Beurteilung durch einen Beobachter zugeschrieben wird. Bekanntlich ist die eigene Beurteilung, dass man in einem Bereich kompetent ist und wie kompetent man ist, sehr viel schwieriger. Kompetenzen sind also *Dispositionen für selbstorganisiertes Handeln* und immer *subjektiv.*

Es gibt verschiedene Versuche, Kompetenzen zu klassieren – je nach Fachgebiet (Psychologie, Pädagogik, Wirtschaftspädagogik, berufliche Bildung) werden unterschiedliche Bezeichnungen und Ausdifferenzierungen verwendet. Allen Kategorisierungen gemeinsam sind jedoch vier grundlegende Kompetenzgruppen, nämlich *Kompetenzen als*

- *Persönlichkeitseigenschaften*
  (Personale Kompetenz, Persönlichkeitskompetenz, Selbstkompetenz etc.)
  Die Disposition einer Person, ihr Wissen und Können, ihre Werthaltungen, Begabungen, Motivationen etc. selbstreflexiv einzuschätzen und weiterzuentwickeln;
- *Arbeits- und Umsetzungsfähigkeiten*
  (Methodenkompetenz, Handlungskompetenz)
  Die Disposition einer Person, aktiv und ganzheitlich selbstorganisiert zu handeln und Emotionen, Motivationen, Fähigkeiten und Erfahrungen in die Umsetzung von Vorhaben und Plänen zu integrieren, um erfolgreich zu handeln;
- *Fachlich-methodische Qualifikationen*
  (Fachkompetenz, Methodenkompetenz)
  Die Disposition einer Person, tätigkeitsbezogene, sachlich-konkrete Probleme mit Einsatz von instrumentellen Fachkenntnissen selbstorganisiert zu lösen und dafür Arbeitstechniken, Verfahrensweisen und Lernstrategien zielgerichtet gebrauchen zu können;

- *Soziale Kommunikationsfähigkeiten*
  (Sozialkompetenz, Kommunikationskompetenz, Teamkompetenz etc.)
  Die Disposition einer Person, sich beziehungs- und gruppenorientiert zu
  verhalten und selbstorganisiert kommunikativ und kooperativ zu handeln.

Solche Kompetenzbeschreibungen und Kategorien sind auch im Wissensmanagement nützlich. Wissensmanagement hat ja grundsätzlich zum Ziel, den Umgang der Organisation mit der Ressource Wissen zu gestalten und zu optimieren. Die Kompetenzen der Mitarbeitenden, ihre Nutzung und vor allem ihre Weiterentwicklung sind eine der Voraussetzungen für die Herausbildung von Kernkompetenzen einer Organisation.[16] Deshalb betrachten wir nun, wie Kompetenzen überhaupt entstehen, genutzt werden und sich entwickeln können.

> **Kompetenz ist die subjektive Disposition einer Person für selbstorganisiertes Handeln: ihre Fähigkeit, ihren aktuellen Wissensstand zu organisieren, zu bewerten, zielgerichtet für eine Problemlösung zu nutzen und so weiterzuentwickeln. Kompetenz zeigt sich also erst im kompetenten Handeln einer Person. Kompetenzen werden in vier Kategorien eingeteilt: personale Kompetenz, arbeits- und umsetzungsorientierte Kompetenz (Handlungskompetenz), methodisch-fachliche Kompetenz und Sozialkompetenz.**

5.2.1 Kompetenzfördernde Arbeitsplätze

Was geschieht also weiter, nachdem jemand im Arbeitsprozess Wissen angewendet hat? Die Person wendet es wieder und wieder an und sammelt Erfahrungen über gelungene und gescheiterte Anwendungsfälle. Bei jeder Anwendung vergrößert sich ihr Erfahrungswissen, und sie entwickelt so schrittweise durch das Handeln eine Kompetenz, die ihr erlaubt, das Vorgehen immer besser zu planen oder eine Routine zu entwickeln. Wir haben die Entstehung von Kompetenzen resp. Fertigkeiten beschrieben[17] als wiederholte und erfolgreiche Anwendung von Wissen (Faktenwissen, deklaratives Wissen) oder Können (operatives «Wissen») in der konkreten Arbeitspraxis, um ein Problem zu lösen. Dadurch entsteht Erfahrungswissen (prozedurales Wissen) über geglückte und misslungene

---

16 Erläuterung zum Konzept der Kernkompetenzen von Organisationen im Kap. 6.5.
17 Vgl. Kap. 2.3 und 2.5.

Vorgehensweisen. Wie schon eine alte konfuzianische Weisheit weiß, ist das Erfahrungslernen das nachhaltigste: *Es gibt drei Wege zu lernen: durch Nachahmung – das ist der leichteste, durch Nachdenken – das ist der edelste, durch Erfahrung – das ist der bitterste.*[18]

Eine Kompetenz ist also immer eine Kombination von Faktenwissen und Erfahrungswissen und kann deshalb nicht einfach expliziert und beschrieben werden. Eine Fertigkeit kann noch weniger gut in Sprache artikuliert werden, weil sie potenziertes Erfahrungswissen darstellt. Die nachfolgende Abbildung verdeutlicht nochmals den Prozess der Kompetenzbildung resp. die Entwicklung von Fertigkeiten durch regelmäßige Anwendung im Arbeitsprozess. Jedes Praxisproblem enthält operative und kognitive Aspekte, die Anteile sind je nach Abstraktheit oder «Materialität» eines Problems unterschiedlich, und logischerweise werden dann auch die durch die Anwendung (Lösung) entsprechend aktivierten Wissensaspekte erweitert.

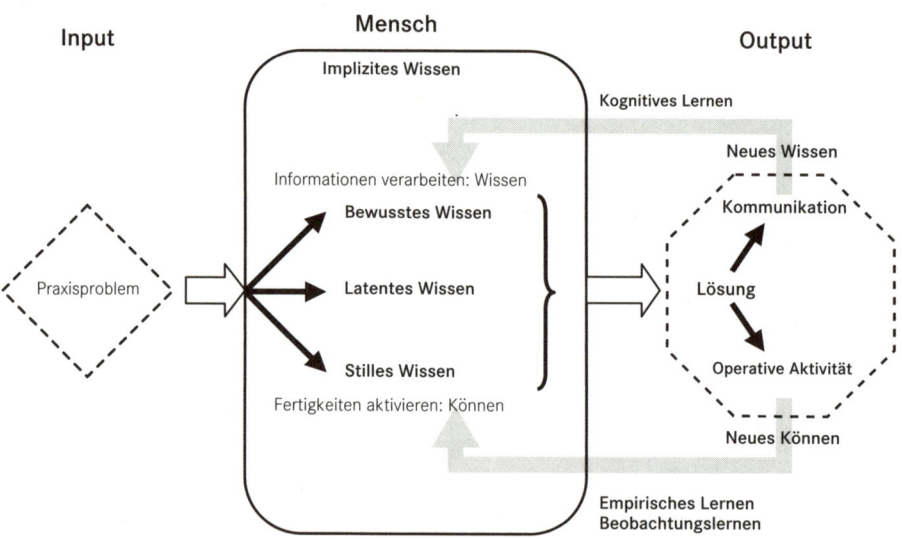

Abb. 9 Lernen im Arbeitsprozess

Da das informelle Lernen während der Arbeitstätigkeit die Hauptquelle für die Entwicklung von wertvollem organisationsspezifischem Wissen ist, muss die

---

18   Zit. nach Schneider 2006:27.

Organisation ein großes Interesse haben, die Arbeitsplätze und Arbeitsprozesse im Hinblick auf optimale Wissens- und Kompetenzentwicklung bestmöglich zu gestalten. Es könnte die Aufgabe eines umfassenden Wissensmanagements sein, in einer Organisation arbeitsplatzspezifisch mit den Wissensarbeitenden informelle Lernsituationen zu eruieren und zu analysieren, beispielsweise welche Momente in einem Ablauf anspruchsvoll sind und warum, oder wo in einem Prozess Wissensprobleme auftauchen und wie sie gelöst werden, oder welche Arbeitsschritte jemand warum verbessert hat, oder wo jemand durch Teamarbeit ein Problem lösen konnte. Also alle Konstellationen von persönlichem Wissen und Herausforderungen einer Umsetzung herauszufinden, die eine Lernmöglichkeit geboten hat. Ziel wäre es, an einem Wissensarbeitsplatz im ersten Schritt solche Aspekte festzuhalten, die ein informelles Lernpotenzial bieten, und in einem zweiten Schritt zu untersuchen, ob und wie es genutzt wird resp. welche Rahmenbedingungen die Nutzung behindern oder wie sie noch gefördert werden könnte. Was allerdings eine sehr aufwändige Sache ist.

Wenn das Ziel eine lernende und intelligente Organisation ist, muss das für die Wissensarbeit typische Ineinanderfließen von «Lernen ist Arbeiten ist Lernen» in der Gestaltung der gesamten Arbeitstätigkeit der Wissensarbeitenden sichtbar werden: Wahrnehmung der Leistung durch Vorgesetzte muss ein integraler Bestandteil sein. Wenn Arbeitsprozesse Lernprozesse sind und umgekehrt, bekommt die Organisation von den Mitarbeitenden eine doppelte Leistung – dies muss honoriert werden. Da Wissensarbeitende diese zweifache Leistung ja für die beste Problemlösung und die ständige Weiterentwicklung ihrer Kompetenz erbringen, muss die Honorierung entsprechend auch die intrinsische Motivation stärken, nämlich in Form von Anerkennung, Wertschätzung, Ansehen, Auszeichnung.

> **Kompetenzfördernde Arbeitsplätze sind dadurch gekennzeichnet, dass sie für Wissensarbeitende ausreichend Anreize für informelles Lernen bieten, d. h. kontinuierliche Anwendung ihres Wissens für Problemlösungen, und so Kompetenzentwicklung ermöglichen, was auch mit entsprechender Anerkennung honoriert werden muss.**

5.2.2 Kompetenzmanagement und Wissensmanagement

Das Kompetenzmanagement ist eine Managementdisziplin, die sich parallel zum Wissensmanagement entwickelt hat, aber einige Überschneidungsbereiche hat. Kompetenzmanagement hat sich aus Anliegen der strategischen Unternehmensentwicklung und des Personalmanagements entwickelt und *hat zum Ziel, Kompetenzen der Mitarbeitenden zu erfassen und ihre Nutzung und Entwicklung hinsichtlich strategischer Unternehmensziele sicherzustellen.* Voraussetzung dafür ist die Beschreibung des firmenspezifischen Wissensbedarfs, der Abgleich zwischen Anforderungen und Ist-Profilen einzelner Mitarbeiter sowie eine maßgeschneiderte Qualifizierung. Die Wichtigkeit von Kompetenzmanagement wird heute allgemein anerkannt und insbesondere bei Großfirmen und Organisationen mit großem Expertenbestand (Beraterbranche) auch eingesetzt. Für die Umsetzung stellen sich dem Kompetenzmanagement vier Hauptaufgaben:

- *Personalstandsanalyse* (strukturierte Analyse des Kompetenzbestandes, detaillierte Bestandesaufnahme und Bewertung der Kompetenzen);
- *Stellenbesetzungen* (automatisiertes Matching zwischen Stellenbeschreibungen mit definierten Anforderungen und passenden Kandidatenprofilen);
- *Expertenidentifikation* (Erfassung von wichtigen oder seltenen Kompetenzen über Kompetenzkataloge, Erstellung von Expertenverzeichnissen);
- *Entwicklungsplanung* (Abgleich zwischen Ist-Kompetenzen in den Kompetenz-Portfolios der Mitarbeitenden und den Soll-Kompetenzen gemäß strategischer Planung der Unternehmensentwicklung, Planung der Qualifizierungsmaßnahmen).

Die Grundlage des Kompetenzmanagements bildet der Kompetenzkatalog, der informationstechnologisch verwaltet werden muss. Im Kompetenzkatalog muss eindeutig festgelegt werden, was als Kompetenz zählt, welches die Erkennungskriterien sind, welche hierarchischen Beziehungen zwischen den Kompetenzen bestehen (Kompetenzbäume, Taxonomien) und wie die Kompetenzprofile zusammengesetzt und bewertet werden (z. B. Ist – Potenzial – Einschätzung).

Aus Sicht Wissensmanagement sehen wir gleich, wo auch hier die bekannten Probleme liegen. Wir haben Kompetenz als eine subjektive Fähigkeit definiert, die sich im (kompetenten) Handeln der Person manifestiert. Wenn Kompetenzen nun informationstechnologisch erfasst werden sollen, müssen Daten gefunden oder geschaffen werden, die Kompetenzen abbilden können. Für die Kompetenz-Bestandesaufnahme geht man dabei so vor, dass die bekannten Kompetenzkategorien wie Fachkompetenz, Methodenkompetenz, Sozialkompetenz, Führungskompetenz etc. mit Kriterien ergänzt werden. Für Fachkompetenz beispielsweise: Fachliche Kenntnisse, interdisziplinäres Wissen, Kundenorientierung, Qualitätsorientierung; für Methodenkompetenz: strategisch-konzeptionelles Denken, Arbeitsorganisation, Ergebnis- und Zielorientierung, Veränderungsorientierung; für Sozialkompetenz: Kommunikationsfähigkeit, Kooperationsfähigheit, Konfliktfähigkeit, Selbstaktivierung; oder für Führungskompetenz: Vermittlungsfähigkeit, Motivationsfähigkeit, Direktionsfähigkeit, Regulierungsfähigkeit. Das Vorhandensein dieser Fähigkeiten wird dann mit Skalen von nicht erfüllt bis herausragend erfüllt bewertet, einerseits von den Mitarbeitenden selber und andererseits durch die Vorgesetzten.

Wir haben bereits darauf hingewiesen, wie schwierig eine Eigeneinschätzung dieser Kriterien und damit Beurteilung der eigenen Kompetenz ist. Dazu kommt noch ein weiteres Problem: über wenig reflektierte Alltagsbegriffe wie Kundenorientierung, Veränderungsorientierung oder Selbstaktivierung wird das Vorhandensein von Eigenschaften impliziert, ungeachtet der konkreten Tätigkeit einer Person. Selbstaktivierung kann je nach Tätigkeit und Verantwortungsbereich etwas ganz Unterschiedliches bedeuten und mehr oder weniger erwünscht sein. Das bekannte Grundproblem besteht darin, dass solche Standardisierungsversuche nicht viel über das tatsächliche Verhalten aussagen. Deshalb müsste man dokumentierte Fakten nehmen, z.B. erfolgreiche Projektdurchführung, Verkaufsabschlüsse oder zufriedenstellende Erledigung von Kundenreklamationen, in denen sich das kompetente Verhalten von Personen zeigte, und daraus indirekt die Kompetenzen erschließen. Dies würde jedoch ein menschliches Interpretieren und Einschätzen bedingen und könnte nicht vollinformatisiert ablaufen.

Die Überschneidungsbereiche zum Wissensmanagement liegen dort, wo es im Kompetenzmanagement um die *Entwicklung von Kompetenzen* geht. Im Kompetenz- oder Skillmanagement (die beiden Begriffe werden synonym verwendet) wird darunter aber in der Regel die Planung von Qualifizierungsmaßnahmen verstanden, deshalb wird Kompetenzmanagement auch Qualifizierungsmanagement genannt. Aus Sicht Wissensmanagement bedeutet wirkliche Kompetenzentwicklung aber arbeitsprozessbezogenes, informelles Lernen. Kompetenz muss deshalb als Begriff auch von Qualifikation differenziert werden: Qualifikation bezeichnet einen Wissens- oder Könnensstand, der zu einem bestimmten Zeitpunkt gemessen (Prüfungen) und zertifiziert (Diplom) wurde. *Qualifikationen sind also momentane Positionsbestimmungen von Wissen und Können.* Theoretisch sollten Qualifikationen die Mitarbeitenden in die Lage versetzen, das formal Gelernte in Handeln umzusetzen, tatsächlich können sie aber nichts darüber aussagen, ob die qualifizierte Person auch kompetent handelt.

Qualifikation verhält sich zu Kompetenz wie Information zu Wissen – es ist die Voraussetzung, dass sich Letzteres entwickeln kann, ist aber keine Garantie dafür. Bei einer differenzierten Kompetenzanalyse müsste auch ausgehend von Fakten (= Qualifikationen: Diplome, Kursbesuche) auf das Wissen eines Mitarbeitenden geschlossen werden und dies dann mit Anwendungskontexten seiner Tätigkeit (Projekte, Arbeitsprozesse, Tätigkeit, Publikationen, Referate etc.) kombiniert werden, um dann indirekt die entsprechenden Kompetenzen erschließen zu können – eine aufwändige Sache, die wohl nur fallweise, beispielsweise im Hinblick auf die Planung der Entwicklung strategisch bedeutender Kompetenzen, umgesetzt werden könnte.

Eine Möglichkeit, formelles Lernen mit Qualifizierung und informelles erfahrungsorientiertes Lernen zu kombinieren, bietet sich aus Sicht Wissensmanagement mit richtig konzipierten E-Learning-Plattformen an. Das könnte so aussehen: E-Learning-Module werden von internen Fachexperten mit Fragestellungen aus konkreten Problemfällen, exemplarischen Best-Practice-Lösungen und Lessons Learned aus gelungenen und gescheiterten Anwendungen erstellt, und dies alles als Hypertext, verknüpft mit diversen Datenbasen der Organisation, wo die Lernenden benötigte Informationen holen können, um wirklich selbstgesteuert zu lernen und ihr Problem zu lösen. Einzelne Problemlösungen wären als Wissensstand prüfbar resp. zertifizierbar. Werden solche Module auch noch mit einem Wiki[19] erstellt, könnten die verschiedenen Lernenden ihre Lern- und späteren Anwendungserfahrungen gleich wieder einbringen und so die Module ergänzen und erweitern. Der Experte würde periodisch die Entwicklung «seines» Moduls begutachten und wenn nötig steuernd eingreifen. So könnte ein Lerninstrument wachsen, das organisationsspezifisch ist und eine äußerst wertvolle Quelle von organisationalem Wissen darstellt. Voraussetzung ist allerdings, dass die Erstellung und Nutzung eines solchen Instrumentes als Teil der Arbeitstätigkeit betrachtet wird, im Sinne von «Lernen ist Arbeiten ist Lernen».

---

19   Vgl Kap. 4.7.2.

Kompetenzmanagement verbindet strategische Unternehmensentwicklung mit Personalentwicklung und hat die Aufgabe, den organisationalen Kompetenzbestand zu erfassen, Stellenbesetzungen mit Profilen zu optimieren, Experten zu identifizieren und durch einen Soll-Ist-Abgleich des Kompetenzbestandes die notwendigen Qualifizierungsmassnahmen zu planen. Für das Wissensmanagement geschieht Kompetenzentwicklung aber durch arbeitsprozessbezogenes, informelles Lernen.

5.3 Kommunikation: Vom individuellen zum kollektiven Lernen

Mit dem Fokus Wissensmanagement ist der Übergang zwischen individuellen und kollektiven Lernprozessen relevant. Denn auch kollektive Lernprozesse sind nur über individuelles Lernen von Mitgliedern einer Organisation möglich. Wann und unter welchen Bedingungen «lernt» eine Organisation? Es gibt verschiedene Auslöser: Druck von außen wie Sparübungen im Public Sector oder Fusionen und Merger in der Wirtschaftswelt lösen strukturelle Veränderungen der Organisation und (zwangsweise) Anpassungslernprozesse aus. Oder starke, dominante Leaderfiguren prägen die Organisationskultur und lösen Nachahmungs- und Identifikationslernen aus. Auch substanzieller Personalwechsel verändert den Kompetenzbestand, kann Positionskämpfe und kognitives Lernen (Informationsverarbeitung) auslösen. Oder intrinsisch hochmotivierte Wissensarbeitende mit genügend Gestaltungsmöglichkeiten generieren gemeinsam neues Wissen und ermöglichen die Entwicklung von Kernkompetenzen. Es versteht sich von selbst, dass Letzteres das für die Organisation nachhaltigste Lernen darstellt und durch Wissensmanagement anzustreben ist. Deshalb stellt sich die Frage, welche Voraussetzungen erfüllt sein müssen, damit das individuelle Lernen eine Wirkung auf organisationales Lernen hat.

5.3.1 Lernen in der Gruppe

Mit Lernen in der Gruppe beschäftigen sich vor allem sozial-kognitive und soziologische Lerntheorien. Es können drei Arten von Lernen in der Gruppe unterschieden werden:

- *Lernen durch Nachahmung und Identifikation*
  Dies entspricht dem Lernen am Modell[20], dem Beobachtungslernen, und passiert in einer Gruppe in der Regel zwischen Novizen und Fachleuten. Die meisten Arbeitsgruppen in Organisationen bestehen aus gemischten Teams von ExpertInnen (bilden meist die Gruppenleitung), Fachleuten und Neulingen. Durch die Teilnahme an Gruppenprozessen (Sitzungen, Arbeitsteam) lernen Novizen durch beobachten, teilnehmen, mitmachen und internalisieren so Methoden, Vorgehensweisen und Problemlösungsstrategien der Fachleute und ExpertInnen. Diese Lernform wird deshalb auch *partizipatives Lernen* genannt, weil der Lernende am kompetenten Handeln von andern teilnimmt und so exemplarisch lernt. Der Wissensfluss beim Lernen durch Nachahmung ist in der Regel viel stärker vom Experten zum Novizen, aber nie eindimensional, denn bei jeder Unterweisung und Erklärung lernt auch der Erklärende. Partizipatives Lernen kommt also in Gruppen vor, wo es Wissens- und Erfahrungshierarchien und entsprechende Autoritätsgefälle zwischen «Seniors» und «Juniors» gibt.

- *Lernen durch Diskussion in der Gruppe*
  In einer Arbeitsgruppe mit Fachleuten oder ExpertInnen aus verschiedenen Fachbereichen oder mit unterschiedlichen Spezialitäten haben alle bezüglich Erfahrung und Kompetenz einen gleichberechtigten Status, jeder bringt aber unterschiedliches Fachwissen mit. Die Auseinandersetzung und Lernprozesse bei jedem Einzelnen erfolgen durch Fachdiskussionen, Fachsimpeln, problembezogene Auseinandersetzung, wo jeder durch die vom andern eingebrachten Argumente lernen kann. Dieses Lernen zwischen wissens- und erfahrungsmäßig Gleichgestellten, aber mit unterschiedlichen Spezialisierungen, wird auch *kooperatives Lernen* genannt, weil die fachliche Zusammenarbeit zum Zweck einer Problemlösung das Lernen auslöst. Die Wissensflüsse zwischen den Gruppenmitgliedern sind bei einer gut funktionierenden Arbeitsgruppe etwa gleich stark, sie müssen nicht unbedingt zwischen zwei Personen reziprok sein, sondern können netzwerkartig in alle Richtungen gehen. Für jedes Mitglied der Arbeitsgruppe muss die Schlussbilanz zwischen Input und Lerngewinn aber in etwa ausgewogen sein.

---

20   Siehe Kap. 5.1.2, Kognitivismus.

- *Lernen durch bewusste gemeinsame Wissensgenerierung*
  Kommt eine Gruppe von ExpertInnen zusammen, um in einem Fachgebiet neues Wissen zu entwickeln oder für ein hochkomplexes Problem Lösungswege zu finden, hat dieses Ziel für alle oberste Priorität und alle liefern einen möglichst hochkarätigen Wissensinput, damit eine neue kollektive Erkenntnis möglich wird. Wenn sich alle als Teil einer Wissensgemeinschaft verstehen, ziehen buchstäblich alle am gleichen Strang und es wird möglich, dass das neue, gemeinsam generierte Wissen mehr ist als die Summe aller Einzelbeiträge. Erst durch solche gemeinsame Wissensentwicklung lernt die Gruppe als Ganzes, deshalb wird dieses Lernen auch als *kollektives Lernen* bezeichnet. Hier fließt nicht Wissen in alle Richtungen, sondern von allen Mitgliedern in die gleiche Richtung: Der Wissensfluss setzt sich zuerst aus kleineren Zuflüssen zusammen und schwillt dann zu einem Wissensstrom an, um es metaphorisch auszudrücken. Die Schlussbilanz ist für jeden eindeutig positiv, der Gewinn größer als der Input. Voraussetzung ist, dass die Mitglieder einer solchen Gruppe aus eigener Motivation und aus eigenem Interesse an der Wissensentwicklung teilnehmen, dadurch unterscheidet sie sich auch von Arbeitsgruppen in Organisationen, die zusammengestellt werden, um einen konkreten von außen gegebenen Problemlösungsauftrag zu bearbeiten. Solche Expertengruppen gab es in der wissenschaftlichen Welt schon immer, neuere Formen sind heute unter dem Wissensmanagement-Begriff Community of Practice (CoP)[21] bekannt, z. B. die Entwickler-Communities von Open Source-Software.

Der Unterschied zwischen kompetenten Fachleuten und ExpertInnen ist natürlich fließend. Wir haben im Zusammenhang mit der Wissen+Können-Treppe bereits erwähnt, dass *intensiver Gebrauch einer Kompetenz und kognitive Erfassung der Kompetenz* zu Expertise führt. In der Pädagogik ist ein Lernen durch Lehren bekannt und wird als Methode eingesetzt. Wer Sachverhalte erklären muss, muss intuitive Zusammenhänge durch Reflexion auch kognitiv begreifen können, damit sie artikulierbar, d. h. erklärbar werden. Wenn eine kompetente Person fähig ist, über ihre Kompetenz, d. h. über ihr Wissen, ihre langjährigen Anwendungserfahrungen zu *reflektieren,* die *Gründe* für geglückte und misslungene Umsetzungen zu *verstehen* und das Ergebnis zu *artikulieren,* wird sie zum

---

21 Eingehendere Erläuterungen dazu in Kap 7.2.2.

Experten oder zur Expertin. Erst diese Reflexion ermöglicht es einer kompetenten Person, ihr Erfahrungswissen auch weiterzugeben, es zu vermitteln oder in einer Gruppe in den Wissensentwicklungsprozess einzubringen.

Gruppen-struktur	Partizipatives Lernen	Kooperatives Lernen	Kollektives Lernen
Mitglieder	Novizen-ExpertInnen	Fachleute	ExpertInnen
Beziehung	Gefälle bzgl. Fach- und Erfahrungswissen, Hierarchie	Unterschiedliches Fach- und Erfahrungswissen, keine Hierarchie	Analoges Fach- und Erfahrungswissen, keine Hierarchie
Wissens-flüsse	Eher in eine Richtung, von Experte zu Novize	Netzartig in Richtung aller Teilnehmenden	Stromartig in eine gemeinsame Richtung
Lernbilanz	Unausgeglichen, Novize bekommt mit geringem Input großen Gewinn	Ausgeglichen, für alle ist Input in etwa gleich Gewinn	Positiv, für alle ist der Gewinn größer als der Input

Tab. 8 Lernen in der Gruppe

In einer konkreten Gruppe können auch alle drei Lernformen vorkommen. Ein Projektteam kann bewusst so mit ExpertInnen, Fachleuten und Novizen zusammengestellt werden, dass alle lernen: Der Novize bekommt Gelegenheit für erste Praxisanwendung (Learning on the Job, fachliche Nachwuchsförderung), die Fachleute erhalten durch Diskussionen mit KollegInnen aus andern Bereichen Detailwissen und schärfen ihr eigenes Wissen (Fachsimpeln, Bewerten des eigenen Wissens), und ExpertInnen kann es mit einem Brainstorming gelingen, gemeinsam einen Lösungsweg zu entwickeln. Aus Sicht Wissensmanagement müssten solche Gruppenkonstellationen stark gefördert werden, unter der Voraussetzung, dass den Gruppenmitgliedern ihre Lernprozesse und Lernrollen bewusst sind und die unterschiedlichen Erkenntnisse der Einzelnen auch wieder Teil des Lernprozesses des ganzen Teams werden.

Damit ist die Grundlage für organisationales Lernen formuliert: Erst wenn die Individuen über ihr Lernen im Rahmen der Arbeitstätigkeit reflektieren – egal bei welcher Gelegenheit und in welcher Form sie lernten – und die Erkenntnisse artikulieren, ist die eine Voraussetzung für organisationales Lernen erfüllt. Die andere Voraussetzung muss die Organisation erfüllen: die Gelegenheiten ermöglichen und die Gefäße schaffen, wo die Erkenntnisse eingebracht, diskutiert und verwertet werden können. Das bekannte Projekt-Debriefing wäre ein solches Instrument, wenn es zum Beispiel stark auf die Lernfrage fokussiert und von einer Wissens- oder Lernfachperson moderiert wird.

5.3.2 Lernschleifen

Die Literatur über lernende Organisationen[22] ist mittlerweile umfangreich. Beim organisationalen Lernen werden in den meisten Theorien drei Lernebenen unterschieden: ein einfaches Anpassungslernen, ein komplexeres Veränderungslernen und ein Reflexionslernen auf einer Metaebene. Im Wissensmanagement sind dafür die Bezeichnungen Single-Loop-Lernen, Double-Loop-Lernen[23] und Deutero-Lernen (= höhere Ebene) geläufig. Die Lernebenen oder Lernschleifen werden hier kurz vorgestellt.

- *Single-Loop-Lernen*

Durch Interaktion mit der Umwelt vergleichen Menschen laufend die neuen Informationen mit bestehenden Regelungen (Leitwerte), d. h. mit dem geltenden Standard oder ihren Handlungsroutinen. Abweichungen werden registriert, korrigiert und die Handlungen aufgrund von bisherigen Erfahrungen angepasst. Was sich bewährt, wird wiederholt, was nicht, wird entsprechend angepasst. Dieses einfache Problemlösen wird als *Single-Loop-Lernen* (= Anpassungslernen) bezeichnet. Ziel ist, effizient bestehende Problemlösungen oder Handlungsroutinen zu optimieren. Korrekturen durch Single-Loop-Lernen haben deshalb nur Auswirkungen auf das Oberflächenwissen[24] einer Organisation,

---

22 Vgl. dazu die umfassende Darlegung der verschiedenen Definitionen von lernenden Organisationen in Güldenberg 1998:107 ff.
23 Von Argyris / Schön (1978) eingeführt.
24 Vgl. auch Kap. 5.1.4; analog zum Individuum wird auch bei der Organisation von einer Oberflächen- und einer Tiefenstruktur des organisationalen Wissens ausgegangen.

d. h. Anpassungen von Standardprozeduren, Arbeitsprozessen und Abläufen. Die in der Tiefenstruktur angelegte handlungsleitende Theorie, die Ziele und Prämissen des Handelns und die zugrunde liegenden Normen und Werte werden nicht tangiert.

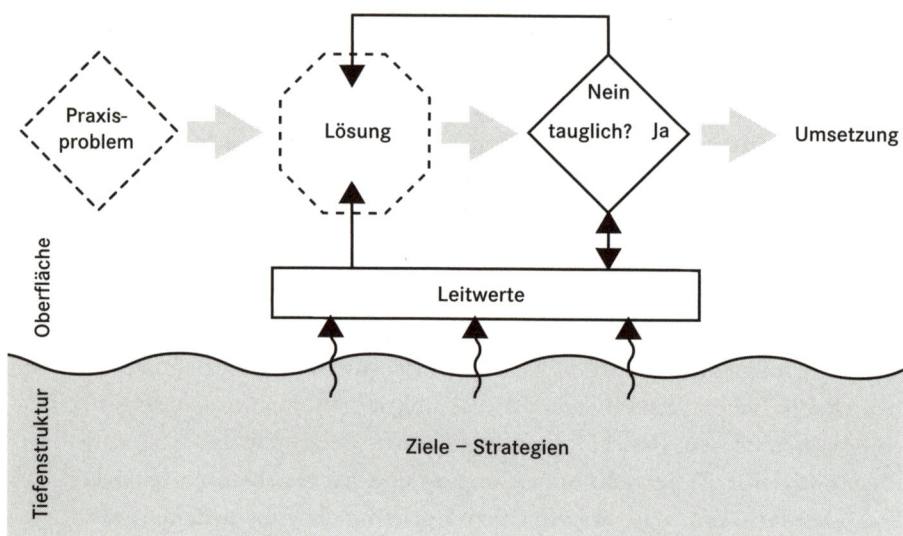

Abb. 10 Single-Loop-Lernen

- *Double-Loop-Lernen*

Bewirken Interaktionen mit der Umwelt jedoch Probleme, die mit den bisherigen Strategien nicht mehr gelöst werden können, löst das eine Überprüfung der bisherigen Normen und Werte auf ihre Angemessenheit aus. Wenn die in der Interaktion registrierte Abweichung zu groß ist, als dass einfach angepasst werden könnte, müssen die Zielsetzung und die Handlungsstrategie, die in der Tiefenstruktur einer Organisation liegen, nämlich die Ebene der Werte, Normen und Einstellungen, verändert werden. Die eingefahrenen Wege müssen verlassen werden, um ein grundlegendes Umdenken zu ermöglichen. Auf den ersten Loop der nicht erfolgreichen Problemlösung folgt also eine zweite Schleife, indem z. B. die Eindeutigkeit der Wahrnehmung der Situation, die Regelhaftigkeit einer Situation oder die Gültigkeit der Zielsetzungen und der Lösungsstrategie hinterfragt werden. Es werden verschiedene gültige Handlungstheorien verglichen, um eine neue Strategie und Leitwerte zu entwickeln. Dieser zwei-schleifige Lernprozess wird *Double-Loop-Lernen* (= Veränderungslernen) ge-nannt.

Diese Art zu lernen fällt schwerer, da sie eine gewisse Unvoreingenommen-heit, etwas zu hinterfragen, eventuell Selbstkritik und eine gewisse Kreativität erfordert. Fehlt dies, zum Beispiel wenn die Organisationskultur es nicht zu-lässt, werden manchmal zu große Abweichungen bewusst ignoriert oder die Si-tuation umgedeutet, damit nicht Handlungstheorien verändert werden müssen («Gesicht wahren»). Double-Loop-Lernen ist charakteristisch für das Lernen von SpezialistInnen und ExpertInnen, deshalb spielt das zweischleifige Lernen in wissensintensiven Organisationen, die viele Wissensarbeitende beschäftigen, eine wichtige Rolle. Das kritische Hinterfragen von Prämissen, Normen und Zielvorstellungen kann in einer traditionellen oder stark hierarchischen Organi-sation aber Konflikte auslösen. Dieser Lernprozess auf der Ebene der Organisa-tion entspricht auch dem Lernprozess des Individuums bei der Veränderung von kognitiven Verarbeitungsmustern.

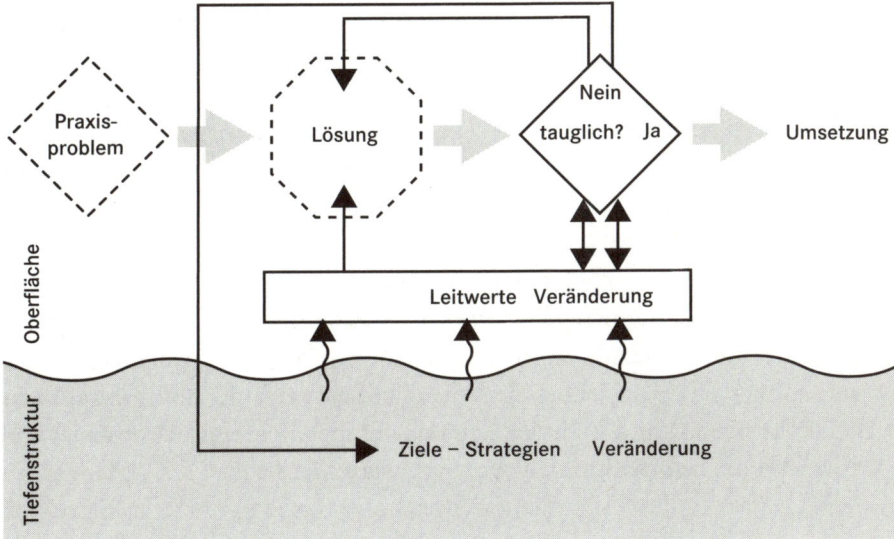

Abb. 11 Double-Loop-Lernen

- *Deutero-Lernen*
  Soll bewusst die Wissensbasis einer Organisation erweitert werden, z. B. um nachhaltigen Kompetenzaufbau zu fördern, ist es notwendig, die Innovationsfähigkeit der Mitarbeitenden und der ganzen Organisation zu entwickeln. Diese kann nur mit einem noch höherstufigen Lernen initiiert werden: mit dem sogenannten *Deutero-Lernen* (= Lernen zweiter Ordnung, Reflexionslernen)[25]. Dabei geht es darum, die Prozesse des Single-Loop- und Double-Loop-Lernens selber zum Gegenstand eines übergeordneten (Meta-) Lernprozesses zu machen. Ein solches «Lernen zu lernen» setzt die Fähigkeit zur Selbstbeobachtung voraus, denn es verlangt die Reflexion über bisherige Single-Loop- und Double-Loop-Lernvorgänge (doppelte Reflexion) und die Analyse von Erfolgen und Misserfolgen. Daraus ergibt sich schließlich die Erkenntnis, wie Phänomene der Oberflächenstruktur (Handlungsroutinen, Situationswahrnehmung) und der Tiefenstruktur (Handlungstheorien, Wertvorstellungen) verändert werden sollen. Eine Hauptaufgabe des Deutero-Lernens besteht auch in der Überwindung defensiver Routinen, veränderungsfeindlicher Verhaltensmuster, die zur Ignorierung von Fehlern und zur Vermeidung von Diskussionen über Verhaltensweisen führen.

Die Resultate des Deutero-Lernens kann man auch als *generatives Wissen* bezeichnen, nämlich Wissen, wie neues Wissen generiert wird. Hat eine Organisation oder ein System, z. B. ein Projektteam, diese Fähigkeit zum Reflexionslernen, können ständige Lernprozesse in Gang gesetzt und Strategien der systematischen Lern- oder Wissensgenerierung entwickelt werden – die Grundlage für Innovativität und langfristigen Kompetenzaufbau. Deshalb ist der Umgang mit der Selbstreflexion ein wichtiger Indikator für die Lernfähigkeit einer Organisation. Manchmal jedoch sind die Handlungsabläufe in Organisationen derart intransparent und komplex, dass das Einnehmen einer Beobachterperspektive und die Selbstreflexion äußerst schwierig werden.

---

25 Dieser Begriff wurde vom angloamerikanischen Systemtheoretiker Gregory Bateson geprägt und von Argyris / Schön in Form des Meta-Lernens übernommen.

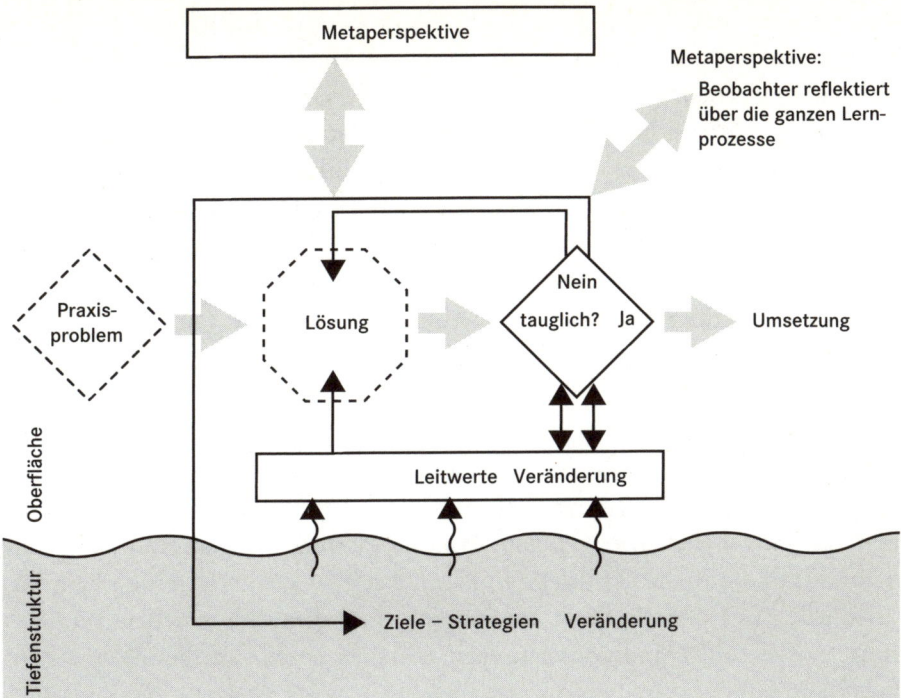

Abb. 12 Deutero-Lernen

Andere Lerntheorien verwenden andere Namen wie z. B. Lower und Higher Learning, Adaptive und Generative Learning oder Tactical und Strategic Learning. Es geht bei allen Konzepten aber um ein Basis-Lernen und um ein Lernen auf höherer Ebene. Beim Basis-Lernen geht man von Annahmen aus, die nicht in Zweifel gezogen werden, und konzentriert sich auf das Ausführen von Handlungen (Problem lösen), um Ziele zu erreichen. Beim Lernen auf höherer Ebene (zweiter Loop oder Deutero) werden die Rahmenbedingungen der Problemlösung reflektiert und zur Diskussion gestellt. Das Lernen auf höherem Niveau ist aufwändiger, das Ausführen eines zweiten Loops oder sogar die Reflexion über den ganzen Wissensgenerierungsprozess verlangt mehr Anstrengung, weil die Voraussetzungen selber, z. B. mentale Modelle und Bilder, zum Verstehen einer Situation hinterfragt werden müssen. Mitarbeitende müssen stark und intrinsisch motiviert sein, wenn ein Lernen auf höherem Level erforderlich ist.

Zusammenfassend können wir also festhalten, dass das organisationale Lernen sich in analogen Prozessen vollzieht wie das individuelle Lernen – was jedoch nicht weiter erstaunlich ist, da es eine Form von Synthese des individuellen Lernens ist. So wie ein Individuum immer wiederkehrende Lernkreisläufe zwischen Wahrnehmung – Analyse – Entscheidung rationell organisiert und Handlungsroutinen anlegt, strukturiert auch eine Organisation ihre Handlungsabläufe in Form von Arbeitsprozessen und Routinen. Genauso wie ein Individuum aus seiner «Lerngeschichte» kognitive Verarbeitungsmuster und Handlungsstrategien (Selbst- und Weltbild) ableitet, bildet auch eine Organisation ein Wertesystem mit Lernmustern, Normen und Eigen- und Fremdbildern (Corporate Identity). Die Wissensbasis einer Organisation besteht ebenfalls aus dem Wissen, das in Handlungsroutinen und Arbeitsprozessen und in ihrem Wertesystem steckt. Wenn eine Organisation lernfähig werden soll, muss sie über ihre Wissensverarbeitungs- und Lernfähigkeit reflektieren können (Deutero-Lernen). Es scheint logisch, dass eine Organisation dies nur kann, wenn die Mehrheit ihrer Mitglieder auch zu Deutero-Lernen beim individuellen Lernprozess fähig ist, nämlich über ihre individuellen Verarbeitungsmuster und Handlungsstrategien zu reflektieren und diese gegebenenfalls zu ändern.

5.4 Wissenskommunikation: Das Denken zum Sprechen bringen

Ein umfassendes Kommunikationsverständnis beinhaltet sowohl den Internalisierungsaspekt mit der Konstruktion von Wissen wie auch den Externalisierungsaspekt mit der interaktiven Vermittlung. Den ersten Teil haben wir unter dem Aspekt Lernen bereits erläutert, wir betrachten hier also schwergewichtig den Aspekt der Interaktion.

5.4.1 Menschliche Kommunikation

Die Grundlage jeglicher Kommunikation ist das Verstehen. Wenn aber alle Menschen ihre subjektive Wirklichkeit konstruieren, stellt sich die Frage, wie Verstehen zwischen Menschen überhaupt möglich ist. Es ist möglich, wenn wir im gleichen Kontext und gemeinsam interagieren, wenn wir unsere Interpretationen der Sachverhalte und Probleme in der Kommunikation einbringen und sie aufgrund der Reaktionen der andern anpassen oder verwerfen.[26] Je mehr gemeinsame Erfahrungen die Kommunikationspartner haben und je häufiger und intensiver sie interagieren, desto ähnlicher und besser abstimmbar sind ihre Deutungsmuster. Die Organisation und das Arbeitsumfeld stellen einen solchen gemeinsamen Kontext dar, die Organisationskultur ist ein Ausdruck der kollektiven Deutungsmuster. Unsere alltägliche Kommunikation ist größtenteils dadurch bestimmt, dass wir laufend unsere Vorstellungen über einen Sachverhalt durch die verbale Interaktion überprüfen. Kommunikation kann also als ein komplexer Prozess von *Deutungsabgleich und Sinnstiftung* betrachtet werden.

Abgesehen von der Tatsache, dass wir permanent mit unserem ganzen Verhalten kommunizieren, also nicht *nicht* kommunizieren und genauso wenig uns nicht *nicht* verhalten und nicht *nicht* lernen können, weist die menschliche Kommunikation noch weitere Merkmale[27] auf, die für erfolgreiche Interaktionen wesentlich sind.

- *Inhalts- und Beziehungsaspekt*
  Jeder Kommunikationsakt besteht aus einem *Inhalts- und einem Beziehungsaspekt,* d. h. aus einer Information und aus einer impliziten Anweisung, wie der Sender den Inhalt vom Empfänger verstanden haben möchte. Darin macht der Sender eine Selbstdefinition, definiert seine Sichtweise der Beziehung zwischen ihm und dem Empfänger und drückt aus, was er von ihm erwartet. Technisch gesehen, können wir von Daten und Instruktionen (Metadaten) sprechen. Der Empfänger kann ebenfalls nicht *nicht* auf den Beziehungsaspekt reagieren. Er kann die Beziehungsdefinition und den Appell akzeptieren, ablehnen oder durch andere ersetzen, in jedem Fall muss er sich damit auseinandersetzen. Der Beziehungsaspekt wird häufig durch Tonfall, Mimik und Gestik vermittelt und ist deshalb auch stark kulturabhängig. Die geschriebene Sprache kann durch bestimmte Mittel, die auch wieder sprachspezifsch sind wie z. B. im Deutschen Wortstellung und Abtönungspartikeln (gar, ja, eben, noch etc.), einen Teil des Beziehungsaspektes ausdrücken.

---

26 Dies entspricht der Viabilität, vgl. Einleitung zu Kap. 2.6.
27 Vgl. dazu die pragmatischen Axiome von Watzlawick 1969:50 ff.

- *digitale und analoge Modalitäten*

Jeder Kommunikationsakt bedient sich *digitaler und analoger Modalitäten.* Auch in der menschlichen Kommunikation gibt es zwei grundsätzlich verschiedene Arten, wie Objekte repräsentiert und Gegenstand von Kommunikation werden können: entweder durch eine Analogie (zeigen, Zeichnung = analoger Modus) oder durch eine Bezeichnung (Code, Sprache = digitaler Modus). Die Beziehung zwischen einem Objekt und seiner Bezeichnung ist eine völlig willkürliche Codifizierung und beruht nur auf Übereinkommen. Bei der Analogie hingegen gibt es eine grundsätzliche Ähnlichkeitsbeziehung. Auch hier gibt es Parallelen zum Konzept von implizitem und explizi(er)tem Wissen: Wie wir wissen, kann stilles Wissen (tacit knowledge) kaum codiert werden, es wird mit dem meist nonverbalen analogen Kommunikationsmodus ausgedrückt (Mimik, Gestik, Körperbewegung, Vormachen etc.). Die Explizierung des codierbaren Teils des Wissens kann auch als digitaler Kommunikationsmodus bezeichnet werden. Der Inhaltsaspekt wird in der Regel im digitalen Modus, der Beziehungsaspekt im analogen Modus ausgedrückt.

Analoge Kommunikation ist nonverbal und stammt offensichtlich aus viel archaischeren Zeiten als die jüngere digitale (sprachliche) Kommunikation. Die Entwicklung der Informationsgesellschaft beruht ausschließlich auf digitaler Kommunikation. Die digitale (sprachliche) Kommunikation ist weitaus komplexer und abstrakter als die analoge (nonverbale), diese hingegen ist immer mehrdeutig und differenziert im Beziehungsbereich. Interessant sind Übersetzungen von der einen Modalität in die andere: Jede Übertragung vom Digitalen ins Analoge – z. B. Gebärdensprache für Hörlose – beruht auf einer Daten- und damit Informationsreduktion (Logik, Kausalität). Ebenso schwierig ist die Übertragung vom Analogen ins Digitale – z. B. die Beschreibung eines Musikstücks –, weil dies eine Reduktion des ganzen Bedeutungskontextes auf eine Ausdrucksebene bedeutet.

- *Interpunktion der Kommunikationsabläufe*

Die Interaktion zwischen Kommunikationspartnern erscheint von außen gesehen als ununterbrochener Austausch von Mitteilungen. Jeder Kommunikationspartner strukturiert jedoch für sich die Abfolge mit Interpunktionen in Form von: Wer hat den ersten Schritt getan und wer hat darauf reagiert? Konflikte entstehen, wenn die Beteiligten eine Interaktion unterschiedlich mit der Triade Reiz–Reaktion–Verstärkung strukturieren, d. h., wenn jeder einen anderen Ausgangspunkt legt («der andere hat angefangen») und sein Verhalten nie als auslösend, sondern immer nur als reagierend auf eine Provokation des andern versteht.

- *symmetrische und komplementäre Beziehungsdefinitionen*
  Symmetrische Beziehungen zeichnen sich durch Streben nach Gleichheit und Verminderung von Unterschieden zwischen den Partnern aus, komplementäre Beziehungen basieren auf sich gegenseitig ergänzenden Unterschiedlichkeiten. Unterschiedliche, einander ergänzende Verhaltensweisen lösen sich gegenseitig aus, es kann nur jemand dominant sein, wenn ein anderer die Rolle des sich Unterwerfenden übernimmt. Hierarchien in Organisationen bedingen im Prinzip komplementäre Beziehungsdefinitionen. Für Wissensarbeitende ist symmetrisch oder komplementär in erster Linie aber eine Frage der Kompetenz und nicht der Hierarchie, was in formellen Organisationshierarchien zu Problemen führen kann.[28]

> Menschliche Kommunikation kann als ein komplexer Prozess von Deutungsabgleich und Sinnstiftung betrachtet werden. Jeder Kommunikationsakt besteht aus einem Inhalts- und einem Beziehungsaspekt, die Beziehungsdefinition kann symmetrisch oder komplementär sein, und die Kommunikation umfasst analoge (nonverbale) und digitale (verbale) Modalitäten. Die Interpunktion der Aufeinanderfolge von Kommunikationsakten ist für jeden Kommunikationspartner unterschiedlich und unter Umständen Quelle von Konflikten.

5.4.2 Ein Detail: Sprachkompetenz

Wie wir gesehen haben, gibt es kooperatives und kollektives Lernen nur mit Kommunikation. Erst wenn das Individuum das Ergebnis seiner Informationsverarbeitung (das Gelernte) externalisiert und in Form von Sprache artikuliert, ist das Gelernte auch für andere wieder eine potenzielle Information, die sie ihrerseits zu Wissen verarbeiten können, um es ebenfalls wieder zu externalisieren – und so weiter. Damit solche sich selbst verstärkende Lernprozesse in

---

28 Vgl. dazu Kap. 7.1.3.

Gang kommen können, sind zwei Dinge zu beachten: Externalisierbar und damit kommunizierbar sind nur die kognitiven Anteile des Gelernten.[29] Und die Individuen müssen eine bestimmte Fähigkeit zur Versprachlichung von kognitiven Inhalten haben. Von sprachlicher Ausdrucksfähigkeit als Voraussetzung für kollektives Lernen ist in den meisten Lerntheorien kaum die Rede, dabei ist dies zentral.

Mit sprachlicher Ausdrucksfähigkeit ist nicht Beredtheit gemeint oder die Tatsache, dass es bestimmten Leuten leichter fällt, über alles Mögliche zu reden, während andere weniger geschliffen sind. Wir verstehen unter sprachlicher Ausdrucksfähigkeit vielmehr die Fähigkeit, die Gleichzeitigkeit und Immaterialität von Gedanken in die Chronologie und Materialität des Codes «Sprache» zu transformieren, und zwar so, dass der andere versteht, was ich sagen möchte. Sprachkompetenz ist vermutlich eine der komplexesten Fähigkeiten, die der Mensch durch Kommunikation und für die Kommunikation entwickelt hat.

In der Linguistik wird zwischen *Sprechen als Sprachverwendung,* auch Parole oder Performanz, und der *Sprache als abstraktes System von Zeichen,* auch Langue oder Kompetenz, unterschieden[30]. Kompetenz bezeichnet das kognitive System von Sprachwissen und -können, das es einer muttersprachigen Person ermöglicht, potenziell beliebig viele sprachliche Aussagen zu bilden, die in ihrer Form korrekt und für andere verständlich sind. Performanz bezeichnet die jeweils aktuelle Sprachproduktion, das Anwenden der Kompetenz in realen Situationen als Sprechen oder Schreiben. Nach dem heutigen Stand des Wissens geht man davon aus, dass die Kompetenz nicht erst mit der Anwendung beim Spracherwerb entsteht, sondern dass wir mit einer Art «Universalgrammatik» im Kopf als kognitive Prästruktur auf die Welt kommen.[31] Was wir über Kompetenzentwicklung angeführt hatten, gilt auch hier: Durch ständige Anwendung des Wis-

---

29 Vgl. Kap. 2.4.2.
30 Die Differenzierung Langue/Parole geht auf den Schweizer Linguisten Ferdinand de Saussure (1857–1913) zurück, der als Begründer der modernen Linguistik gilt. Sie wurde in den sechziger Jahren vom amerikanischen Strukturalisten Noam Chomsky in seiner Transformationsgrammatik wieder aufgenommen als Kompetenz/Performanz.
31 Die Behavioristen erklärten auch Sprachverwendung als Reiz-Reaktion-Verhalten, während die Kognitivisten von kognitiven Schemata ausgehen, die die Sprachverwendung bestimmen. Nach dem Schweizer Entwicklungspsychologen Jean Piaget (1896–1980), der u. a. den kindlichen Spracherwerb untersuchte, ist es das Individuum selbst, das seine kognitive Struktur von innen heraus durch Interaktion mit der Umwelt konstruiert. Gemäß Chomsky kann der fehlerhafte und mangelhafte sprachliche Input der gesprochenen Sprache während des kindlichen Spracherwerbs aber nicht erklären, wie das Kind ein Regelsystem für korrekte Sprachverwendung (die Kompetenz) entwickeln kann. Chomsky entwickelte deshalb die Theorie der angeborenen Universalgrammatik.

sens in der Praxis und der Rückkopplung der gemachten Erfahrungen (gelungen, misslungen) werden Regeln verfestigt, angepasst oder verworfen und neue Hypothesen gebildet.

Sprachkompetenz besteht aus zwei Komponenten, die sich bedingen und wechselseitig entwickeln: die *Informationsverarbeitung* und die *Informationsproduktion,* also verstehen und sprechen/schreiben können. Das bedeutet auch, dass die sprachliche Ausdrucksfähigkeit nur gemeinsam mit der Verstehensfähigkeit entwickelt werden kann. Nun liegt ja der weitaus größte Teil der als Information aufbereiteten Daten in sprachlicher Form vor, also kann die wertvolle Informationsverarbeitungsfähigkeit des Menschen auch als ein Teil der Sprachkompetenz betrachtet werden.

Die Sprachkompetenz umfasst auch die wichtige Fähigkeit des Mode-Switching, d. h. die Fähigkeit, sowohl den Inhalts- wie den Beziehungsaspekt entsprechend der Kommunikationssituation der jeweiligen Ausdrucksart zu formulieren: Geschieht das in der mündlichen Sprachverwendung in der Face-to-Face-Kommunikation relativ spontan, ist es im schriftlichen Modus bereits um einiges anspruchsvoller, weil der nonverbale Teil wegfällt. Der Kommunikationspartner und seine Verstehensfähigkeit muss beim schriftlichen Formulieren antizipiert werden, damit der richtige sprachliche Ausdruck gewählt wird. Dazu gelten in den neuen medialvermittelten Kommunikationen über E-Mail, Foren, Blogs etc. auch neue kommunikative Verhaltensregeln, die sich im sprachlichen Ausdruck zeigen und die man beherrschen muss.

In Bezug auf die Entwicklung der Sprachkompetenz kann also gefolgert werden, dass sie keineswegs mit dem Spracherwerb einen statischen Endzustand erreicht hat, sondern sich ständig weiterentwickelt – vorausgesetzt sie wird häufig angewendet, es kommt Feedback bezüglich Verständlichkeit und das Feedback kann auch verarbeitet werden. Schriftliche Ausdrucksfähigkeit kann durchaus professionell trainiert werden, wobei sich von selbst versteht, dass nicht von gutem und schönem Schreibstil die Rede ist, sondern von «Rückmeldungen» bezüglich Verständlichkeit und Wirkung schriftlicher Kommunikationsakte, so dass die Person weiß, was sie tun muss, um gegebenenfalls die Performanz zu verbessern. Es ist also nicht so, dass es bei impliziten Wissensinhalten eine scharfe Trennlinie zwischen sprachlich codierbar und nicht artikulierbar gibt. Die mündliche und in einem zweiten Schritt auch die schriftliche Artikulierbarkeit lässt sich trainieren.

Sprachkompetenz bezeichnet das kognitive System von Sprachwissen und -können, mit dem eine Person in ihrer Muttersprache potenziell beliebig viele, formal korrekte und verständliche sprachliche Aussagen bilden kann. Performanz bezeichnet das Anwenden der Kompetenz in realen Situationen als Sprechen oder Schreiben. Auch Sprachkompetenz entwickelt sich weiter wie andere Kompetenzen durch die Anwendungserfahrungen.

5.4.3 Merkmale der Wissenskommunikation

Unter Wissenskommunikation verstehen wir nicht sämtliche Kommunikationsakte im Arbeitsalltag, sondern nur einen Teilbereich: jene Kommunikationsakte, in denen wir bewusst *Resultate unseres Denkens,* nämlich *Erkenntnisse und fachlich relevante Zusammenhänge* kommunizieren. Obwohl dazu streng genommen auch nonverbale Kommunikation (analoger Modus) in Form von Vormachen, Zeigen und Nachahmen gehört, womit das Können-Wissen (Fertigkeiten) kommuniziert wird, konzentrieren wir uns in der Folge auf die *verbale Wissenskommunikation,*[32] die den weitaus größeren Teil der Kommunikationsakte in wissensbasierten Organisationen ausmacht.

Die verbalen Inhalte der Wissenskommunikation sind elaborierter als nur die Mitteilung von Fakten, sie sind Ergebnisse der Reflexion über Sachverhalte, Zusammenhänge, Gründe. Damit sind sie ein Ausdruck der menschlichen Fähigkeit zur Verarbeitung komplexer Informationen – etwas, das informationstechnologische Systeme nicht leisten können. Daten als Fakten beantworten bei einem Sachverhalt die Fragen wer, was, wann, wo, woher, wie viel – alles Daten, die als Unterstützung für den Menschen auch mit IT-Tools aufbereitet werden können. Der Mensch verarbeitet diese Informationen, weil er eine Antwort auf die Fragen wie, warum, was passiert wenn, was muss ich tun braucht. Wissenskommunikation ist also der Austausch über solche Fragen und Antworten, der Austausch von Erkenntnissen und Erfahrungen, von verarbeiteten Informationen und Anwendungen.

Die zuvor angeführten Bedingungen menschlicher Kommunikation gelten

---

32   Eine ausführliche Darlegung, was Wissenskommunikation umfasst, findet sich in Reinhardt / Eppler 2004, insbesondere in der Einführung (das Konzept der Wissenskommunikation) und im Reflexionsteil 403 ff. Kommunizierendes Lernen als Methode, Erfahrungswissen zu erschließen, beschreiben Stieler-Lorenz/Paarmann 2004. Zur Wissenskommunikation als Wissensentwicklung in der angewandten Forschung Hasler 2003, 2004.

natürlich auch für die Wissenskommunikation. Wissens-Kommunikationsakte bestehen ebenfalls immer aus einem Inhalts- und Beziehungsaspekt, auch wenn beim fachlichen Austausch meist der Inhaltsaspekt im Vordergrund steht. Es ist zu vermuten, dass bei der Beziehungsdefinition die Symmetrie oder Komplementarität stärker durch die fachliche Expertise bestimmt wird und weniger durch andere Kriterien wie hierarchischer oder gesellschaftlicher Status. Da in der Wissenskommunikation in unserem Verständnis vor allem Resultate von Denkprozessen, also kognitive Inhalte ausgetauscht werden, ist der digitale, verbale Modus dominierend. Die Interpunktion der Kommunikationsakte wird in der Regel keine sehr große Rolle spielen, da es in der Wissenskommunikation im Normalfall nicht um emotionale Konfliktkommunikation geht, sondern um Fachgespräche, Fachsimpeln, Sachproblemdiskussionen, fachlichen Erfahrungsaustausch, Lehr-Lern-Situationen, Feedbackgespräche, was nicht bedeutet, dass diese Kommunikationsformen nicht auch emotional sein können.

Wissenskommunikation findet sowohl in mündlicher, schriftlicher wie medial vermittelter Form statt. Welches jeweils der adäquate Kanal ist, kann nicht allgemein beantwortet werden. Entscheidend ist, dass den Kommunikationspartnern klar ist, was Ziel und Zweck des Austausches ist, daraus leitet sich dann auch die optimale Form des Wissensaustausches ab. *Face-to-Face-Kommunikation* ist überall dort wichtig, wo noch nicht klare Resultate von Denkprozessen vorliegen, sondern durch die Interaktion Denkprozesse stimuliert werden und Erkenntnisse aus Erfahrungen gerade durch das Artikulieren von latentem und stillem Wissen gewonnen werden. Kollektives Wissen wird in der ersten Phase vermutlich vor allem in Face-To-Face-Kommunikation entwickelt und in einer zweiten Phase dann im schriftlichen Austausch gefestigt.

Bei der *schriftlichen Wissenskommunikation* im Arbeitskontext ist heute ein großer Anteil medial vermittelt, d. h. über andere Kanäle als Papier. Welcher *Kanal* hier gewählt wird, ob Papier oder ein schnelleres, aber flüchtigeres Online-Medium, hängt ebenfalls von Ziel und Zweck des Austausches ab. Steht der Austausch- und Wissensentwicklungszweck im Vordergrund, eignen sich Online-Medien wie E-Mails, Foren, Blogs, Wikis etc. besser, die bei Bedarf ja auch immer ausgedruckt werden können. Soll das konsolidierte Ergebnis eines Wissensentwicklungsprozesses kommuniziert werden, eignet sich auch die Papierform, die seit der Existenz der Online-Medien verstärkt den Status von «Träger von definitivem Wissen» bekommen hat. Was auf Papier gedruckt vorliegt, hat eine materielle Präsenz, die man nicht so einfach wie elektronische Daten mit «delete» wieder aus der Welt schaffen kann. Dieselben Überlegungen gelten übrigens auch für wissenschaftliche Publikationen bei der Entscheidung, ob etwas print oder online veröffentlicht werden soll.

Bei der ganzen Euphorie über die Möglichkeiten der Online-Kanäle dürfen ihre Kommunikationsbedingungen nicht außer Acht gelassen werden. Informationstechnologische Systeme erfassen nur die digitale Kommunikation, beim Einsatz solcher Systeme muss deshalb überlegt werden, wie und in welcher Form auch die analoge Kommunikation ermöglicht wird, da sie für den Beziehungsaspekt wichtig ist. Selbst bei technisch optimal funktionierender Groupware müssen erfolgreiche Arbeitsgruppen von Zeit zu Zeit physische und nicht nur virtuelle Meetings haben, damit der Beziehungsaspekt der Kommunikation gepflegt werden kann.

Wissenskommunikation kann nicht mit irgendwelchen Standardinstrumenten gefördert werden, sondern nur in schrittweisen Prozessen, indem beispielsweise regelmäßig die Verständigung überprüft wird, also auf Wissenskommunikations-*Aktionen* wie Debriefing, Brainstorming, Storytelling etc. immer *Reflexionen* (Deutero-Lernen) folgen. Wissenskommunikation ist ein mehrdimensionales Phänomen; will man die Effizienz und Effektivität der Wissenskommunikation verbessern, müssen alle Facetten[33] der Kommunikationssituation berücksichtigt werden, menschliche, inhaltliche und kontextuelle. Diese umfassen: soziale Konstellation, sprachliche Kompetenzen (vor allem bei mehrsprachigen Kommunikationssituationen), kognitive Artikulierbarkeit, narrative Ausdrucksformen (vor allem bei Erfahrungsaustausch), visuelle Unterstützung, räumliche Situation, technische Kommunikationsbedingungen und Einbettung in Prozesse.

> **Wissenskommunikation ist der Austausch von Ergebnissen der Reflexion: Erkenntnisse und Erfahrungen, verarbeitete Information und Anwendungen. Wissenskommunikation findet sowohl in mündlicher, schriftlicher wie medial vermittelter Form statt. Ziel und Zweck des Austausches bestimmen, welches der adäquate Kanal ist. Effizienz und Effektivität der Wissenskommunikation kann nur in schrittweisen Prozessen gefördert werden, indem über Aktionen immer wieder reflektiert wird – die Reflexion über Wissenskommunikation ist wieder Wissenskommunikation (Deutero-Lernen).**

---

33 Vgl. dazu Eppler in Reinhardt/Eppler 2004:403 f.

6. Organisation: Prozesse und Kernkompetenzen

In den einleitenden Bemerkungen über die Wissensgesellschaft ist auf ein Phänomen verwiesen worden, das wir hier wieder aufnehmen: Eine der wichtigsten Auswirkungen der Wissensgesellschaft ist, dass sich die Orte der Wissensgenerierung von den traditionellen Wissensproduktionsstätten der Hochschulen und Wissenschaft zu den (wirtschaftlich handelnden) Organisationen verschieben,[1] insofern als dort ein rasant steigender Bedarf an praxistauglichem Wissen besteht, das für das Überleben der Unternehmen vital ist. Einerseits wird in den Organisationen im herkömmlichen Sinn Hochschulwissen verarbeitet und umgesetzt, andererseits entwickeln die Organisationen im zunehmenden Maß selber für sie relevantes Anwendungswissen.

Jede Organisation hat entsprechend ihrem Kerngeschäft und ihren Geschäftszielen andere Wissensfelder, die für sie entscheidend sind, und generiert dort das notwendige Wissen – und hat das schon immer gemacht. Gerade das organisationsspezifische und intern entwickelte Wissen ist heute in einem globalisierten Markt für eine Wirtschaftsorganisation entscheidend. Durch dieses Wissen unterscheidet sie sich von Mitbewerbern – es ist ihre Stärke und macht ihre Einmaligkeit aus. Werden diese internen Wissensressourcen richtig entwickelt und gepflegt, ermöglichen sie es einem Unternehmen, eine intelligente Organisation zu werden. Hier hat das Wissensmanagement seine Aufgabe: Oberstes und strategisches Ziel des Wissensmanagements ist es, die Organisation in allen Prozessen zu unterstützen, die ihre Fähigkeit zur Wissensgenerierung und Wissensnutzung entwickeln und fördern.

Ein ganzheitliches Wissensmanagement versucht deshalb bekanntlich nicht, mechanistisch mit Einzelinterventionen Prozesse zu steuern, sondern die Voraussetzungen zu schaffen oder bestehende Voraussetzungen so zu optimieren,

---

1   Vgl. Kap. 1.2.

dass die Organisation eine optimale Wissensarbeit zulässt. Zulassen deshalb, weil dies unweigerlich die Organisationskultur und das Selbstverständnis der Organisation tangiert, das sich in ihrer Struktur (wie hierarchisch funktioniert sie) und im Verhalten des Managements (woran orientiert sich ihr Handeln *wirklich*) zeigt. Wissensarbeit bedeutet kontinuierliches Lernen im Arbeitsprozess, diese Kompetenz der Wissensarbeitenden muss sich auch auf das Verhalten der ganzen Organisation auswirken können, damit sie zur lernenden Organisation wird. Wir untersuchen in diesem Kapitel deshalb, welche Mechanismen in der Organisation wirksam sind, die die Wissensarbeit beeinflussen.

6.1 Charakteristika von Non-Profit- und Public-Organisationen

Da es inzwischen sehr viele Untersuchungen über Wirtschaftsunternehmen als lernende Organisationen gibt[2], konzentrieren wir uns auf Organisationen im Non-Profit und Public Sector: Wo unterscheiden sie sich von gewinnorientierten Unternehmen und wo gelten die gleichen Voraussetzungen für die Wissensarbeit?

Selbstverständlich können nicht alle Arten von Non-Profit-Organisationen und alle Formen von Verwaltungsorganisationen in einen Topf geworfen werden. Betrachtet man eine konkrete Non-Profit-Organisation (NPO) oder Public-Organisation (PO) genauer, beispielsweise ein Steueramt, Kommunalwerke, ein Gericht, eine Hochschule, ein Kriseninterventionsheim, einen Hauspflegedienst, Verwahrungsinstitutionen, eine Gewerkschaft, einen Berufsverband, einen Sportverein, eine kirchliche Organisation, die Berghilfe, eine Umweltschutzorganisation, Entwicklungshilfe, eine wissenschaftliche Vereinigung usw., dann hat jede einen unterschiedlichen Leistungsauftrag, andere Anspruchsgruppen, verschiedene Finanzierungsquellen, andere «Märkte» und somit auch unterschiedliche Wissensprobleme. Das heißt, all diese Faktoren müssen im Hinblick auf den Umgang mit Wissen spezifisch definiert werden, wenn man eine konkrete NPO oder PO untersucht. Da im Rahmen einer Ein-

---

2   Mit Bezug auf das Wissensmanagement sind insbesondere zu erwähnen: die Dissertationen von Güldenberg, Schüppel, Lücke; die Wissensmanagementbücher von Nonaka/Takeuchi, Probst/Büchel, Pawlowsky 1998b und 1999, von der Oelsnitz/Hahmann; sowie die allgemeinen Grundlagenwerke von Argyris/Schön, Senge.

führung aber nicht alle unterschiedlichen Ausprägungen behandelt werden können, betrachten wir im Folgenden die Merkmale, in denen sich NPO und PO grundsätzlich von gewinnorientierten Wirtschaftsorganisationen unterscheiden. Es gibt fünf Faktoren[3], die dem Handeln von NPO und PO eine andere Zielrichtung geben.

1. *Handelslegitimation / Mission*
   Die Handelslegitimation einer PO besteht aus zwei unterschiedlichen gesellschaftlichen Leistungsaufträgen: einerseits die Gesellschaft durch den Vollzug von Gesetzen zu stabilisieren (die klassische eingreifende Verwaltung) und andererseits eine Dienstleistung im Interesse der und für die Gesellschaft zu erbringen (Service Public). Das stark von ökonomischem Denken geprägte New Public Management verlangt, dass auch Zwangshandlungen möglichst kundenfreundlich durchgeführt werden. Dies kann zu Widersprüchen führen, die in konkreten Handlungen für die Mitarbeitenden schwer aufzulösen sind. Die Handelslegitimation einer NPO kann ebenfalls ein politischer Leistungsauftrag sein oder eine selbsterteilte Aufgabe, oder anderer «Lebenszweck», der im weitesten Sinn für Teile der Bevölkerung oder die ganze Gesellschaft nützlich und sinnvoll ist. Dieser «Dienst an der guten Sache» ist die gemeinsame Mission und legitimiert letztlich das Handeln aller NPO. Ganz im Unterschied zu gewinnorientierten Wirtschaftsorganisationen, deren oberster Zweck die Gewinnerzielung zur Existenzsicherung und Profiterwirtschaftung für die Shareholder ist. Auch Wirtschaftsunternehmen handeln manchmal im «Dienst an der guten Sache», aber in erster Linie zum Zweck der Imagepflege und damit zur Unterstützung ihres eigentlichen Ziels. Auch eine NPO soll gut arbeiten und schwarze Zahlen schreiben, aber nur damit sie überleben kann und nicht damit «Eigentümer» einen Ertrag herausziehen können. Entsprechend haben die Dienstleistungen der NPO und PO auch immer einen «höheren Zweck», bei stark idealistischen Organisationen sind die Visionen und das Commitment sogar die entscheidende Triebfeder für das Handeln, das letztlich den Menschen verändern soll.

---

3 Bzgl. Non-Profit-Organisationen basieren die nachfolgenden Überlegungen im Wesentlichen auf den Ausführungen von Drucker zum Management von Non-Profit-Organisationen, bzgl. Public-Organisationen auf Schedler/Proeller, siehe auch Kap.1.4, Ziele von NPM.

Für das Wissensmanagement einer konkreten NPO oder PO bedeutet das, dass auch hier zuerst strategisch definiert werden muss, welche Ziele für den Umgang mit Daten, die Informationsverarbeitung und die Wissensentwicklung und -nutzung der Mitarbeitenden sich aus der spezifischen Mission ableiten lassen und wo die Schwerpunkte liegen. Unter Umständen ist dann eben entscheidend, dass Wissen hier andere Attribute hat als im gewinnorientierten Kontext.[4]

2. *Ansprech- und Anspruchsgruppen*
Ein weiterer Unterschied zu Wirtschaftsunternehmen besteht darin, dass NPO und PO viel mehr und unterschiedliche Bezugsgruppen haben, die Ansprüche an sie stellen. Für ein Wirtschaftsunternehmen gibt es im Wesentlichen drei Gruppen, die das Handeln des Unternehmens direkt beeinflussen: Kunden, Eigentümer (Shareholders) und Mitarbeitende. Das ändert sich dort zwar auch, andere Stakeholders wie die Politik und Öffentlichkeit machen Ansprüche geltend, sie können bei genügend finanzieller Macht jedoch immer wieder «mundtot» gemacht werden. NPO und öffentlich-rechtliche Institutionen haben nicht nur mehr Anspruchsgruppen, sondern auch komplexere Beziehungen zu ihnen: «Kunden» kaufen nicht immer die Leistungen, sondern sind Zwangsbezüger, Mitarbeitende sind häufig Freiwillige, die nicht in die Organisation integriert sind wie Angestellte. Die Shareholders sind völlig heterogen: Es gibt direkte (Mitglieder, Sponsoren, Staat) und indirekte (Gönner, Steuerzahler) sowie solche, die auch Leistungsbezüger sind (z. B. der Steuerzahler als Patient im Spital). Das Management dieser Beziehungen stellt hohe Anforderungen an NPO und PO, z. B. sind der Vorstand oder politische Instanzen oft stärker engagiert als ein Verwaltungsrat und mischen sich ins operative Geschäft ein. Wirtschaftsunternehmen kennen die spezielle Beziehung von NPO zu Gönnern nicht, ihre Aktionäre wollen letztlich einfach Geld für ihr Geld, Gönner hingegen geben Geld und wollen dafür ein gutes Gefühl, Sponsoren ein gutes Image.
Aus Sicht Wissensmanagement kann beispielsweise das Beziehungsmanagement einer NPO und PO der neuralgische Punkt sein, wo Informationen fehlen oder zu wenig Know-how vorhanden ist. Dies kann Auswirkungen auf das ganze Handeln der NPO haben, sie ineffizient machen oder blockie-

---

4   Vgl. dazu die Ausführungen im Kap. 2.7.2.

ren. Die wichtigste Wissensmanagementaufgabe wäre dann, mit unterschiedlichsten Maßnahmen in der Organisation dieses spezifische Knowhow und die speziellen Kompetenzen zu entwickeln, wie sie am besten mit ihren vielfältigen und anspruchsvollen Anspruchsgruppen umgehen kann.

3. *Leistungen und Resultate*
Wirtschaftsunternehmen messen ihre Leistungen an der Erfolgsrechnung: Stimmen die Zahlen, stimmen auch die Leistungen. NPO und PO müssen zuerst definieren, worin ihre Leistungen genau bestehen und wie messbar sie sind. Hohe «Umsätze» sagen unter Umständen nichts aus über ihre Leistung, höchstens über die geleistete Arbeitsmenge. Leistungen von vielen NPO und PO, z. B. Feuerwehr, werden aufgrund äußerer Notwendigkeiten erbracht. Sie sind erst das Resultat von Marketingbemühungen, wenn zwei NPO als Konkurrenten in einem Markt agieren, z. B. private Pflegedienste oder Spitäler. Im Unterschied zu Wirtschaftsunternehmen werden NPO und PO oft nicht oder nur teilweise direkt vom Kunden für ihre Leistungen bezahlt, sondern stellvertretend von einem Auftraggeber (Politik, Staat, Kirche etc.). Wenn ein Wirtschaftsunternehmen schlecht arbeitet, verliert es sein Geld, wenn eine NPO oder PO schlecht arbeitet, verliert sie das Geld von andern.

NPO und im Zuge von New Public Management auch PO müssen Rechenschaft ablegen, dass sie das Geld dort investiert haben, wo Leistungen erbracht wurden und wo die Resultate sind. Deshalb brauchen auch NPO und PO Strategien, wie sie ihre Mission in Leistungen umwandeln, Leistungen, die kundenorientiert konzipiert und angeboten werden. Im Rahmen von New Public Management wird Kundenorientierung gefordert, wobei sich gleich die Frage stellt, was das bei «Zwangsbezügern» von Leistungen bedeutet. Kundenorientierung wird definiert als die Fähigkeit, alle angebotenen Dienstleistungen aus der Perspektive des Leistungsempfängers zu betrachten und zu beurteilen. Strategien sind für NPO nicht zuletzt auch notwendig, um Fundraising aufzubauen, denn auch Sponsoren sind eine spezielle Kundengruppe, die für ihr Geld eine (indirekte) Leistung bekommt.

Es ist für NPO und PO manchmal schwierig zu sagen, worin genau die Resultate ihrer Tätigkeit sichtbar werden und wie sie messbar sind. Der Wert ist oft intangibel, z. B. Qualität, aber auch Qualität ist quantifizierbar als ein bestimmtes Verhältnis zwischen Ressourceneinsatz und Ergebnissen, wobei

aber die Ergebnisse der Leistungen von NPO und PO oft erst langfristig erkennbar sind. Entscheidend ist zu wissen, dass die Resultate von NPO und
PO immer außerhalb der Organisation zu suchen sind, nicht in der Organisation selber.

Die Forderung, effizientere kostengünstigere Leistungen mit hoher Qualität
zu erbringen, gilt für NPO und PO wie auch für gewinnorientierte Wirtschaftsunternehmen, und die Unterstützung aller dazugehörigen Prozesse ist
eine der Hauptaufgaben des Wissensmanagements: Verbesserung der Daten-
verfügbarkeit, Optimierung der Informationsverarbeitung, Schaffung von
Kommunikationsmöglichkeiten, Förderung des informellen Lernens am Arbeitsplatz usw. Hier gibt es keine Unterschiede zwischen NPO, PO und
Wirtschaftsunternehmen, höchstens inhaltlich andere Maßnahmen. Die bereits erwähnte Maßnahme des Lernens durch Job-Rotation[5] kann für eine
NPO oder PO auch heißen, die Rolle des Kunden resp. Leistungsempfängers zu übernehmen, um die eigene Organisation und ihre Leistungen von
außen zu erleben und Verbesserungspotenzial zu sehen. So könnte zum Beispiel ein Arzt mal als Patient in seinem Spital liegen, oder der Spitalbuchhal-
ter eine Woche als Pflegehilfe arbeiten.

4. *Finanzierungsquellen*

Die Art der Geldquelle ist der größte Unterschied zu Wirtschaftsunternehmen, die die notwendigen Finanzmittel grundsätzlich durch den Verkauf ihrer Produkte generieren. NPO und PO erwirtschaften nur einen Teil ihrer
Gelder durch direkte Kundenzahlungen resp. durch Mitgliederbeiträge, für
den größeren Teil der Mittel müssen sie Geldgeber finden, die ihnen entweder einen Leistungsauftrag geben und sie dafür bezahlen (Geld gegen stellvertretende Leistungen) oder die an der «guten Sache» partizipieren wollen
und Geld spenden, aber in der Regel nicht Direktbegünstigte sind (Geld gegen Image). Die Beschaffung der Finanzen ist für NPO meist ein Dauerpro-
blem und kann zur Hauptbeschäftigung werden, so dass die Gefahr besteht,
dass NPO dies mit ihren eigentlichen Zielen (Mission) verwechseln. Während ein Wirtschaftsunternehmen sein eigenes Geld verdient, verwaltet eine
NPO treuhänderisch «fremdes» Geld, deshalb ist eine transparente Rech-
nungsführung die Grundlage für das Vertrauen der Geldgeber.

---

5   Vgl. Kap. 5.1.3.

Für das Wissensmanagement hat dies insofern Konsequenzen, als eine NPO oder PO gegenüber ihren Geldgebern noch sorgfältiger Rechenschaft ablegen muss, wie effizient sie die Ressourcen für die Erbringung der Leistungen eingesetzt hat und wo allenfalls Verbesserungspotenzial liegt. Werden darauf entsprechende Maßnahmen in die Wege geleitet, handelt es sich meist um Optimierungen beim Umgang der NPO mit ihrem Wissen, d. h. um Wissensmanagement-Maßnahmen.

5. *Mitarbeitende als Ressourcen*

Mitarbeitende sind aus Sicht Wissensmanagement für alle Organisationen die wertvollste Ressource. Für NPO, die auf viel Freiwilligenarbeit basieren, sind sie es jedoch direkt als wirtschaftliche Ressource: Die Leistungen könnten gar nicht erbracht werden, wenn diese Personen nicht freiwillig und gratis oder für eine symbolische Entschädigung arbeiten würden. Freiwillige sind eine ganz andere Mitarbeiterkategorie als Angestellte, und der Umgang mit ihnen verlangt von einer NPO viel Fingerspitzengefühl und wiederum spezielle Leadership-Kompetenzen. Werden Freiwillige enttäuscht oder kommen sie nicht mehr auf ihre Rechnung, hören sie einfach auf, was für eine NPO existenzbedrohend sein kann. Im Umgang mit freiwilligen Mitarbeitenden sind zwei Dinge entscheidend: Erstens sind sie ausschließlich intrinsisch motiviert[6] (die Mitarbeit an der «guten Sache» gibt ein gutes Gefühl) und der Pflege ihrer Motivation muss daher große Beachtung geschenkt werden. Die Leistungen der ganzen NPO sind gut, wenn die einzelnen Freiwilligen Leistungen erbringen können, an denen sie wachsen, die sie befriedigen und erfüllen, was auch ihre intrinsische Motivation erhält. Zweitens dürfen ihre Arbeitsressourcen nicht vergeudet werden, nur weil sie «gratis» arbeiten. Obwohl es überall viel zu tun gäbe, muss eine NPO ihren Effort und den Einsatz ihrer Leute auf jene Bereiche konzentrieren, wo Resultate möglich sind.

Jede Organisation beeinflusst immer ihre Mitarbeitenden, entweder sie fördert sie oder sie behindert sie, sie formt oder sie deformiert sie. NPO und PO sind aufgrund der notwendigen Freiwilligenarbeit wichtige Ausbildungs- und Trainingsorganisationen für informelles Lernen geworden, ein Praktikum ist nichts anderes als Lernen durch Anwenden. Eine der Stärken der

---

6   Die Motivationsformen werden in Kap. 7.1.2 und 7.1.4 erläutert.

Freiwilligenarbeit ist, dass die Leute nicht arbeiten, um ihren Lebensunterhalt zu verdienen, sondern um der guten Sache willen und um etwas zu lernen. Wenn eine NPO sich fragt, was sie tun muss, damit ihre Freiwilligen durch ihre Tätigkeit für die NPO ihren Horizont erweitern oder ihre Fähigkeiten verbessern, weil das für ihre Motivation und Arbeitsleistung ausschlaggebend ist, dann verfügt diese NPO bereits über die Voraussetzungen für eine lernende Organisation. Dann werden die Freiwilligen logischerweise auch dort eingesetzt, wo sie ihre Stärken haben, und nicht dort, wo sie ihre Schwächen haben. Dies entspricht dem informellen Lernen und der Philosophie von erwachsenengerechtem Lernen.

Non-Profit- und Public-Organisationen unterscheiden sich von gewinnorientierten Wirtschaftsunternehmen grundsätzlich durch fünf Eigenheiten: 1. ihre spezielle Handelslegitimation (Leistungsauftrag, Dienst an der guten Sache), 2. viele und heterogene Anspruchsgruppen («Zwangsbezüger-Kunden», Gönner, Sponsoren, Öffentlichkeit als Steuerzahlende), 3. die schwierige Messbarkeit der Leistungen und Resultate (oft erst langfristige Wirkung), 4. stellvertretende Finanzierung (Leistungen werden nur teilweise von Bezügern finanziert) und 5. herausfordernde Mitarbeiterzusammensetzung (Freiwilligenarbeit). Alle diese Charakteristika beeinflussen auch den Umgang der NPO und PO mit ihrem Wissen und geben dem Wissensmanagement in diesen Organisationen spezifische Schwerpunkte wie z. B. Entwicklung spezieller Kompetenzen für das Beziehungsmanagement oder Nutzung des informellen Lernens der freiwilligen Mitarbeitenden.

6.2 Marktorientierte und ressourcenorientierte Strategie

Die Kernfrage für gewinnorientierte und damit marktabhängige Wirtschaftsunternehmen lautet: Warum sind einige Unternehmen erfolgreicher als wir? Wie ist es trotz verschärftem Wettbewerb möglich, einen nachhaltigen, überdurchschnittlichen Unternehmenserfolg zu erzielen? Auf die Frage nach der richtigen Strategie bietet die moderne Strategielehre zwei Modelle an: den marktorientierten Ansatz (market-based view) und den ressourcenorientierten Ansatz (resource-based view).

Der *marktorientierte Ansatz*[7] konzentriert sich vor allem auf die Branche resp. den Markt, in dem ein Unternehmen tätig ist. Diese sogenannte Outside-in-Perspektive geht davon aus, dass die Erfolgsfaktoren aus den Anforderungen des Marktes abgeleitet werden, d. h., erfolgreich ist, wer die Bedürfnisse des Marktes besser kennt und befriedigen kann als die andern Wettbewerber. Folglich stellen sich dem Management zwei Hauptaufgaben: profitable Branchen finden und sich dort in eine Pole-Position bringen. Dazu bieten sich drei Strategien an, die vor allem die Unvollkommenheiten des Produktmarktes ausnutzen:

- Differenzierung (z. B. vielfältiges Produkteprogramm)
- Kostenführerschaft (große Produktion und damit am günstigsten)
- Nischenpolitik (Spezialprodukte ohne Mitbewerber)

Die Verschärfung der Wettbewerbssituation und die Entwicklung zur Wissensgesellschaft haben dazu geführt, dass eine rein marktorientierte Strategie heute nicht mehr ausreicht, um sich nachhaltige Wettbewerbsvorteile zu verschaffen. Der Fokus richtete sich in der Folge auf die internen Voraussetzungen für eine Marktleaderschaft: auf die eigenen Ressourcen und Fähigkeiten.

Der *ressourcenorientierte Ansatz* geht deshalb davon aus, dass unter solchen Marktbedingungen dasjenige Unternehmen erfolgreich ist, das rechtzeitig für den Aufbau wichtiger Kompetenzen gesorgt hat und über einzigartige Ressourcen verfügt (Inside-out-Perspektive). Die entscheidende Ressource ist heute nicht mehr Boden, körperliche Arbeit und Realkapital, sondern Wissen und Kompetenzen. Diese Ressource ist bekanntlich aber schwer greifbar, weil sie implizit in den Köpfen der Mitarbeitenden steckt. «Humankapital» ist deshalb nicht so einfach handhab- und handelbar wie die alten Ressourcen, sondern muss vom Unternehmen in internen Innovations- und Lernprozessen selbst entwickelt werden. Somit beantwortet der ressourcenorientierte Ansatz als Ergänzung zum marktorientierten Ansatz nun die Frage, welche Voraussetzungen innerhalb des Unternehmens gegeben sein müssen, damit es sich auf dem Produktmarkt erfolgreich positionieren kann. Zusammengefasst lässt sich also sagen, dass beide Strategien einander bedingen und ergänzen. Dieser Zusammen-

---

7   Das Konzept der market-based view basiert vor allem auf den Arbeiten von Porter, M. E. (1980): *Competitive Strategy: Techniques for Analyzing Industries and Competitors;* deutsch (1995): *Wettbewerbsstrategie.*

hang zwischen Ressourcen, Kompetenzen und Wettbewerbsvorteilen ist auch für Non-Profit- und Public-Organisationen relevant.

> **Die marktorientierte Strategie geht davon aus, dass die Branchenstruktur (neue Konkurrenten, neue Produkte) und das richtige Verhalten des Unternehmens (Verhandlungen mit Lieferanten und Abnehmern) seine Wettbewerbsvorteile bestimmen (Outside-in-Perspektive). Die ressourcenorientierte Strategie hingegen geht davon aus, dass die Wettbewerbsvorteile mit einmaligen Ressourcen und dem Aufbau von Kernkompetenzen erreicht werden (Inside-out-Perspektive).**

6.2.1 Markt oder Ressourcen für den Non-Profit und Public Sector?

Der Non-Profit- und öffentliche Bereich war bisher aufgrund der spezifischen Situation der Handelslegitimation weder markt- noch eigentlich ressourcenorientiert. Das New-Public-Management-Postulat, Wettbewerb und Marktmechanismen in die öffentliche Verwaltung einzuführen, basiert auf der Annahme, dass der Markt besser in der Lage sei, eine effizientere und effektivere Leistungserstellung durch den Staat zu bewirken. New Public Management geht davon aus, dass mit mehr Marktorientierung die Produktivität und Flexibilität der staatlichen Leistungserstellung sowie die Transparenz und die Kontrollmechanismen verbessert werden können. Das wichtigste Instrument dazu ist der Wettbewerb, vor allem in Form von Benchmarking: Die Leistungen in Relation zu den Kosten der verschiedenen Anbieter werden miteinander verglichen. Daraus wird ein Durchschnitts-Benchmark erstellt, den die Leistungsanbieter kurz- oder mittelfristig erreichen müssen. Benchmarking soll aus Sicht des Leistungsfinanzierers (Staat, d. h. Steuerzahlende) als Anreizsystem dienen, die Leistungserbringer (öffentliche Organisationen, Verwaltungen, NPO) zu kostengünstigerer Leistungserstellung zu bringen, wobei aber die gegenseitigen Abhängigkeiten zwischen Kosten, Leistung und Qualität notwendigerweise thematisiert werden müssen: Kostensenkung → Leistungsabbau → Qualitätsverlust.

Falls mit Anwendung von Marktmechanismen in der öffentlichen Verwaltung allein die Einführung des marktorientierten Ansatzes gemeint ist, wäre dies aus Sicht Wissensmanagement für Non-Profit- und Public-Organisationen die unpassende Strategie. Denn der gewünschte Effekt – verbesserte Produktivität,

Flexibilität, Transparenz und Kontrolle der staatlichen Leistungserstellung – kann aufgrund der besonderen Handlungslegitimation (Leistungsauftrag) der öffentlichen und der mandatierten Non-Profit-Organisationen nur nachhaltig erzielt werden, wenn auch und vor allem eine ressourcenorientierte Strategie verfolgt wird.

Das Ziel oder die «Mission» von öffentlichen und nichtkommerziellen Organisationen ist nicht Markterfolg oder Marktleaderschaft, sondern die *Excellence* einer Leistungserstellung für die Öffentlichkeit im Rahmen eines Leistungsauftrags. Das Ziel des gewinnorientierten Handelns ist, am Markt erfolgreich zu sein. Auf den nichtgewinnorientierten Bereich übertragen lautet das analoge Ziel, exzellente Qualität der Dienstleistung zu bieten. Denn die ausschlaggebende Rolle im Hinblick auf eine optimale Leistungserstellung spielen nicht Marktmechanismen in Form von Konkurrenz, sondern die Bedürfnisse der BürgerInnen als Dienstleistungsempfangende, wenn diese als Kunden und nicht mehr als Zwangsabnehmer wahrgenommen werden – hier liegt der entscheidende Paradigmenwechsel.

So wie für kommerzielle Unternehmen *der Markt und seine Mechanismen* Maßstab aller Dinge ist, so ist für NPO und PO *die Öffentlichkeit (Gesellschaft) und ihre Bedürfnisse* der Fokus des ganzen Handelns. So wie der Zweck von Wissensmanagement in Wirtschaftsunternehmen darin besteht, die Erfolgschancen des Unternehmens auf dem Markt zu erhöhen, so besteht das Ziel von Wissensmanagement in Non-Profit- und Public-Organisationen darin, die Qualität der Leistungen für die Öffentlichkeit zu optimieren. Die Logik des wirtschaftlichen Handelns ist grundsätzlich extrinsisch motiviert: Markterfolg ist ein äußerer, materieller und direkt messbarer Anreiz für das Handeln. Im Gegensatz dazu ist die Logik des Non-Profit- und öffentlichen Handelns grundsätzlich intrinsisch motiviert: Nachhaltige Leistungsqualität wird nur mit innerer Motivation und aus Überzeugung angestrebt.

Aus Sicht des Wissensmanagements ist deshalb eine eingehendere Beschäftigung mit dem hier verwendeten Konzept «Öffentlichkeit» wichtig. Die Problematik besteht darin, dass die Öffentlichkeit sowohl Auftraggeberin, Leistungsfinanziererin, Kundin, Zielgruppe wie auch Zwangsabnehmerin der Dienstleistung ist. Der Begriff «Kunde» ist im öffentlichen Bereich deshalb nicht identisch mit dem kommerziellen Kundenverständnis, sondern eine Metapher für die Orientierung der Verwaltung an den Bedürfnissen ihrer Anspruchsgruppen. Die Widersprüchlichkeit des Kundenbegriffs im Public Sector besteht wie erwähnt darin, dass die Kunden der öffentlichen Leistungen diese oft nicht «freiwillig einkaufen», sondern beziehen müssen, z. B. in all den Fällen, wo es um rechtliche Verfahren und Abläufe geht.[8] Charakteristisch für NPO und PO ist aufgrund der speziellen Finanzierungssituation die notwendige funktionale Unterteilung der Anspruchsgruppen in *Auftraggeber* (Öffentlichkeit als Bürger, Steuerzahlende) und in *Leistungsabnehmer* (Öffentlichkeit als Kunden, Klienten, Zielgruppen), obwohl dies konkret die gleichen Individuen sein können. Typisch für das tägliche operative Handeln von NPO und PO ist deshalb der Spagat zwischen der Verpflichtung gegenüber dem Auftraggeber und der Orientierung an Kundenbedürfnissen.[9]

Warum die ressourcenorientierte Strategie im Non-Profit und Public Sector ein stärkeres Gewicht als die Marktorientierung haben muss, hat noch einen weiteren wichtigen Grund: Die mandatierten und öffentlichen Organisationen waren und sind für die Erstellung ihrer Leistungen praktisch ausschließlich von der Ressource Wissen abhängig, und zwar von gespeichertem explizitem Wissen in Form von Gesetzen, Verordnungen, Weisungen etc. und von implizitem Wissen in den Köpfen der Mitarbeitenden und in Verwaltungsprozessen, Abläufen und Verfahren. Dies war schon immer so, auch vor der Entwicklung der Wissensgesellschaft. Die allgemeine Entwicklung in Richtung Wissensgesellschaft verstärkt nun aber gerade bei den NPO und PO die Ressourcenabhängigkeit: Auch ihre Dienstleistungen werden im Umfeld der informationstechnologisch geprägten Wissensgesellschaft immer wissensintensiver und vernetzter. Und auch hier arbeiten immer mehr Wissensarbeitende. Diese Tatsache zwingt NPO und den öffentlichen Bereich dazu – und zwar unabhängig von New-Public-Management-Reformen –, sehr viele Prozesse und Abläufe zu reorganisieren und Informationstechnologie einzusetzen, weil die Abhängigkeiten und Schnittstellen immer komplexer werden und der Leistungsauftrag mit den alten Strukturen teilweise gar nicht mehr erfüllt werden kann.

---

8 «Die Einführung der Kundensicht soll dabei weder in Frage stellen, dass nach wie vor Gesetze und Verfahren einzuhalten sind und auch unbequeme Entscheide durchgesetzt werden müssen, noch soll es den Kunden bzw. die Kundin eindimensional zum alleinigen Maß der Dinge machen. Vielmehr soll und kann der Kunde bzw. die Kundin *zur Überprüfung der Dienstleistungspalette* und der *Qualität der angebotenen Leistung* genutzt werden.» Schedler/Proeller 2000:56 (Hervorhebung im Original).

9 Im Idealfall sieht dies so aus: «Die Bürgerinnen und Bürger bestimmen dabei über den Grundsatz, dass sich der Staat in einem bestimmten Bereich betätigt, sowie über das Ausmaß und die Wirkungen dieser Betätigung. Sie legen gleichsam fest, wer Kunde bzw. Kundin sein darf und welche Leistungen er bzw. sie beanspruchen kann. Die Kundinnen und Kunden nehmen hingegen Einfluss auf die konkrete Ausgestaltung der Betätigung, d. h. die Produkte.» Ebd.:58 f.

So wie für kommerzielle Unternehmen der Markt und seine Mechanismen ausschlaggebend sind, sind es für NPO und PO die Öffentlichkeit (Gesellschaft) und ihre Bedürfnisse. Die Tätigkeiten von NPO und PO beruhen ausgeprägt auf dem Erfahrungswissen und den Kompetenzen der Mitarbeitenden. Mittel- und langfristig kann deshalb nur eine ressourcenorientierte Strategie die Qualität der Leistungen garantieren.

6.2.2 Wissensmanagementziele im Non-Profit und Public Sector

Da Wissensmanagementziele die «Geschäftsziele» unterstützen sollen, müssen im Non-Profit und Public Sector also Wissensmanagementkonzepte entwickelt werden, deren Maßnahmen die Qualität der Leistungen für die Öffentlichkeit optimieren, d. h. die Effizienz und Effektivität der Leistungserstellung erhöhen und die Flexibilität, Produktivität und Transparenz verbessern. Da es um die Qualität von Dienstleistungen geht, steht im Zentrum folglich die Frage, welche Rolle der Umgang der Mitarbeitenden mit Wissen (und mit welchem Wissen) bei der Erstellung der öffentlichen Leistungen spielt, differenziert nach Art der Leistung. In den meisten Fällen wird eine *Personifizierungsstrategie* im Vordergrund stehen, da bei der Tätigkeit von NPO durch die starke Praxisausrichtung bei den Mitarbeitenden sehr viel praktisches Anwendungswissen anfällt, das unter allen Mitarbeitenden, vor allem bei viel Freiwilligenarbeit, in Zirkulation kommen muss. Gleichzeitig ist gerade bei NPO, wo viel Arbeit «im Feld» ausgeführt wird und die traditionell weniger stark informatisiert sind, auch eine maßvolle Kodifizierungsstrategie zu wählen, um mindestens den Transfer von explizierbarem Wissen zwischen Mitarbeitenden, die sich selten sehen, zu ermöglichen.

Was die Wissensgesellschaft nun auch von NPO und öffentlichen Organisationen fordert, ist ein Umdenken oder eine völlig neue Wahrnehmung der großen Wichtigkeit der Ressource Wissen bei allen Abläufen der öffentlichen Leistungserstellung. Die Leistungserstellung ist heute in immer komplexere Vernetzungen und Abhängigkeiten eingebunden und kann nur noch effizient erbracht werden, wenn beim Umgang mit der Ressource Wissen angesetzt wird. Organisationen im Non-Profit und öffentlichen Bereich können jedoch unterschiedliche «Geschäftsziele» haben, je nach Zielgruppe und Art der Leistung. Bewegt sich eine Non-Profit-Organisation als *Anbieterin auf einem freien Markt* – dies ist immer der Fall, wenn die Leistungsfinanzierung von der Nachfrage nach ihren Angeboten abhängig ist –, dann sind ihre Position und damit auch ihre Wissensmanagementziele vergleichbar mit einem Wirtschaftsunternehmen (starke Marktorientierung und -abhängigkeit). Ist die NPO eine *Monopol-Anbieterin ohne Konkurrenz auf einem freien Markt*, werden die Wissensmanagementziele sicher weniger auf die Stärkung der Marktposition ausgerichtet sein als auf die Verbesserung der Qualität bei Abläufen und Prozessen, z. B. mehr Effizienz und Transparenz.

Eine öffentliche Organisation (öffentliche Hand, Verwaltung, Behörden) hingegen operiert häufig nicht auf dem freien Markt, weil sie viele Leistungen erbringt, für die es gar keinen Markt gibt. Es sind dies in der Regel Leistungen, aus denen sich kein finanzieller Profit schlagen lässt, beispielsweise im Sozialbereich. Die PO sind also häufig zwangsläufig Monopol-Anbieterinnen von Informationen, Dienstleistungen, Beratungsangeboten usw. Dort, wo eine PO aber Leistungen erbringt, für die ein Markt besteht, d. h. wo auch privatwirtschaftliche Unternehmen Dienstleistungen anbieten, weil diese gewinnbringend sein können, steht die öffentliche Organisation heute oft unter dem Druck der Privatisierung dieser Dienstleistung. Der dadurch geforderte Nachweis der Konkurrenzfähigkeit eines öffentlichen Bereichs wirkt sich aus Sicht des Wissensmanagements unter Umständen aber hinderlich auf die gewünschte Transparenz und Ressourcenorientierung aus.

Im Zuge von New-Public-Management-Initiativen sind viele Verwaltungsabteilungen in «Profitcenter» umgewandelt worden, mit der Absicht, dadurch die Effizienz der Leistungserstellung zu erhöhen. Wettbewerb innerhalb der Organisation in Form von «Profitcentern» kann kurzfristig sicher als extrinsischer Anreiz anspornend wirken, langfristig jedoch blockiert das damit verbundene Konkurrenzdenken die Lernfähigkeit der ganzen Organisation. Auch für öffentliche Monopolanbieter bleibt die Forderung nach exzellenter Qualität der Leistungen. Dies funktioniert langfristig und nachhaltig nur, wenn die Mitarbeitenden intrinsisch motiviert bleiben und von «der guten Sache» überzeugt sind. Die Logik des ökonomischen Funktionierens basiert auf Gewinn und materiellen Anreizen, die Logik des Funktionierens von NPO und PO gründet auf Commitment und «Arbeiten im Dienst der guten Sache». Eine falsch verstandene und falsch eingeführte Ökonomisierung im Non-Profit und Public Sector hat deshalb aus Sicht Wissensmanagement kontraproduktive Auswirkungen: Das ökonomische extrinsische Anreizsystem wird auch den NPO und PO übergestülpt – mit der Folge, dass damit die intrinsische Motivation zerstört wird.

Wissensmanagementziele im Non-Profit und Public Sector müssen deshalb als Grundstrategie die Erhaltung und Förderung der intrinsischen Motivation der Mitarbeitenden beinhalten.[10]

> Der Zweck von Wissensmanagement in Non-Profit- und Public-Organisationen besteht darin, die Qualität der Leistungen für die Öffentlichkeit zu optimieren. Marktorientierung darf nicht missverstanden werden als Überstülpen der ökonomischen Logik mit ihrem extrinsischen Anreizsystem auf die NPO- und PO-Kultur mit ihrer intrinsischen Motivationsbasis, die dadurch zerstört wird. Wissensmanagementziele bei NPO und PO müssen deshalb immer die intrinsische Motivation der Mitarbeitenden unterstützen.

6.3 Prozessmanagement, Qualitätsmanagement und Wissensmanagement

Welche Organisationsstrukturen fördern den Aufbau von Ressourcen und unterstützen die Motivation der Mitarbeitenden? Antworten liefern zwei Managementkonzepte: Prozessmanagement und Qualitätsmanagement, die beide starke Überschneidungen mit Wissensmanagement aufweisen, so dass allfällige laufende Umsetzungsprojekte in jenen Bereichen sinnvollerweise gleich mit der Wissensthematik verbunden werden, um wertvolle Synergien zu schaffen. Ob eine Maßnahme wie zum Beispiel After Action Review (Manöverkritik), bei der Teammitglieder nach Erledigung einer Aufgabe selbstkritisch den Ablauf beurteilen, als Qualitätsmanagement- oder als Wissensmanagement-Maßnahme betrachtet wird, ist letztlich unwichtig. Das Ziel der Wissensmanagement-Maßnahmen ist ohnehin immer eine Qualitätsverbesserung, vor allem der Wissensprozesse.

Prozesse sind der Zugang zum organisationalen Wissen, deshalb sind Prozessmanagement und Wissensmanagement eng verknüpft.[11] Beim *Prozess-*

---

10 Auf der Wissensmanagementplattform «community-of-knowledge» gibt es eine Reihe von Kurzartikeln, die sich mit verschiedenen Wissensmanagementfragen und -anwendungen im öffentlichen Sektor beschäftigen http://www.c-o-k.de/cp_artikel.htm?artikel_id=188 siehe rechte Spalte: Artikelliste und Schlagwörter (30.12.06).

11 Vgl. dazu insbesondere Osterloh/Wübker, auch Abecker/Hinkelmann/Maus (technologieorientiert).

management geht es darum, in hierarchischen und funktional strukturierten Organisationen die horizontalen Prozesse sichtbar zu machen und auch zu stärken. Eine wichtige Geschäftstätigkeit, z. B. die Auftragsabwicklung in einem Wirtschaftsunternehmen oder die Bearbeitung von Anträgen für Sozialhilfe in der Verwaltung, wird nicht mehr nur einer Abteilung zugeordnet, sondern als Ablaufprozess verstanden, der verschiedene funktionale Bereiche wie Produktion, Marketing, Verkauf, Rechnungswesen, Logistik oder Sozialamt, Rechtsabteilung, Finanzamt, politisches Gremium, Auszahlungsstelle miteinander verbindet. Die Darstellung als Ablaufprozess quer durch Abteilungen hindurch zeigt auf, wo heikle Schnittstellen sind, wo koordiniert werden muss, wo Arbeiten besser verteilt werden können und wo Verantwortung nach unten delegiert werden kann.

Die Einführung von Prozessmanagement vermindert bei Entscheidungen die Bedeutung von hierarchischen Positionen und erhöht die Wichtigkeit von prozessbezogenem Wissen. Durch mehr Verantwortung, größeren Handlungsspielraum und das Ansehen, das ihnen die prozessbezogene Kompetenz gibt, *steigt die intrinsische Motivation* der Mitarbeitenden. Betrachtet man nicht mehr Einzeltätigkeiten, sondern den ganzen Ablauf als Verkettung von funktional getrennten, aber prozessual zusammengehörigen Aufgaben, dann ist es auch möglich, das *organisationale Wissen*, das für die Abwicklung des Gesamtprozesses notwendig ist, *sichtbar zu machen*.

Eine prozessorientierte Organisationsform ist also die Voraussetzung für Wissensmanagement: Erst wenn Tätigkeiten als Elemente eines zusammenhängenden Prozesses erkannt und gewertet werden, bekommt das für die Ausübung der Tätigkeit notwendige Wissen den richtigen Stellenwert. Erst mit dieser Perspektive werden die Tätigkeiten auch als *Wissensprozesse* verstanden, was wiederum die Voraussetzung dafür ist, dass die richtigen Wissensmanagement-Maßnahmen getroffen werden, um die Abläufe wissensmäßig zu optimieren. Und zwar einerseits überall dort, wo Mitarbeitende im Prozess kommunizieren müssen, und andrerseits durch das Organisieren der richtigen Informationen zur richtigen Zeit im Arbeitsschritt.

Im Prozessmanagement, auch Business Process Reengineering genannt, geht es also in erster Linie darum, das Funktionieren einer Organisation nicht mehr vertikal entlang von Hierarchien zu definieren, sondern horizontal entlang von Ablaufprozessen, mit dem Ziel, das ganze Handeln der Organisation transparenter, effizienter und kundenorientierter zu gestalten. Dazu gehört das Erfassen von bestehenden Prozessen und daraus das Planen und Modellieren von optimierten Prozessen, vor allem anhand von verschiedenen Kennzahlen wie Durchlaufzeiten oder Kommunikationszeit, dann das effektive Umgestalten und Durchführen der Tätigkeiten gemäß den Prozessen und schließlich das Überwachen resp. Controlling der Prozesse.

Wissensmanagement bildet mit dem Nachweis der Wichtigkeit von Wissen in Arbeitsschritten auch ein gewisses qualitatives Gegengewicht zu einem stark «technokratischen», nur auf Lean Production und Kennzahlen ausgerichteten Prozessmanagement. Wenn das Wissensmanagement auf die Prozesse fokussiert, ist es auch möglich, zwischen managementgesteuerten Top-down-Konzepten und nur mitarbeiterorientierten Bottom-up-Konzepten zu vermitteln. Von der Organisation her betrachtet, sind Prozesse die Schnittstelle zwischen Organisationszielen (Aufgaben) und Wissen der Mitarbeitenden.

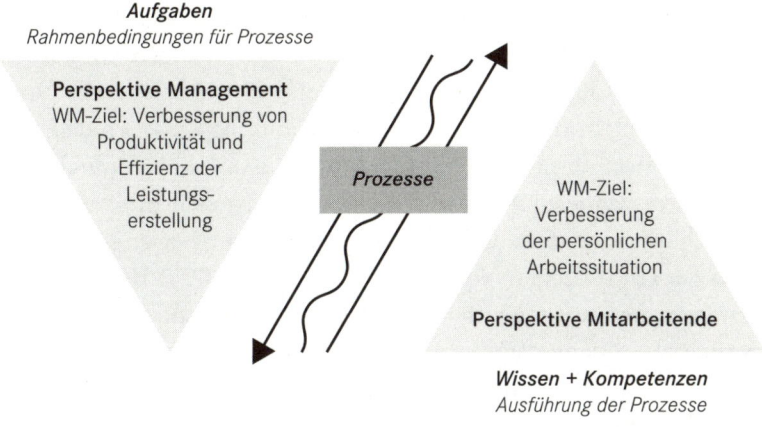

Abb. 13 Prozesse als Schnittstelle zwischen Aufgaben und Wissen

Der Prozess definiert die Anforderungen an die Nutzung des Wissens. Prozesse sind dieser virtuelle Ort, *where skills meet the task*, d. h., wo das wichtige Erfahrungs- und Anwendungswissen, nämlich Know-how, entsteht. Die Mitarbeitenden liefern den notwendigen Wissensinput, d. h., sie wenden ihr Wissen an oder entwickeln neues Wissen, damit sie ihre Aufgaben in den verschiedenen Prozessschritten erledigen können. Dieses wertvolle Wissen steckt als implizites Wissen in den Köpfen der Mitarbeitenden und wird erst als Kompetenz sichtbar, wenn eine Nachfrage besteht: *Ich weiß nur, was ich weiß, wenn ich es wissen muss.* Man kann deshalb einen *Prozess als eine potenzielle Wissensnachfrage-Struktur* verstehen, die man als solche auch beschreiben kann. Das implizite Wissen als Know-how in den Köpfen der Mitarbeitenden ist dem Prozess als implizites organisationales Wissen eingeschrieben, und zwar sichtbar im Ablaufmuster des Prozesses. Es ist gewissermaßen in der Art der Prozessgestaltung materialisiert.

Die Verbesserung der Qualität ist im Prozessmanagement nur impliziter Bestandteil. Wird das Prozessdenken aber konsequent angewendet, wird die Qualität zum prioritären Kriterium für erfolgreiche Prozessabläufe. Qualitätskontrolle und Qualitätsüberprüfung waren natürlich in der industriellen Produktion immer schon wichtige Maßnahmen. Beim modernen *Qualitätsmanagement* geht es nun im umfassenden Sinn darum, die Qualität sowohl von Produkten und Dienstleistungen wie auch von allen internen Arbeitsprozessen sicherzustellen und zu optimieren.

Qualität wird dadurch definiert, welche Anforderungen an Produkte, Dienstleistungen oder Abläufe gestellt werden. Die Anforderungen können anhand von Kriterien formuliert oder implizit in Form von Erwartungen vorhanden sein. Die Bewertung von Qualität ist deshalb ein wichtiger Bestandteil des Qualitätsmanagements, sie misst den Grad an Übereinstimmung zwischen den Anforderungen und der Realisierung. Da Qualität virtuell ist und nur indirekt aus Kennzahlen abgeleitet werden kann, wird die Qualität sowohl mit Selbsteinschätzung wie auch mit Fremdevaluation und Benchmarking bewertet und zertifiziert, z. B. mit der europäischen Normenreihe EN ISO 9000[12]. Beim Aufbau eines Qualitätsmanagementsystems werden Prozesse erfasst, Rollen definiert – was bei Unterstützung mit einer Workflow-Applikation wichtig ist – und Hilfsmittel in Form von Ablaufdiagrammen und Checklisten erstellt. Dabei müssen auch die Anforderungen an das Wissen und die Kompetenzen der Prozessbeteiligten definiert werden, was die Analyse und Ermittlung der notwendigen Fähigkeiten verlangt: Kenntnisse, Fertigkeiten und Erfahrungswissen. Damit sind wir mitten in Wissensmanagement-Themen drin, und es ist offensichtlich, dass die Einführung eines Qualitätsmanagements immer mit Wissensmanagement gekoppelt werden sollte, da es für beide Seiten wertvolle Synergien gibt.

---

12 So beschreibt zum Beispiel die bekannte Norm EN IOS 9001 die Anforderungen an ein Qualitätsmanagementsystem in Form von verschiedenen Grundsätzen: Kundenorientierung, Verantwortlichkeit des Managements, Einbezug der Prozessbeteiligten, prozessorientiertes Denken, systemorientiertes Managementkonzept, kontinuierlicher Verbesserungszyklus, sachbezogene Entscheidungsfindung. Ausführlichere Informationen unter http://www.iso9001.qmb.info/ (30.12.06).

Vergleich	Prozessmanagement	Qualitätsmanagement	Wissensmanagement
Ziel	Horizontale Vernetzung funktionaler Organisationsbereiche entlang von Ablaufprozessen	Optimierung der Qualität von Produkten, Dienstleistungen und Arbeitsprozessen	Optimierung der Wissensprozesse (Wissensentwicklung, Wissenskommunikation, Wissenssicherung) in allen Arbeitsprozessen
Fokus	Effiziente Arbeitsabläufe und Transparenz durch informationelle Vernetzung	Umfassendes Qualitätsdenken bei den Mitarbeitenden	Bewusstsein der Organisation und der Mitarbeitenden für die vitale Relevanz der Wissensaspekte in allen Tätigkeiten
Verknüpfung	Bei der Optimierung und Modellierung von Prozessen müssen «technokratische» Kennzahlen wie Durchlaufzeiten und Kosten mit dem Qualitätsaspekt verknüpft werden.		
		Die Optimierung der Qualität bei Produkten und Dienstleistungen ist immer an das Wissen und die Kompetenzen der Mitarbeitenden geknüpft und an das Vorhandensein der für den Arbeitsschritt notwendigen Informationen.	
	Die Optimierung der Qualität von Produkten, Dienstleistungen und Arbeitsprozessen hängt von der Motivation der Mitarbeitenden und ihrer Kommunikation ab, wie sie ihr Wissen explizieren und entsprechend den Anforderungen der Aufgabe austauschen, sowie vom richtigen Informationsmanagement.		

Tab. 9 Vergleich Prozess-, Qualitäts- und Wissensmanagement

6.3.1 Routinen ermöglichen Wissensentwicklung

Kompetenzen entwickeln sich, wenn die Arbeitsprozesse in einer Tätigkeit so beschaffen sind, dass die Mitarbeitenden sie befriedigend erledigen können und gleichzeitig immer gefordert sind. Arbeitsprozesse sind eine Herausforderung, wenn Mitarbeitende ihre Kenntnisse und ihr Können in den konkreten Problemstellungen ihrer Arbeitstätigkeit immer wieder anwenden und üben können, so dass die daraus gewonnenen Erfahrungen in verbesserte Lösungen bzw. effizienteres Vorgehen einfließen. Das neue Wissen wird gesichert durch mehrmalige Wiederholungen, denn die Wiederholung einer einmal erfolgreichen Handlung festigt das Lösungsvorgehen, bis Prozesse als Routine erledigt werden können, worin sich dann letztlich die Kompetenz zeigt.

Sogenannte *Routinen* sind also nicht negativ zu verstehen. Es sind automatisierte Abläufe, die es einem System und den Menschen darin ermöglichen, gewisse Handlungen sehr effizient und bezüglich Energieaufwand ökonomisch auszuführen. Jedes System arbeitet aus ökonomischen Gründen mit *Redundanz*, was kein Widerspruch ist. Die Wiederholung von Abläufen oder Reaktionen ermöglicht deren Vorhersage und damit die Bildung von Erwartungen, die Ableitung von Regeln und somit reibungslosere Abläufe. Handlungen müssen nicht jedes Mal neu ausgedacht werden, sondern werden effizient als Routine erledigt. Routinen sind gewissermaßen die Voraussetzung für Innovativität, denn der routinierte Arbeitende spart so kreative Energie, die er für neue Problemlösungen einsetzen kann. Damit wird ein eigentlicher Kompetenzaufbau-Zyklus in Gang gesetzt: Neues Problemlösungswissen wird durch Wiederholung gefestigt, bis es routiniert angewendet wird. Dies setzt innovative Energie frei, mittels welcher neue und komplexere Problemlösungen angegangen werden können.[13]

In solchen Routinen steckt langjähriges Erfahrungswissen von vielen Mitarbeitenden über optimale Abläufe, sie bilden deshalb einen wertvollen Zugang zu organisationalem Handlungswissen (Know-how, Know-why, Know-what-to-do). Soll das implizite organisationale Wissen untersucht werden, muss also die Redundanz gefunden werden (was wird immer wie gemacht), damit die dahinter steckenden Regeln (warum wird es so gemacht) aufgedeckt werden können. Allerdings beinhalten Routinen gerade wegen ihrer ökonomischen Effizienz (Bequemlichkeit) auch die Gefahr, veränderungsresistent zu sein, wenn sich

---

13   Vgl. dazu die Wissensprozess-Spirale Kap. 6.4.

nach Double-Loop-Lernprozessen die Notwendigkeit zeigt, Abläufe grundlegend neu zu strukturieren.

Im Bereich der öffentlichen Leistungserstellung steckt sehr viel Wissen in Prozessen und Abläufen, mehr als in der Privatwirtschaft. Im Unterschied zu Arbeitsprozessen in Wirtschaftsunternehmen, in denen vor allem das implizite Wissen über das optimale Organisieren eines Arbeitsablaufs steckt, enthalten die Prozesse und Verfahren in öffentlichen Organisationen nicht nur implizites Wissen über Arbeitsabläufe, sondern sie repräsentieren zum Teil die öffentliche Leistung selber. Zum Beispiel besteht gerade im juristischen Bereich häufig die «Dienstleistung» im gesetzlich korrekten Verfahren selber. Das richtige Verfahren ist die Dienstleistung. Deshalb ist auch mehr von diesem Wissen explizit vorhanden in Form von Gesetzen, Verordnungen, Weisungen und Protokollen.

Ihr Wissensvorsprung über Verfahren und Abläufe gibt der Verwaltung Macht und wird von der Öffentlichkeit als Bürokratie erlebt. New-Public-Management-Reformen wie die wirkungsorientierte Verwaltungsführung basieren deshalb auf der Veränderung und Verbesserung von Prozessen und Abläufen, damit die gewünschte Wirkung (Output), z. B. bessere Kundenorientierung, erzielt werden kann. Was von außen gesehen oft als unnötig komplexes Verfahren erscheint, kann sich aus Sicht des Wissenstransfers als sinnvoller Ablauf entpuppen. Wissensmanagement im öffentlichen Bereich ist deshalb eng mit dem impliziten Wissen in Prozessen verbunden.

> **Routinen sind optimierte Abläufe, in denen das Handlungswissen der am Prozess beteiligten Personen verfestigt ist. Im routinierten Handeln wird die Kompetenz einer Person ersichtlich. Routinen sind ökonomisch und setzen Energie für neue Herausforderungen bei Problemlösungen frei.**

6.3.2 Prozesse als Kanalisierung von Wissensflüssen

Prozesse sind eigentlich Konstruktionen, ein abstraktes Muster von Abläufen, die aus Arbeitsschritten bestehen, die in einer bestimmten Zeit-, Kausal- und Zweckrelation zueinander stehen. Ein Prozess hat einen Anfang und ein Ende, er wird durch eine Anfangsaktivität oder ein auslösendes Ereignis und durch einen abschließenden Schritt mit dem erwünschten Resultat oder dem Erreichen eines Endzustands begrenzt. Prozesse sind ihrerseits über einzelne Arbeitsschritte und die beteiligten Personen immer mit andern Prozessen vernetzt. Prozesse kanalisieren also Wissensflüsse entlang von Tätigkeitsabläufen, die bezüglich Ziel, Zweck, Thema und Problemstellung miteinander verbunden sind. Das in diesen Arbeitsschritten entwickelte, aktivierte und ausgetauschte Wissen ist grundsätzlich kompatibel, kombinier- und austauschbar und in der Gruppe der Prozessbeteiligten weiterentwickelbar. Will man dem organisationalen Wissen auf die Spur kommen, ist es also sinnvoll, die Wissensflüsse im «Flussbett» eines Prozesses zu untersuchen.

Die Analyse der Wissensflüsse umfasst einerseits den Makrokontext des ganzen Prozesses als Abfolge von Tätigkeiten und Schnittstellen und andererseits den Mikrokontext der *Beeinflussungsfaktoren,* die auf eine Person im Prozess einwirken. Dazu ist ein ganzer Prozess inklusive aller Beteiligten und Schnittstellen aufzuzeichnen. Bei jeder beteiligten Person ist beispielsweise zu fragen:

- Welches eigene Wissen und welche Informationen aus welchen Quellen (Personen, Dokumente, Informationstechnologie) benötigt sie, um ihren Arbeitsschritt zu erledigen?
- Gibt es bei ihrem Arbeitsschritt Schnittstellen zu andern Prozessen?
- Ist sie an mehreren Prozessen beteiligt und gibt es Synergien bezüglich Wissensnutzung?
- In welcher Form gibt sie das Resultat ihres Arbeitsschrittes wem weiter?
- Was muss bei welchen Schritten wie dokumentiert werden?
- Wie wirken die Beeinflussungsfaktoren in Bezug auf diese konkrete Aufgabe?

Vor allem die Beeinflussfaktoren sind wichtig: Sie haben je nach Aufgabe, die zu erledigen ist, unterschiedliche Rangordnungen und können einander auch konkurrenzieren. Es gibt fünf grundsätzliche Beeinflussungsfaktoren, die bei einem Arbeitsschritt bestimmen, welche Wissensaspekte eine Person aktiviert und mit welcher *Motivation* sie eine Aufgabe erledigt:

- ihr Verhältnis zu ArbeitskollegInnen
- ihr Verständnis der Tätigkeit
- ihr Bild vom Arbeitgeber als Organisation
- ihr Interesse und ihre Einstellung gegenüber externen Partnern
- ihre Befindlichkeit als Privatperson

Wenn es in einem konkreten Arbeitsschritt darum geht, Wissen zu aktivieren oder neues Wissen zu entwickeln, spielen alle diese Faktoren eine mehr oder weniger grosse Rolle, sie können je nachdem positiv oder negativ wirken. Beispielsweise wird aus persönlichem Interesse an einer Problematik mehr als das notwendige Wissen generiert, oder aber Konflikte mit einem Arbeitskollegen behindern die Informationsbeschaffung, oder ein perfektionistisches Verständnis der Aufgabe führt zu übertriebenem Aufwand bei der Wissensweitergabe (Kontrollzwang). Hingegen kann die Identifikation mit den Interessen der Organisation bewirken, dass eine Person wichtige Informationen aus einem Prozess eigeninitiativ in andere Prozesse einbringt oder neues Wissen aus Kontakten mit externen Partnern intern überall dort einbringt, wo es nützen könnte. Wissensmanagement-Maßnahmen sollten deshalb bei diesen Beeinflussungsfaktoren ansetzen, um das jeweils erwünschte Verhalten zu fördern.

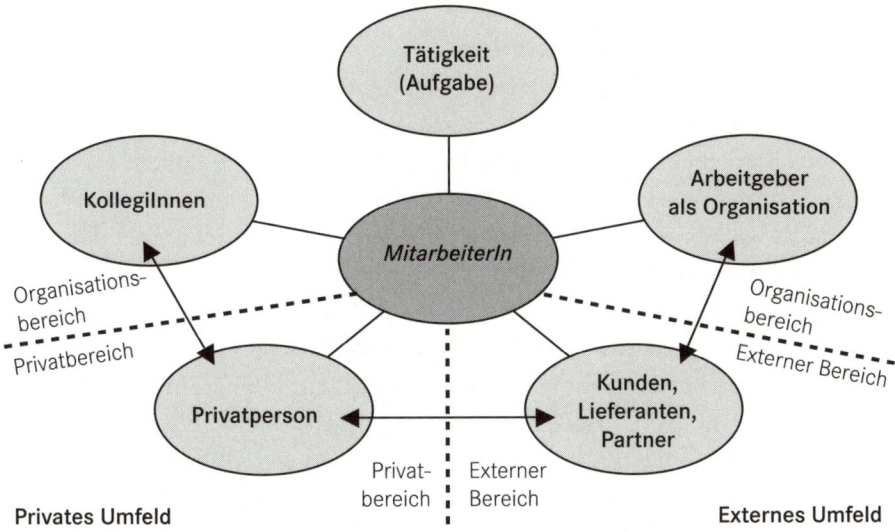

Abb. 14 Einflussfaktoren auf den individuellen Umgang mit Wissen

Für die Wissensflüsse wichtig sind auch die alten, erledigten Arbeitsabläufe in einem Prozess, die als Storys, Erfahrungen oder als Beispiele von erfolgreicher oder misslungener Lösungsfindung Teil der Wissensbasis des Prozesses sind, also eine Art «Prozess-Gedächtnis». Diese persönlichen und fachlichen Erfahrungen einer Person in einem Prozessablauf können mit Instrumenten wie Storytelling,

Lessons learned oder Festhalten von Best Practice, Jobrotation und Paten-
schaften (Mentorship) expliziert werden.

> **Prozesse sind Konstruktionen, ein abstraktes Muster von Tätigkeitsabläu-
> fen, die in einer bestimmten Zeit-, Kausal- und Zweckrelation zueinander
> stehen. Prozesse kanalisieren Wissensflüsse entlang der Tätigkeitsabläufe,
> die bezüglich Ziel, Zweck, Thema und Problemstellung miteinander ver-
> bunden sind. Wissensflüsse hängen auf der Mikroebene von Faktoren ab,
> die den individuellen Umgang einer Person mit Wissen im Prozess beein-
> flussen: Verhältnis zu ArbeitskollegInnen, Verständnis der Tätigkeit, Bild
> vom Arbeitgeber als Organisation, Interesse und Einstellung gegenüber ex-
> ternen Partnern und Befindlichkeit als Privatperson.**

6.3.3 Wandernde Schnittstellen

Die Schnittstellen zu andern Prozessen, an denen Dokumente, Informationen
und Wissen ausgetauscht werden müssen, sind in die Erfassung der Wissensflüsse einzubeziehen. Die Organisation der Schnittstellen in einem Prozessablauf und die reibungslose Kommunikation sind also entscheidend, wie effizient
ein Prozess abläuft – der Teufel steckt meist in der Schnittstelle, weil dort Austausch und Kommunikation stattfinden müssen. Die Details einer Schnittstelle
zeigen die komplexen Einflüsse, denen alle Personen ausgesetzt sind, die dort
am Wissenstransfer beteiligt sind. Diese komplexen Einflüsse wirken auf ihr
Verhalten und ihre Kooperationsbereitschaft ein: auf die persönlichen Bedürfnisse, ihr Verständnis der Aufgabe, die Beziehungen zu andern beteiligten Mitarbeitenden, mit denen sie vielleicht noch in einem andern Prozess zu tun haben, inklusive Hierarchien, auf ihr (vielleicht unterschiedliches) Verhältnis zum
Arbeitgeber und ihr Beziehungsnetz für Informationen außerhalb der Organisation. Alle beteiligten Personen werden beeinflusst und beeinflussen ihrerseits aktiv wieder dieselben Faktoren.

Die Vernetzung verschiedener Prozesse in der Organisation wird auf zwei
Arten sichtbar gemacht: Entweder nimmt man die Anfangsaktivität eines Prozesses und untersucht, was dadurch in alle Richtungen ausgelöst wird, anstatt
nur zielgerichtet den einen Prozess zu betrachten. Oder man analysiert vom Ergebnis her, welche Aktivitäten auf allen Seiten das Resultat ermöglicht haben.
Diese Vernetzung ist aus Sicht Wissensmanagement sehr wichtig, *weil Personen,*

die an verschiedenen Prozessen beteiligt sind, ihr Sach- und Erfahrungswissen aus einem Prozess auch in den andern Prozessen einsetzen. Indem solche Personen Informationen und Wissen aus einem Prozess im andern wieder nutzen oder gegenseitig disseminieren, funktionieren sie als «wandernde Schnittstellen». Personen, die in verschiedenen Prozessen Aufgaben haben, sind deshalb aufgrund ihrer breiteren Vernetzung wertvolle WissensträgerInnen für effiziente Problemlösungen und Entscheidungen im Prozessablauf. Der Wissensfluss geschieht aber nur innerhalb der Person, ist deshalb ausgeprägt implizit und kann nur sehr schwer extrahiert werden.

Eine Aufgabe des Wissensmanagements ist es, solchen Personen, die in mehreren wichtigen Prozessen Arbeitsschritte ausführen, bewusst zu machen, welche Transferleistungen zwischen unterschiedlichem Prozesswissen sie kontinuierlich ausführen. Das Bewusstmachen ist der erste Schritt, um diesen wichtigen Teil von Wissensarbeit, den die Personen meist unbewusst leisten, zu optimieren, zu fördern und auszubauen. Es gibt verschiedene Wissensmanagement-Instrumente, um sich der eigenen Routinen bewusst zu werden, um die eigenen Handlungsschemata zu verändern und um die andern an den eigenen Erfahrungen teilhaben zu lassen,[14] zum Beispiel Jobrotation, wandernde Schnittstellen, Best Practice, interdisziplinäre Arbeitsteams, Communities of Practice oder manchmal auch der Einsatz von Groupware.

Wenn die Struktur der potenziellen Wissensnachfrage in einem Prozess erfasst werden soll, ist auch das Hol- und Bring-Prinzip an einer Prozessschnittstelle wichtig. Sehr häufig ist dies nicht explizit festgehalten und ist impliziter Teil der Schnittstellenkommunikation und der Organisationskultur. Die systematische Frage bei jedem Informationsaustausch, ob die Beteiligten den Eindruck haben, nachfragen zu müssen (Holprinzip), oder davon ausgehen, dass eine Information kommt (Bringprinzip), ist aufschlussreich und erklärt oft Schnittstellenkonflikte. Bei Einführung informationstechnologischer Systeme wie eine Workflow-Applikation muss das implizite Hol- und Bringprinzip in einem Prozess expliziert und festgelegt werden. Auch Kommunikationsplattformen z. B. für Projektgruppen funktionieren nur, wenn das Hol-Bring-Prinzip für Informationen allen klar ist und verbindlich geregelt wird.

---

14 Vgl. auch Kap. 5.1.3.

Die Organisation der Schnittstellen in einem Prozessablauf und die reibungslose Kommunikation sind entscheidend, wie effizient ein Prozess abläuft. Es gibt einerseits Schnittstellen zu andern Prozessen, wo Beteiligte aus beiden Prozessen Dokumente, Informationen und Wissen miteinander austauschen. Und andererseits «wandernde Schnittstellen» in Form von Personen, die an verschiedenen Prozessen beteiligt sind und so Informationen und Wissen aus einem Prozess im andern wieder nutzen oder gegenseitig disseminieren. Solche Transferrollen können im Wissensmanagement bewusst gefördert werden.

6.4 Wissensprozesse

Wissensprozesse sind sekundäre Prozesse, die die Haupt- oder Geschäftsprozesse unterstützen. *Wissensprozesse* umfassen alle Wissens-Aktivitäten, die im Zusammenhang mit einem Geschäftsprozess ablaufen: die *Aktivierung*, die *Entwicklung*, die *Kommunikation*, die *Anwendung* und die *Sicherung des Wissens*. Alle Handlungen in der Abfolge der Arbeitsschritte, die sich mit den Wissensressourcen befassen, sind also Teile des Wissensprozesses. Die Wissensprozesse unterstützen die Geschäftsprozesse; in wissensintensiven Organisationen sind sie die Voraussetzung, damit die Hauptprozesse überhaupt ablaufen können. Bei der eigentlichen Wissensarbeit fallen Geschäftsprozesse und Wissensprozesse weitgehend zusammen: *Wissensarbeit besteht aus Wissensprozessen*. Die Aufgabe von Wissensmanagement ist es, dafür zu sorgen, dass die Wissensprozesse optimal ablaufen und verstärkt werden. Dazu werden, wie erwähnt, parallel zur Aufnahme von Prozessen z. B. im Rahmen von Qualitätsmanagement mit Vorteil immer auch die gleichzeitig stattfindenden Wissensprozesse erfasst.

Die Abbildung auf folgender Seite zeigt die verschiedenen Phasen im Wissensprozess. Die *Wissensaktivierung* umfasst alle Handlungen zu Beginn des Wissensprozesses wie bestehendes implizites Wissen im Kopf kognitiv erfassen (was weiß ich), Daten und Informationen mit Informationsretrieval suchen und zusammentragen (welche Informationen brauche ich noch) und sich die richtigen und nützlichen Dokumente mit Hilfe eines Dokumentenmanagementsystems beschaffen (welche Unterlagen und Dokumente benötige ich). Die Schritte der Aktivierung und der Anwendung im Wissensprozess können also sehr gut mit informationstechnologischen Systemen unterstützt werden.

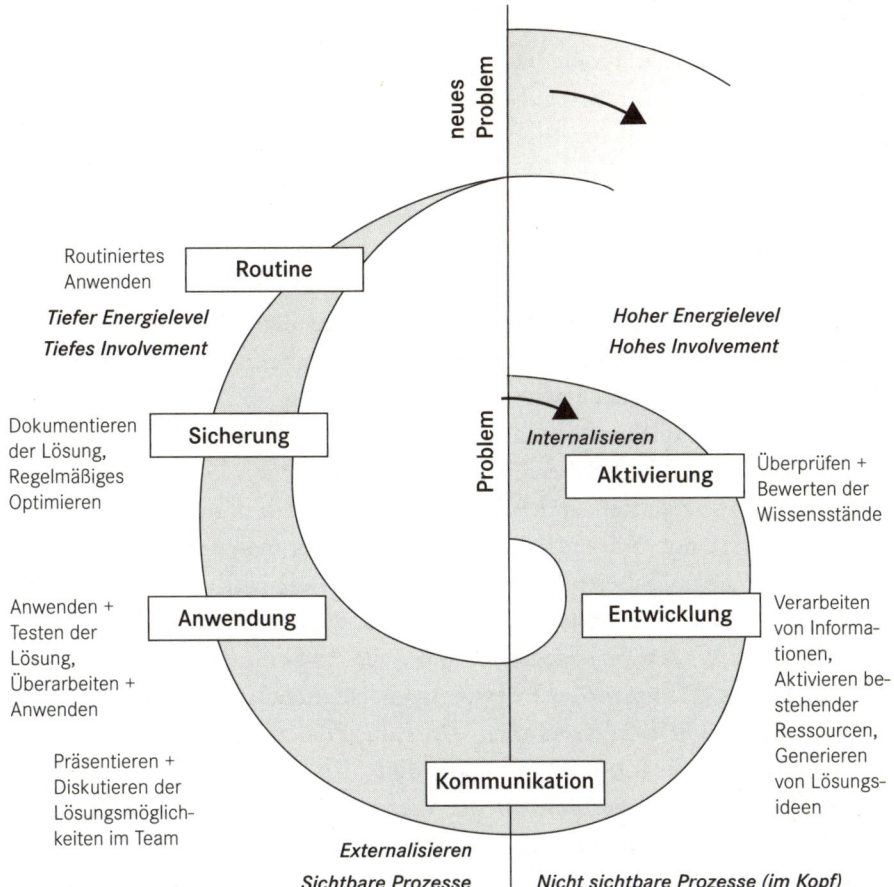

Abb. 15 Wissensprozess-Spirale

Die *Wissensentwicklung* und die *Wissenskommunikation* hingegen sind immaterielle Phasen, die sich im Kopf des Wissensarbeitenden oder in der Interaktion im Team abspielen. Durch die *Kommunikation* im Team wird aber das in einer konkreten Problemstellung generierte Wissen, z. B. die *Entwicklung* eines Lösungsvorgehens, artikuliert und dadurch auch dokumentierbar. Hierzu bieten sich alle möglichen Systeme an, die Texte speichern. Durch die wiederholte *Anwendung* wird das entwickelte Wissen gesichert, und die Anwendung läuft routiniert ab. Da Routinen verfestigtes Handlungswissen repräsentieren, können sie als das bezweckte Ergebnis eines Wissensprozesses, nämlich die *Wissenssicherung* betrachtet werden. Handlungen können, wie erwähnt, erst als Routine ausgeführt werden, wenn Kompetenz entstanden ist, was der Person dann ermöglicht, eine höhere Problemkomplexität anzupacken und den nächsten Durchgang im Wissensprozess auf einer höheren Stufe zu initiieren. Da Wissensprozesse immer Lernvorgänge sind, verlaufen sie nicht kreis-, sondern spiralförmig.

Fokussiert man nicht auf ein Individuum, sondern auf ein zu lösendes Problem, zeigt die Wissensprozess-Spirale auf, wie das organisationale Lernen funktioniert. Ein neues Problem, das sich bei einem Arbeitsschritt stellt, löst bei den Prozessbeteiligten zuerst die Aktivierung der bestehenden Wissensbestände aus, nämlich Anwendung bekannter Problemlösungsmethoden (Single-Loop-Lernen). Bringt dies kein befriedigendes Ergebnis, muss neues Wissen entweder im Team entwickelt (kollektives Lernen) oder bei individuellen Wissensentwicklungen nachher allen Prozessbeteiligten kommuniziert werden. Zwischen Entwicklung, Kommunikation und Anwendung ergibt sich dann eine mehrfache Rückkopplung (Double-Loop-Lernen), bei der immer mehrere Personen beteiligt sind, bis eine neue Lösung ausgearbeitet ist. Diese wird dann mit Einverständnis aller Prozessbeteiligten angewendet, bis wieder Routinen entstehen.

Aufgabe des Wissensmanagements ist es, wie erwähnt, den Mitarbeitenden diese Abläufe als Wissensprozesse bewusstzumachen, damit sie wie andere Prozesse auch verbessert werden können. Dass die Phasen der Aktivierung, Entwicklung, Kommunikation, Anwendung und Sicherung von Wissen mit *geschärfter Wahrnehmung* ablaufen, ist die Voraussetzung für ihre Optimierung, die dann ja immer im Kontext eines konkreten Arbeitsschrittes erfolgt und nicht als irgendeine losgelöste abstrakte Wissensmanagement-Maßnahme. Erst das geschärfte Bewusstsein ermöglicht auch, dass die Mitarbeitenden im Laufe der Zeit eine Kompetenz für Wissensprozesse entwickeln, nämlich zu Deutero-Lernen befähigt werden.

Wissensprozesse umfassen alle Wissensaktivitäten, die im Zusammenhang mit einem Geschäftsprozess ablaufen: die Aktivierung, die Entwicklung, die Kommunikation, die Anwendung und die Sicherung des Wissens. Alle Handlungen in den Arbeitsschritten, die sich mit den Wissensressourcen befassen, sind Teile des Wissensprozesses. Bei der eigentlichen Wissensarbeit fallen Geschäftsprozesse und Wissensprozesse weitgehend zusammen: Wissensarbeit besteht aus Wissensprozessen. Die Wissensprozess-Spirale zeigt auf, wie das organisationale Lernen funktioniert.

6.5 Entwicklung von Kernkompetenzen

Nicht alle Prozesse haben die gleiche Wichtigkeit für die Wertschöpfung der Organisation. Im Prozessmanagement werden Kern- und Supportprozesse[15] unterschieden, die auch aus Sicht Wissensmanagement eine unterschiedliche Relevanz haben. Da wir Prozesse grundsätzlich als Materialisierung von implizitem Erfahrungswissen betrachten, sind Kernprozesse ein Hinweis auf mögliche Kernkompetenzen.

Kernprozesse sind für die Organisation vital, weil sie direkt die Wertschöpfung des Unternehmens erzielen. Es sind kundennahe Aktivitäten, die die Leistungserstellung und -verwertung beinhalten. Kernprozesse zeichnen sich aus durch: wahrnehmbaren Kundennutzen, Unternehmensspezifität (Einmaligkeit), Nicht-Imitier-, Nicht-Substituierbarkeit und Transferierbarkeit, d.h. alles Kriterien, die große Wissensinvestitionen beinhalten. Dazu gehören beispielsweise die Prozesse der Auftragsabwicklung, die Reklamationsbearbeitung, die Beschaffung, die Produktion und allenfalls auch die Betreuung wichtiger Kunden. Es stellt sich die Frage, welche Prozesse bei Non-Profit- und Public-Organisationen den oben genannten Kriterien entsprechen. Auf öffentliche Organisationen übertragen wären dies beispielsweise: Bearbeitung von Anfragen aus der Öffentlichkeit oder von politischen Gremien, Informationsbeschaffung und -aufbereitung, z.B. über neue Gesetze, Verordnungen und Verfahren, Leistungserstellung, d.h. das Erbringen der Dienstleistung, und schließlich die Betreuung von institutionellen resp. politischen «Kunden».

---

15 Dazu gehören ebenfalls die Führungsprozesse, die die Kern- und Supportprozesse unterstützen. Sie halten das Unternehmen als wirtschaftliches und soziales Gebilde zusammen.

Supportprozesse unterstützen und fördern die Kernprozesse und sind dadurch charakterisiert, dass sie Kunden resp. Klienten keinen unmittelbaren Nutzen bringen, nicht unternehmensspezifisch, aber imitierbar und substituierbar sind und standardisierte Leistungen hervorbringen. Genau wie kommerzielle Unternehmen benötigen öffentliche Organisationen die gleichen Supportprozesse, um ihre Kernprozesse überhaupt ausführen zu können. Der Einfluss von Supportprozessen auf Kernprozesse darf nicht unterschätzt werden: funktionieren Supportprozesse schlecht, kann auch kein Kernprozess optimal ablaufen. Gerade bei NPO ist diese gegenseitige Abhängigkeit zwischen administrativen Tätigkeiten und den Kernaktivitäten «im Feld» oft konfliktreich. Wissensprozesse lassen sich auch als Querverbindung zwischen Kern- und Supportprozessen betrachten: Häufig werden in Supportprozessen, z. B. in der Buchhaltung oder Logistik, Daten generiert, die bei der Abwicklung eines Kernprozesses wichtige Zusatzinformationen liefern könnten und umgekehrt – falls die Vernetzung stattfindet, falls man gegenseitig davon wüsste. Diese Vernetzung zwischen Wissensbeständen in Supportprozessen und Kernprozessen über die Wissensprozesse herzustellen oder Verbindungen sichtbar zu machen, ist eine weitere Aufgabe des Wissensmanagements.

Die Prozessorientierung ist die Voraussetzung für eine wissensintensive Organisation, weil nach der Analyse der Kernprozesse in einem zweiten Schritt auch die Kernkompetenzen eruiert werden können. Die Bestimmung von Kernkompetenzen in einer Organisation ist jedoch keine leichte Aufgabe. Das Konzept der Kernkompetenzen[16] ist eine logische Weiterentwicklung des ressourcenorientierten Ansatzes. Ressourcen sind die Quellen, aus denen sich Kernkompetenzen bilden, sie können materiell und immateriell sein und werden auch als Assets bezeichnet.

Unter *Assets* werden alle Aktivposten verstanden, die dem Unternehmen in materieller (tangible) und immaterieller (intangible) Form für die Wertschöpfung zur Verfügung stehen. Tangible Assets sind alle materiellen Vermögenswerte, die in der Bilanz erfasst werden; intangible Assets sind immaterielle Vermögenswerte wie z. B. Image, starke Marken, Technologie-Know-how, Organisationskultur, treue Kundschaft und eben die Synergie der Mitarbeitenden-Kompetenzen als organisationales Wissen. Um diese Ressourcen für die Wertschöpfung auch nutzen zu können, braucht es sowohl individuelle Fähigkeiten der Mitar-

---

16   Der Begriff und das Konzept wurden eingeführt von Prahalad, C.K./Hamel, G. (1990): «*The Core Competence of the Corporation*». In: «*Harvard Business Review*», S. 79–91.

beitenden wie auch kollektive Handlungsfähigkeiten der Organisation, die sich in ihren Prozessen und Handlungsroutinen zeigen.

Von einer *Kernkompetenz* kann gesprochen werden, wenn ein komplexes Miteinander von zusammenhängenden Einzelleistungen der Organisation dazu führt, dass eine besondere oder am Markt einmalige Wertschöpfung möglich wird. Kompetenz haben wir als bestimmtes Niveau des Wissens bei einem Individuum definiert, nämlich als erfolgreiche Synthese von Sach-, Anwendungs- und Reflexionswissen. Kernkompetenz ist folglich das Analoge auf der Ebene der organisationalen Wissensbasis, nämlich ein erfolgreiches *Zusammenspiel von Faktenwissen* der Organisation als expliziertes Wissen in Form von Daten und Dokumenten, *mit Anwendungswissen,* materialisiert und damit in gewisser Weise dokumentiert in den Organisationsprozessen, *und Reflexionswissen* in Form von Wissenskommunikation, z. B., wenn Teams fähig sind, gemeinsam Wissen zu entwickeln. Unter Kernkompetenz wird also ein komplexes Set von interdependenten Einzelleistungen verstanden, bei dem die Summe mehr ist als die Menge der Einzelleistungen.

Wenn bei dem für einen Kernprozess erforderlichen Wissen die folgenden Kriterien erfüllt sind, kann von *Kernkompetenz* gesprochen werden:[17]

- Das erforderliche Wissen ist ein Ergebnis kollektiven Lernens, insbesondere der Integration verschiedener Wissensbereiche (vernetztes Wissen, auch generatives Wissen: Wissen über die Entstehung von Wissen).
- Das erforderliche Wissen entstand auf der Basis von diskutierten Erfahrungen, viel horizontaler Kommunikation und einer großen Bereitschaft, über die Grenzen der Organisation hinweg zu arbeiten (mentale Modelle hinterfragen, neue entwickeln, Double-Loop-, Deutero-Lernen).
- Das erforderliche Wissen liefert einen deutlichen, selten erhältlichen und für den Kunden wahrnehmbaren Beitrag zur Höherwertigkeit der Leistung (z. B. eine unbürokratische Lösung dank Kommunikation und Zusammenarbeit über politische Grenzen hinweg).
- Das erforderliche Wissen ist nicht in einer Abteilung oder Einheit angesiedelt und daher auch nicht Eigentum einer Abteilung.
- Das erforderliche Wissen ist schwer imitierbar, weil es die Verarbeitung von kombinierten und abteilungsübergreifenden Wissensquellen ist und nicht mehr in einzelne Faktoren aufgeteilt werden kann.

---

17 Vgl. Weggemann 1999:69f.

- Das erforderliche Wissen kann gleichzeitig in verschiedenen Prozessen und auf verschiedene Produkte und Dienstleistungen angewendet werden und führt so in Kombination mit andern Kernkompetenzen zu innovativer Leistungserstellung oder Produktentwicklung.
- Das erforderliche Wissen ist ein Wissen, das nicht veraltet, sondern durch fortwährenden Einsatz weiterentwickelt wird.

Um Kernkompetenzen zu finden, können zum Beispiel Erfolgsstorys untersucht oder ein Kompetenzbaum erstellt werden. Dabei geht man folgendermaßen vor: Eine möglichst interdisziplinäre Mitarbeitergruppe analysiert, welches die Kerndienstleistungen («Blätter») sind, welche Kerndienstleistungen gruppiert ein Kerngeschäft («Ast») bilden, welche Kerngeschäfte wiederum innovative Bestandteile eines Kernprozesses («Stamm») sind, und schließlich, welche Kernkompetenzen («Wurzeln») diesen Kernprozess überhaupt ermöglichen.

Kernkompetenzen bilden nicht nur wegen ihrer schweren Imitierbarkeit die Grundlage für einen langfristigen Wettbewerbsvorteil, sondern gewährleisten auch, dass neue Produkte und Dienstleistungen entwickelt und angeboten werden können. Jedes Unternehmen muss also mittel- und langfristig Kernkompetenzen aufbauen, um im Wettbewerb zu bestehen. Da die Wichtigkeit von Kernkompetenzen praktisch ausschließlich über ihren Beitrag zur Konkurrenzfähigkeit von Wirtschaftsunternehmen definiert wird, stellt sich die berechtigte Frage, ob auch Non-Profit-Organisationen und Public-Organisationen Kernkompetenzen haben oder allenfalls entwickeln müssen.

Aus der Sicht des Wissensmanagements betrachtet, haben Kernkompetenzen noch eine umfassendere Bedeutung als «nur» die Wettbewerbsfähigkeit zu sichern. Die oben angeführten Kriterien zeigen, dass Kernkompetenzen nicht Wissensbestände sind, sondern eine *spezielle Fähigkeit* der Organisation, *die Kompetenzen der Mitarbeitenden durch kollektives Lernen zu entwickeln, sie durch Kommunikation in der Organisation breit zu vernetzen und sie durch Reflexionsprozesse als organisationale Fähigkeiten auf neue Probleme und unterschiedliche Dienstleistungen transferierbar zu machen.* Dies ist nun nichts anderes als eine Beschreibung der Lernfähigkeit einer Organisation oder einer lernenden Organisation. Dass eine Organisation lernfähig wird, kann verschiedene Ziele haben: beispielsweise eine schwer imitierbare Innovationsfähigkeit zu entwickeln, was die Wirtschaftsunternehmen interessiert, oder die *Wirkungsorientie-*

rung der Leistungserstellung zu entwickeln, was für Non-Profit- und Public-Organisationen relevant ist, weil darin ihre Form der Wertschöpfung besteht.

Wirkungsorientierung schließt die Kundenorientierung ein, umfasst aber mehr als das. *Das Handeln von öffentlichen Organisationen ist strukturell auf die Wirkung hin angelegt, die es in der Öffentlichkeit erzeugt,* nicht nur als Dienstleisterin im Sinne des Service Public, sondern auch gesellschaftsstabilisierend als Repräsentantin von «Gesetz und Ordnung»[18]. Bemerkenswert ist, dass durch die ganzen Entwicklungen der Modernisierung von Staat und Verwaltung in den vergangenen fünfzig Jahren, angefangen vom Verständnis des starken, gerechten «Umverteilungsstaates» in den siebziger Jahren über das Verständnis des neoliberalen, schlanken, sich an Marktmechanismen orientierenden «Ökonomie-Staates» (New Public Management) in den achtziger Jahren bis zum Verständnis des partizipativen, kooperativen, moderierenden «Verhandlungsstaates» in den neunziger Jahren, die *Wirkung des staatlichen Handelns* immer zentral war.

Die Kernfrage all der Reformen, wie der Staat steuern soll, beantwortet sich immer dadurch, welche Wirkung das staatliche Handeln erzeugen soll: Gerechtigkeit herstellen, Wettbewerbsverhalten auslösen oder gemeinsame Verantwortlichkeit bewirken. Damit ist klar, dass die Entwicklung von Kernkompetenzen auch im Non-Profit- und öffentlichen Bereich sehr wichtig ist. Kernkompetenzen von NPO und PO bedeuten, dass sie fähig sind, die jeweils unterschiedlichen Wirkungsfunktionen zu erkennen und zu handhaben: einerseits, um den gestiegenen Anforderungen der Öffentlichkeit, d. h. ihrer Auftraggeber, Kunden und Partner, an die staatlichen Leistungen gerecht zu werden, und andrerseits, um überhaupt mit der Komplexität der öffentlichen Leistungserstellung in der Wissensgesellschaft umgehen zu können.

> Kernkompetenzen befähigen die Organisation, die Kompetenzen der Mitarbeitenden durch kollektives Lernen zu entwickeln, sie durch Kommunikation in der Organisation breit zu vernetzen und sie durch Reflexionsprozesse auf neue Probleme und Dienstleistungen transferierbar zu machen. Kernkompetenzen sind eine Voraussetzung für die angestrebte Wirkungsorientierung bei NPO und PO.

---

18 Darauf verweisen insbesondere Lenk/Wengelowski: «Nach politischen, durchwegs in Recht gegossenen Vorgaben, hat die Verwaltung die Gesellschaft zu beobachten und auf sie einzuwirken sowohl verändernd als auch stabilisierend. Das Handeln der Verwaltung ist damit auf Ergebnisse und Wirkungen ausgerichtet, die rechtlich vorausgesetzt und politisch erwünscht sind.» 2002:148.

7. Management der Wissensarbeit

Wie wir bereits in den einleitenden Überlegungen zur Wissensgesellschaft und zu Wissensmanagement festgehalten haben, kann die Organisation Wissen als geistige Ressource der Mitarbeitenden nicht managen. Das Einzige, was sie tun kann, ist die Bedingungen der Wissensarbeit so zu gestalten, dass die Wissensarbeitenden ihre Fähigkeiten möglichst optimal in Leistungen transferieren, ihr Wissen in möglichst großen Nutzen für die Organisation umwandeln. Es ist offensichtlich, dass dies bei geistiger Arbeit wie der Wissensarbeit eine gegenseitige Angelegenheit sein muss: Der Nutzen für die Organisation entsteht nur, wenn die Arbeitsbedingungen für die Wissensarbeitenden selber stimmen. Aufgabe eines *ganzheitlichen* Wissensmanagements ist es deshalb, *alle Faktoren einzubeziehen,* die die Bedingungen der Wissensarbeit beeinflussen, und *ihr Zusammenwirken in der täglichen Wissensarbeit* zu optimieren. Ganzheitliches Wissensmanagement ist deshalb *nicht* einfach ein Management-Instrument zur Standardisierung und Automatisierung von Wissensarbeitsprozessen.

Die Erkenntnisse aus den Perspektiven Technologie, Mensch und Organisation fließen in der Wissensarbeit zusammen:

- Wissensarbeit benötigt sinnvolle *informationstechnologische Systeme,* die möglichst viele nützliche Daten aufbereiten, anreichern und die Informationssuche und die Dokumentation von explizi(er)tem Wissen unterstützen – alle Versuche jedoch, Wissensarbeitende mit extrinsischen Anreizen zum Abfüllen von Datenbanken zu «zwingen», sind zum Scheitern verurteilt.
- Wissensarbeit braucht eine *prozessorientierte Organisationsform,* wo die Wissensprozesse wie Informationsrecherche und -verarbeitung, Wissensaktivierung und -entwicklung sowie Kommunikation darüber ein bewusster Bestandteil der Arbeitsschritte in den Geschäftsprozessen sind.
- Wissensarbeit setzt auch voraus, dass den *Mitarbeitenden* bewusst ist, dass ihr Arbeiten ein *kontinuierlicher Lernprozess* ist, dass sie laufend informell

lernen durch Anwenden ihrer Fertigkeiten und Kompetenzen bei konkreten Problemlösungen in Prozessen.

Als viertes und entscheidendes Element aber setzt die Wissensarbeit eine ganz bestimmte Persönlichkeitsstruktur und Motivation bei den Menschen voraus, die Wissensarbeit ausführen. Im Mittelpunkt des letzten Kapitels stehen also die *Wissensarbeitenden:* Soll die Wissensarbeit im Interesse der Organisation möglichst produktiv sein, muss das Management wissen, was Wissensarbeit charakterisiert und wie Wissensarbeitende «funktionieren».

7.1 Wissensarbeit: Komplexität, Motivation und Selbststeuerung

Knowledge Work in Abgrenzung zu Production Work ist im angelsächsischen Raum schon seit den achtziger Jahren ein Thema.[1] Als Weiterentwicklung der bekannten Metaphorik des White Collar Workers (Kopfarbeiter im Dienstleistungssektor) und des Blue Collar Workers (Arbeiter im Produktionssektor) wurde auch der Begriff des Gold Collar Workers[2] für Personen geprägt, die Knowledge Work ausführen. Im deutschen Sprachraum beschäftigte sich in den neunziger Jahren vor allem die Arbeitswissenschaft mit den Abgrenzungen Kopfarbeit/Handarbeit und geistige/manuelle Arbeit.[3] Kopfarbeit wurde den leitenden, planenden und verwaltenden Tätigkeiten zugeordnet, Handarbeit den ausführenden. Sowohl Handarbeit wie Kopfarbeit beinhalten aber geistige und manuelle Tätigkeiten. Die zunehmende Informatisierung führte dazu, dass der Anteil der Beschäftigten, die immer abstraktere geistige (wissensbasierte) Tätigkeiten ausführen, in verschiedenen Berufen stark anstieg. Die Unterscheidung Kopfarbeit/Handarbeit reichte nicht mehr aus, das Phänomen der Wissensarbeit zu erfassen.

---

1   Allerdings sprachen die beiden österreichisch-amerikanischen Nationalökonomen Peter Drucker und Fritz Machlup bereits anfangs der sechziger Jahre von Knowledge Work; Machlups wichtigstes Werk erschien 1962 unter dem Titel *The Production and Distribution of Knowledge in the United States.*
2   Kelley, R. (1985): *The gold-collar-worker,* zitiert nach Hube 2005:28.
3   Die Entwicklung der Begriffe und Konzepte von Wissensarbeit beschreiben z.B. Hube 2005:27 ff. und Pfiffner/Stadelmann 1998:96 ff.

7.1.1 Merkmale der Wissensarbeit

Es gibt verschiedene Versuche, Wissensarbeit zu definieren: inhaltlich durch Verbindung mit bestimmten Berufsprofilen, qualitativ durch Ausbildung und Qualifikationen der Wissensarbeitenden und funktional durch Kriterien der Tätigkeiten und Anforderungen an die Wissensarbeitenden. Für unseren Fokus Wissensmanagement und Gestaltung der Wissensarbeit ist die *funktionale Bestimmung von Wissensarbeit* am brauchbarsten. Denn diese neuen Tätigkeiten können nicht nur mit der Entwicklung der Wirtschaftssektoren (Tertiarisierung) und gekoppelt an Dienstleistungsberufe erklärt werden. Tatsächlich revolutioniert die Informatisierung sowohl die Dienstleistungen wie die Produktion, es gibt wissensintensive Tätigkeiten in beiden Sektoren. Ebenso wenig kann Wissensarbeit über Qualifikationen der Personen definiert werden, die Wissensarbeit ausführen. Nicht alle Personen, die gut bis hoch qualifiziert sind, über einen Hochschulabschluss verfügen und freiberuflich tätig oder im Unternehmen in höheren Positionen angestellt sind, führen Wissensarbeit aus – obwohl diese Kriterien auf den größten Teil der Wissensarbeitenden zutreffen. Also muss Wissensarbeit funktional von bestimmten Merkmalen der Tätigkeiten her bestimmt werden, daraus lassen sich die Anforderungen von Wissensarbeit an die Wissensarbeitenden wie Qualifikationen, Persönlichkeitsmerkmale oder Motivation ableiten. Ob dies an bestimmte Berufe oder Arten von Unternehmen gekoppelt ist, ist für das Wissensmanagement nicht relevant.

Wissensarbeit muss dynamisch definiert werden: Das Aufgabenspektrum von Wissensarbeitenden reicht von wissensbasierten Arbeiten, die heute beinahe jede menschliche Arbeit bestimmen, über wissensintensive Tätigkeiten, die Kompetenz und Expertise in einem Fachgebiet verlangen, bis zur eigentlichen Wissensarbeit, die wir hier genauer definieren wollen. Zudem hängt die Bestimmung von Wissensarbeit auch von der Kompetenz der Wissensarbeitenden ab – ein und dieselbe Tätigkeit kann von einer Person als wissensintensive Routinetätigkeit eingeschätzt werden, von einer andern weniger kompetenten Person hingegen als Wissensarbeit, die ihre ganze Persönlichkeit fordert. Ein und dieselbe Aufgabe kann auch für eine Person anfänglich komplexe Wissensarbeit bedeuten und dann mit zunehmender Expertise zur wissensintensiven Routine werden, was typisch für den permanenten Lernprozess in der Wissensarbeit ist, wie wir mit der Wissensprozess-Spirale gezeigt haben.

Aus Sicht der Organisation besteht die Hauptaufgabe von wissensintensiven Arbeiten in der *sichtbaren Umwandlung von Wissen der Person in Leistung für die*

Organisation, d. h., der Nutzen des Produkts einer Wissensarbeit muss sich immer an der Lösung eines konkreten Problems messen lassen. Wissensarbeit besteht weniger aus konkreten Aufgaben als aus diversen teilweise diffusen Problemstellungen. Wenn bei Tätigkeiten das erwartete Ergebnis klar definiert werden kann, lassen sich die notwendigen Prozesse planen, standardisieren und die verschiedenen Arbeitsschritte auf verschiedene Personen aufteilen. Dies alles ist bei Wissensarbeit nicht möglich, weil nur das Problem vorhanden ist, aber keine klare Vorstellung der zu erwartenden Lösung. Es sind komplexe Problemstellungen, die immer kognitive Verarbeitungsprozesse bedingen, nämlich Informationen verarbeiten, Wissen aktivieren, Wissen kommunizieren und Denkresultate hervorbringen. Folglich müssen die Vorgehensschritte auch immer wieder anders geplant werden und können kaum als standardisierte Prozesse automatisiert werden.

Wissensarbeit bedingt, dass Wissensarbeitende all ihre Ressourcen (Wissen, Kompetenzen, Erfahrungen) mobilisieren, dass sie mit Personen in vor- und nachgelagerten Prozessen kommunizieren und bei Bedarf mit Wissensarbeitenden in andern Fachgebieten kooperieren. Wissensarbeit ist in jeder Hinsicht immateriell: Das Arbeitsmaterial Informationen ist immateriell, das Arbeitswerkzeug Gehirn ist zwar theoretisch physisch greifbar, die Funktionsweise aber nicht; die Arbeitsmethode Kommunikation und Kooperation ist immateriell, und das Arbeitsresultat Problemlösung ist als Konzeption ebenfalls immateriell. Erst durch die Umsetzung wird das Resultat von Wissensarbeit materiell und bewertbar. Wissensarbeit besteht deshalb im Wesentlichen aus *intangiblen kognitiven Handlungen* wie Analysieren, Recherchieren, Organisieren, Strukturieren, Koordinieren, Entwickeln, Kooperieren, Beraten, Kommunizieren etc.

Wissensbasierte Tätigkeiten können unterschieden werden in mehr anwendungsorientierte und in mehr entwicklungsorientierte Tätigkeiten. Jede Wissensarbeit umfasst aber beide Formen, je nach Aufgabenbereich mit unterschiedlichen Anteilen. Bei den *umsetzungsorientierten* Tätigkeiten geht es schwergewichtig um Informationssammlung, Verarbeitung zum Zweck der Anwendung und die Informationsnutzung. Anspruchsvolle Routinetätigkeiten, z. B. gewisse juristische oder ärztliche Handlungen, können als umsetzungsorientierte Wissensarbeit bezeichnet werden. Bei den *entwicklungsorientierten* Tätigkeiten geht es um Informationsrecherche und Generieren von Wissen, das andere dann in konkrete Lösungen umsetzen. Entwicklungsorientierte Wissensarbeit beinhaltet komplizierte Tätigkeiten, wo die Person fähig sein muss, im entscheidenden Moment durch Improvisation neues Wissen zu generieren, beispielsweise in der Experimentalforschung, in einer anspruchsvollen Beratung oder auch in der Handhabung eines komplexen Sozialfalles.

Wissensarbeit stellt also verschiedene Anforderungen an die Personen, die sie ausführen:

- *Fähigkeit zur gezielten Wissensaneignung durch Informationsverarbeitung* (Lernen als Arbeitstätigkeit).
- *Fähigkeit zur problemgerechten Wissensbewirtschaftung* (Wissensanwendung und -nutzung, Wissenskommunikation als Arbeitstätigkeit).
- *Fähigkeit zur anforderungsgerechten Wissensentwicklung* (als Kombination der beiden andern Fähigkeiten).

Wissensarbeitende müssen deshalb ein bestimmtes *Verständnis* von ihrem Wissen haben: *Wissen ist ihre Arbeitsressource.* Als Arbeitsressource ist ihr Wissen prinzipiell immer wieder verbesserbar, seine Aktualität muss also konstant überprüft werden, es gilt nur so lange als «Wahrheit», bis neue Fakten neue Erkenntnisse bringen, und Wissen in einem Bereich ist untrennbar mit dem Bewusstsein verbunden, was man alles nicht weiß und was folglich Risiken birgt.[4] Wissensarbeit ist *komplexe Problemlösung* und verlangt von den Wissensarbeitenden als normale Haupttätigkeiten permanent problemorientiertes Lernen und überprüfenden Transfer des neuen Wissens in den Arbeitskontext. Wissensarbeitende müssen also die Fähigkeiten entwickeln, die Prozesse der Überprüfung, der notwendigen Erweiterung und der richtigen Nutzung ihrer Kenntnisse und Fähigkeiten effizient und geschickt zu handhaben. Davon hängt entscheidend die Produktivität der Wissensarbeit ab, die die Organisation in den Griff bekommen möchte.

Wissensarbeit als *Konvergenzpunkt* der drei Variablen Informationstechnologie, Organisationsstruktur und menschliche Kompetenz kann im dreidimensionalen Raum dargestellt und dadurch auch die *zwangsläufige Entwicklung Richtung zunehmender Komplexität* aufgezeigt werden. Die kontinuierlich zunehmende Komplexität ist bekanntlich eine Konsequenz der immer stärkeren Vernetzung aller Bereiche, die wiederum eine Folge der informationstechnologischen und wirtschaftlichen Entwicklung ist.

---

4   In Anlehnung an Willke 1998:4.

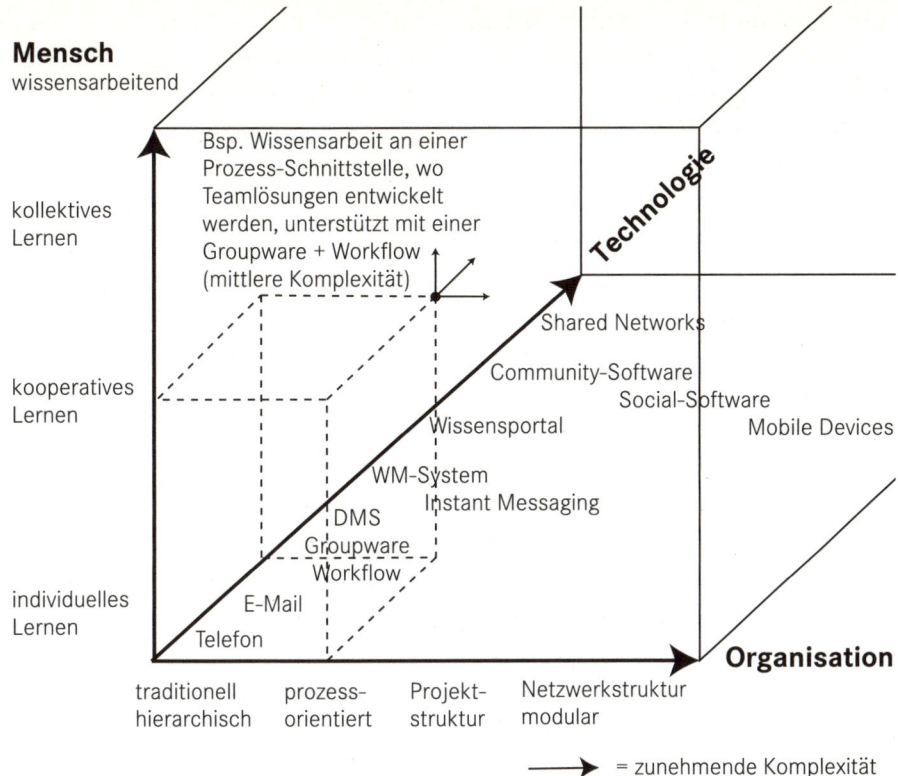

Abb. 16 Komplexität der Wissensarbeit

Eine konkrete Wissenstätigkeit in der Organisation kann in Bezug auf ihren aktuellen Entwicklungsstand charakterisiert und so im Raum lokalisiert werden. Wenn sich nun bei einer der Variablen eine Entwicklung in der Pfeilrichtung ergibt, wird aufgrund der Darstellung sofort klar, dass nur schon eine Bewegung in *einer* Achsenrichtung einen Veränderungsdruck auf die andern beiden Variablen auslöst. Wenn beispielsweise die E-Mail-Kommunikation in einem Projekt auf Instant-Messaging-Kommunikation[5] umgestellt wird (Verschiebung in der Technologieachse nach hinten, zunehmende Komplexität), dann übt das Druck auf die andern Bereiche Organisation und Mensch aus: Es verändert die Erwar-

---

5   Eine Kombination aus Telefon und E-Mail: Instant Messaging erlaubt in Echtzeit mit andern Teilnehmenden schriftlich zu kommunizieren. Der Sender kann sehen, ob der Empfänger online ist, bevor er ihm eine Mitteilung schickt, der Empfänger kann (oder muss …) sofort antworten.

tungen an die Präsenz und die Arbeitsprozesse. Wenn *zwei* Variablen verändert werden, zum Beispiel in einem Organisationsbereich Umstellung auf Prozessstrukturen und gleichzeitig Einführung eines Workflows (Verschiebung als Diagonale zwischen Technologie und Organisation), dann verlangt das einschneidende Änderungen in der Arbeitsorganisation und Kommunikation des Menschen. Oder wenn eine Lern-Community gebildet wird (Verschiebung als Diagonale zwischen Mensch und Organisation), wird meist irgendwann auch eine Community-Software gebraucht, um die Kommunikation und die Ergebnisse zu organisieren.

Die Darstellung zeigt, dass es eine Eigendynamik im System der Wissensarbeit gibt, eine gerichtete Kraft, die als Vektor unweigerlich von links unten nach rechts oben führt. Es gibt höchstens zeitweilige Stagnation, aber ein Zurück in einen «einfacheren», weniger komplexen Zustand kann es nicht geben. Die am meisten treibende Kraft ist natürlich die technologische Entwicklung, gefolgt von der wirtschaftlichen (Organisationsachse), die Wissensarbeitenden werden «mitgesogen». In der Darstellung lassen sich auch Wissensmanagement-Instrumente sehr gut lokalisieren und so evaluieren, ob die Maßnahmen auch wirklich in die richtige Kraftrichtung wirken oder ob sie nicht doch wieder einfach Technologietreiber sind.

Wissensarbeit ist komplexe Problemlösung, die auf kognitiven Verarbeitungsprozessen beruht und deshalb aus intangiblen kognitiven Handlungen wie Analysieren, Recherchieren, Organisieren, Strukturieren, Koordinieren, Entwickeln, Beraten, Kommunizieren etc. besteht. Wissensarbeitende müssen die Aktualität ihres Wissens ständig überprüfen; sie müssen ihr Wissen als verbesserbare Arbeitsressource und nicht als Wahrheit betrachten und sich des Risikos des Nichtwissens bewusst sein. Hauptbestandteile der Wissensarbeit sind permanentes problemorientiertes Lernen und überprüfender Transfer in die konkrete Anwendung, deshalb kaum standardisierbar. Wissensarbeit ist der Konvergenzpunkt zwischen den Variablen Technologie, Organisation und Mensch und entwickelt sich zwangsläufig Richtung Komplexitätssteigerung.

7.1.2 Porträt der Wissensarbeitenden

Der Anteil an Beschäftigten, die wissensbasierte Tätigkeiten ausüben, ist wie erwähnt in der Berufswelt stark steigend. Wenn sie in einer Organisation die Mehrheit des Personals bilden, kann die Organisation als wissensintensiv bezeichnet werden.

Auch in Non-Profit- und Public Organisation sind heute viele Tätigkeitsfelder aufgrund der Informatisierung und notwendigen Vernetzung stark wissensbasiert und entsprechen den Kriterien von Wissensarbeit, häufig aber ohne dass das entsprechende Bewusstsein bei den Mitarbeitenden und der Organisation vorhanden wäre. Die meisten Unternehmen und auch NPO und PO verstehen sich noch nicht als lernende Organisationen, sie sind typischerweise in einer Transitionsphase mit einerseits noch hierarchischen Organisationsformen, tayloristisch geschultem Management und entsprechend vielen Top-down-Steuerungsmechanismen und anderseits mehr und mehr Mitarbeitenden, die Wissensarbeit ausführen und offensichtlich anders «funktionieren».

Wenn Wissensarbeit verlangt, dass Wissensarbeitende ihre Arbeitsressource Wissen ständig überprüfen und bei Bedarf erweitern, dass sie selber evaluieren, welches Wissen sie entwickeln müssen, um ein Problem zu lösen, und vor allem, dass sie auch selber für die Qualität der Lösung verantwortlich sind, dann brauchen Wissensarbeitende drei Dinge:

* notwendigen *Handlungsspielraum,*
* gewisse *Entscheidungsautonomie,*
* innere *Motivation.*

Nur wer über die Voraussetzungen bestimmen kann, kann auch die Verantwortung für komplexe Problemlösungen als Ergebnis übernehmen, und nur wer intrinsisch motiviert ist, hat auch ein nachhaltiges Interesse an der Qualität der Arbeit.

Hier liegt im Arbeitsalltag, insbesondere bei stark hierarchischen Organisationen, eine Menge Konfliktstoff. Aus diesem Grund kann Wissensmanagement, verstanden als Gestaltung der Wissensarbeit, nur erfolgreich sein, wenn die Organisation versteht, wie Wissensarbeit funktioniert und was sie als Arbeitshaltung und Einstellung bei den Wissensarbeitenden voraussetzt – dies allerdings hat Auswirkungen auf den Umgang der Führungskräfte mit Wissensarbeitenden und in letzter Konsequenz auf die Organisationsstruktur und die Organisationskultur. Deshalb kann auch postuliert werden, dass Motivationsmanagement und Ermöglichen von Selbststeuerung (Self-Governance) die Grundlagen für die Gestaltung der Wissensarbeit und damit für Wissensmanagement sind.[6]

Aus der Arbeitsforschung, insbesondere im angelsächsischen Raum, liegen viele sozialpsychologische Studien vor, die Verhalten, Wertesystem und Merkmale von Kopfarbeitenden und von sogenannten Professionals beschreiben. Folgende Auflistung ist eine Zusammenstellung von Charakteristika und gleichzeitig Kriterien, die erfüllt sein müssen, damit Wissensarbeitende erfolgreich «funktionieren» können:[7]

1. *Hohe Kompetenz:* erworben durch lang andauerndes und fortdauerndes Lernen aus Fachwissen, Erfahrungen und Spezialisierung (Professionalisierung).

2. *Professionelle Kapazität:* zu wissen, wiederholt neue Wissensbeiträge auf hohem Niveau liefern zu können.

3. *Entwicklungspotenzial:* Fähigkeit, das professionelle Wissen ständig erneuern und die Grenzen verschieben zu können (Neugier).

4. *Kreativität:* Fähigkeit, neue Lösungen zu entwickeln und neue Betrachtungsweisen einzunehmen (Double-Loop und Deutero-Lernen).

5. *Enthusiasmus:* ein hohes Maß an Engagement und intrinsischer Motivation bei der Ausübung der Tätigkeiten.

---

6   Bestandteil der Organisations- und Führungskultur ist in diesem Zusammenhang auch das Menschenbild des Managements. Der amerikanische Sozialpsychologe Douglas McGregor entwarf in seinem 1960 erschienen Buch *The Human Side Of Enterprise* die zwei Managementtheorien X und Y, die auf unterschiedlichen Menschenbildern beruhen. Die Theorie X basiert auf der Annahme, dass der Mensch von Natur aus Arbeit ablehnt und versucht, sie zu vermeiden, wo es geht. Er muss deshalb zur Arbeit gezwungen, gelenkt, ständig kontrolliert und bestraft werden. Er scheut auch die Verantwortung, möchte eindeutige und unmissverständliche Handlungsanweisungen und sucht die Sicherheit. Es braucht deshalb ein strenges, autoritäres Management. Dies trifft auf große Produktions- und Massenbetriebe zu, Taylorismus ist ein Ausdruck dieses Denkens. Die Theorie Y hingegen geht davon aus, dass der Mensch die Arbeit als einen natürlichen Bestandteil seines Lebens, als Selbstverständlichkeit und auch als Quelle von Befriedigung ansieht. Wenn die Leute motiviert sind, arbeiten sie eigenverantwortlich für die Ziele des Unternehmens, externe Kontrollen sind nicht notwendig. Sie suchen Verantwortung und die Herausforderung von kreativen Problemlösungen. Das richtige Management ist deshalb partizipativ. Dies trifft auf professionelle Dienstleistungen und kleinere spezialisierte Organisationen zu. McGregor selber riet den Unternehmen zur Theorie Y. Weitere Details unter http:// www.12manage.com/methods_mcgregor_theory_X_Y_de.html (30.12.06).
Das Management von Organisationen mit Wissensarbeitenden müsste eindeutig auf dem Menschenbild der Theorie Y basieren. Tatsache ist jedoch, dass auch heute noch gängige Führungsmethoden implizit auf dem Menschenbild der Theorie X beruhen, insbesondere was die Notwendigkeit der Kontrolle anbelangt.

7   In Anlehnung an Weggemann 1999:96 f, 102 f.

6. *Involviertheit:* aufgrund der hohen Kompetenz großes Engagement für die Lösung fachlicher Probleme und für Organisationsfragen.

7. *Initiative und Unternehmensgeist:* Bereitschaft, Vorschläge zu machen und aus eigenem Antrieb neue Entwicklungen zu initiieren.

8. *Autonomiestreben:* gehen aufgrund ihrer Kompetenz und Arbeitseinstellung davon aus, das Recht zu haben, Entscheidungen über die Art und Mittel, mit denen die Tätigkeit ausgeführt wird, zu treffen – denn sie garantieren auch die Qualität.

9. *Professionelle Standards:* hohe Eigenverantwortlichkeit für die Wahrung von beruflicher Qualität, auch gegenseitige Überwachung der Qualitätsstandards unter KollegInnen.

10. *Identifikation:* starke Orientierung an der Wissens- und Qualitätskultur der Berufsgruppe und FachkollegInnen, führt u. U. zu Konflikten mit der Organisationskultur resp. den Organisationszielen.

11. *Moralische Normen:* fühlen sich verpflichtet, ihre Dienste im Interesse der Sache anzubieten, ohne ständig an die finanziellen Interessen des Unternehmens oder emotionale Verwicklungen mit dem Kunden denken zu müssen.

12. *Anerkennung:* brauchen als «Anreiz» und Motivationsspritze die Wahrnehmung und Wertschätzung ihrer Professionalität und Expertise durch die Organisation.[8]

Zusammengefasst lässt sich sagen, dass die Hauptmotivation der Wissensarbeitenden ihr Interesse an der Sache selbst ist, für die sie mit einem großen Bewusstsein ihrer professionellen Kompetenz und ihrer Verantwortung für die Qualität der Arbeit Lösungen entwickeln. Dementsprechend verlangen sie für

---

8   Eine jüngere Studie von Kotthoff (1997) über die subjektive Signifikanz der Arbeit für hochqualifizierte Angestellte in Großunternehmen bestätigt diese Kriterien. Kotthoff untersuchte die Arbeitsidentität von 100 Wissensarbeitenden; unter Arbeitsidentität versteht er die Antwort auf die Frage, wie man sich selber sieht, wie man von den andern gesehen und behandelt werden will, was man sich leisten kann und was man zu leisten bereit ist. Die Befragten wollen Mitgestalter der Organisationszukunft sein, sie erwarten fachlich-inhaltlich anspruchsvolle Arbeit, die ihren hohen Qualifikationen entspricht, und ein leistungsstimulierendes Umfeld, sie möchten als *die* Experten in einem Kompetenzfeld anerkannt sein, sie brauchen ein soziales Netz in der Firma, das ihrem Bedürfnis nach Macht und Einfluss Rechnung trägt, sie streben nach hoher Autonomie, sie wollen Arbeitsplatzsicherheit und ein gutes Gehalt, und sie erwarten vom Topmanagement und ihren direkten Vorgesetzten ein ebenso hohes Commitment und Involvement, wie sie selber in die Organisation einbringen. Dafür sind sie bereit, sich in starkem Maß mit den Unternehmenszielen zu identifizieren, sie sind stark beitragsorientiert und identifizieren sich auch emotional damit, wie gut oder schlecht ihre Abteilung oder Firma funktioniert. Kotthoff, H. 1997: *Führungskräfte im Wandel der Firmenkultur: Quasi-Unternehmer oder Arbeitnehmer?* Übernommen nach der Darstellung in Wilkens 2004:106ff.

sich einen gewissen Freiraum für die Arbeitsgestaltung, Entscheidungsautonomie und Anerkennung ihrer Kompetenz und Leistung durch das Management. Aufgrund ihrer hohen Leistungsbereitschaft, ihres Qualitätsbewusstseins und ihrer Eigenverantwortlichkeit verlangen die Wissensarbeitenden auch die Selbststeuerung, d. h. die Übertragung der organisatorischen Kontrollfunktion. Durch ihre Selbststeuerung, nämlich Selbstkontrolle und Selbstdisziplin, instrumentalisieren sich die Wissensarbeitenden aber selber, indem sie ihre berufliche Befriedigung und ihre persönlichen Bedürfnisse durch Identifizierung mit der Organisation freiwillig an den Erfordernissen der Organisation ausrichten.

Die sozialpsychologische Arbeitsforschung spricht hier von einem *psychologischen Vertrag* und versteht darunter einen ungeschriebenen Vertrag über gegenseitige implizite Erwartungen von Arbeitnehmer und Organisation über ihre Zusammenarbeitsbeziehung und Interaktionen. Der psychologische Vertrag beeinflusst die gegenseitigen Einstellungen und wahrgenommenen Verpflichtungen: Seitens der Organisation wird vom Arbeitnehmer in der Regel Commitment und Loyalität erwartet, dafür bietet die Organisation Arbeitsplatzsicherheit und Entwicklungsmöglichkeiten. Bei Wissensarbeitenden ist der psychologische Vertrag aufgrund ihres Selbst- und Arbeitsverständnisses etwas komplizierter. Sie erwarten für ihre hohe Leistungsbereitschaft und ihre Identifikation mit der Organisation im Gegenzug spezielle Anerkennung von der Organisation als jemand, auf den es ankommt, dessen Leistungsbeiträge einen Einfluss haben und explizit gewürdigt werden. Wissensarbeitende haben auch als Angestellte weniger eine Arbeitnehmer- als eine Unternehmermentalität und werden in der jüngeren Arbeitsforschung[9] auch als Arbeitskraftunternehmer bezeichnet.

---

9   In den vergangenen Jahren wurden die durch die Wissensökonomie ausgelösten Veränderungen in der Arbeitswelt in verschiedenen Studien und Forschungsarbeiten untersucht, Stichworte: flexible Arbeitsformen, entgrenzte Arbeit, Subjektivierung und Individualisierung der Arbeit. Das Thema unseres Kapitels, die Zusammenhänge zwischen diesen Entwicklungen und der Gestaltung der Wissensarbeit, wird in Teilaspekten detailliert in zwei Dissertationen untersucht: *Individualisierung und Wissensarbeit* von Green (2004) und *Management von Arbeitskraftunternehmern* von Wilkens (2004). Hier findet sich auch eine Übersicht über Arbeiten zum Thema psychologischer Vertrag, Wilkens 2004:67 ff.

> Wissensarbeitende bringen ihre hohe Kompetenz, professionelle Kapazität, Entwicklungspotenzial, Kreativität, Engagement und Eigenverantwortlichkeit in die Organisation ein und verlangen im Gegenzug von der Organisation Handlungsspielraum, Entscheidungsautonomie und kompetente Anerkennung ihrer Professionalität, um «funktionieren» zu können. Aufgrund ihrer hohen Leistungsbereitschaft erwarten die Wissensarbeitenden im psychologischen Vertrag implizit, dass ihre Leistungsbeiträge gewürdigt werden und Entscheidungen der Organisation beeinflussen.

7.1.3 Herausforderungen für die Führung

Es versteht sich von selbst, dass die Führung von solchen Mitarbeitenden für Vorgesetzte eine Herausforderung darstellt, insbesondere dann, wenn die Organisation noch eine stark hierarchisch geprägte Organisationskultur lebt. Die Wissensarbeit erfordert also auch ein neues Verständnis der Führungsfunktion resp. der Rolle der Vorgesetzten. Stufenautorität, Führung durch Weisungen (Kommandomentalität), Überwachung und Kontrolle werden von den Wissensarbeitenden nicht mehr einfach akzeptiert. Dies stellt Vorgesetzte in noch hierarchischen Organisationen vor einige Herausforderungen[10]:

* In einer wissensintensiven Organisation ist Hierarchie keine Legitimation für Führung mehr.
  Je höher der Anteil an Wissensarbeit in einer Organisation ist, desto stärker ist die Erosion der Macht. Das bedeutet, dass die Wichtigkeit der Autonomie für die Mitarbeitenden steigt und damit die Abhängigkeit der Organisation von ihnen. Vorgesetzte müssen fähig sein, mit «Untergebenen» umgehen zu können, die sich nicht als Untergebene, sondern als eigenverantwortlich Handelnde verstehen. Wenn eine Organisation mit traditionellen hierarchischen Führungsstufen auf Grund der sich ändernden Umwelt einen immer höheren Anteil an Wissensarbeitenden beschäftigt, muss zwangsläufig die Hierarchie mindestens teilweise neu definiert resp. legitimiert werden. Als Merkmal von wissensintensiven Unternehmen gelten deshalb aus gutem Grund Organisationsformen mit eher flachen Hierarchien. Spinn-offs von Hochschulen oder andere junge Gründerfirmen (sog. Start-up) sind wissensintensive Unternehmen mit sehr flachen Hierarchien. Einerseits hat dies

---

10 Auflistung in Anlehnung an Malik 2002.

natürlich mit der Größe dieser Jungunternehmen zu tun (kleines, einge-
schworenes Entwicklerteam), andererseits aber vor allem mit dem Selbstverständnis und der Arbeitsweise der Wissensarbeitenden im Team.

- *Mitarbeitende müssen zunehmend ihre Arbeit selbst organisieren und können sie
  nur selbst organisieren.*
  Wissensarbeit besteht aus Tätigkeiten mit einer anspruchsvollen Organisation, Gestaltung und Struktur, die auf viele verschiedene Arten abgewickelt
  werden kann. Für die Arbeit von SpezialistInnen, ExpertInnen, Berater-
  Innen, EntwicklungsingenieurInnen, ManagerInnen usw. gibt es nicht den
  einen durch das Produkt, die Tätigkeit oder die Technologie vorgezeichne-
  ten Weg der Ausführung. Den richtigen Weg oder die richtige Art der Arbeitsorganisation zu finden ist Teil der Tätigkeit und kann nur von den Wissensarbeitenden selbst organisiert werden. Wenn die Vorgesetzten sich selbst
  als Wissensarbeitende sehen, können sie vermutlich damit umgehen; für
  Vorgesetzte in traditionellen Hierarchiegefügen jedoch, die ihre Führung als
  Kontrollfunktion verstehen, sind die Konflikte mit den Wissensarbeitenden
  vorprogrammiert.

- *Es wird für Vorgesetzte immer problematischer, die Produktivität ihrer Mitarbeitenden im Griff zu haben.*
  Im Bereich der Wissensarbeit ist es schwierig, sichtbare Resultate zu erzielen,
  mehr noch, die Ergebnisse überhaupt zu messen, da sie sich einer Quantifi-
  zierung entziehen. Sie können zwar beurteilt werden, dies ist jedoch viel
  heikler als eine objektive Messung der Leistung, da Beurteilung immer eine
  gewisse Subjektivität des Beurteilenden beinhaltet und damit die Bezie-
  hungsebene anspricht. Dazu kommt, dass Wissensarbeitende oft parallel in
  verschiedenen Projekten eingesetzt werden und sich auch einsetzen lassen,
  wodurch sie ihre Kräfte und ihre Zeit verzetteln. Dies ist zum Teil bedingt
  durch die Art der Wissensarbeit, aber auch weil es häufig ihrem wissbegie-
  rigen Naturell entspricht, sich immer wieder für neue Aspekte zu interessie-
  ren. Für die traditionelle Organisation ist die schwierige Kontrollierbarkeit
  der Produktivität der Wissensarbeitenden ein zentrales Problem, weil sie die
  Steuerbarkeit des Managements in Frage stellt.

- *Es wird für Vorgesetzte zunehmend schwieriger, die Tätigkeiten ihrer speziali-sierten Mitarbeitenden noch nachvollziehen zu können.*

  Die steigende Spezialisierung bringt es mit sich, dass zunehmend Wissensar-beitende geführt werden müssen, deren Wissensgebiet die Vorgesetzten nicht mehr genau kennen, geschweige denn beherrschen. Dies verlangt einerseits von den Vorgesetzten Vertrauen in die Kompetenz der Mitarbeitenden, an-derseits von den Mitarbeitenden Nachweise ihrer Kompetenz wie Professio-nalität, beurteilbare Qualität oder Sorgfalt und Arbeitsdisziplin, die für die Vorgesetzen sichtbar sind. Vertrauen ist ein Abwägen zwischen Wissen und Nichtwissen und bedeutet für Vorgesetzte, für den Teil des Nichtwissens auf Kontrolle zu verzichten und das Risiko der Konsequenzen im Falle von Ent-täuschung zu tragen. Da solche Kompetenznachweise potenziell immer ein-forderbar sind, müssen sie gerade deshalb in einer vertrauensbasierten Zu-sammenarbeit meistens nicht eingefordert werden.

- *Mitarbeitende haben andere Werte als Vorgesetzte oder Werte, die der Organisa-tionslogik widersprechen.*

  Die Leidenschaft der Wissensarbeitenden gilt ihrem Gebiet: Sie wollen fach-lich arbeiten, ein herausforderndes Aufgabengebiet haben und ihre Tätigkeit selber organisieren. Sie streben seltener hierarchische Karrieren an. Hoch spezialisierte Wissensarbeitende können deshalb kaum nur mit Geld moti-viert oder an die Firma gebunden werden. Die monetären oder Bonus-An-reizsysteme zur Wissensteilung, die bestimmte Wissensmanagementkonzepte vorschlagen, sind deshalb bei Wissensarbeitenden wirkungslos, da sie der ex-trinsischen Belohnungslogik des Managements und des gewinnorientierten Unternehmens entsprechen. Sinnvollere Anreize für Wissensarbeitende sind größere Autonomie und Freiheit bei der Gestaltung ihrer Tätigkeit und ma-nifeste Anerkennung für ihre Professionalität und Expertise.

Die Problematik besteht darin, dass die Denktätigkeit, für die Wissensarbei-tende schließlich bezahlt werden, für Vorgesetzte nicht sichtbar und ihre Effizi-enz auch nicht abschätzbar ist. Nur der Nutzen des Ergebnisses ist beurteilbar, kann aber oft nur schwer mit dem benötigten Aufwand der Denkzeit in eine di-rekte Beziehung gebracht werden, da Denkprozesse ja nie geradlinig und kausal vom Informationsinput über die Verarbeitung zum Wissensoutput verlaufen. Ihre Autonomie bei der Arbeitsorganisation, die Wissensarbeitende für optimale Produktivität brauchen, ihr Spezialwissen und ihre Kompetenz können für Vorgesetzte bedrohlich sein und Wissensarbeitende zur potenziellen Konkurrenz machen. Unsichere Vorgesetzte sind dann versucht, mit mehr Kontrolle und autoritär zu reagieren, was die Konflikte nur noch verschärft. Dieser Situation kann wohl nur begegnet werden, indem die Mitarbeiterführung in der wissensintensiven Organisation konsequent überdacht wird. Wissensarbeitende anerkennen grundsätzlich Kompetenz als Autorität, z. B. auch Kompetenz in der Mitarbeiterführung. Dies würde bei Wissensarbeitenden bedeuten, eine Vertrauenskultur zu schaffen, die die Mitarbeitenden für die Qualität der Sache motiviert, die an die Professionalität der Wissensarbeitenden appelliert und die auf grundsätzlicher Anerkennung der schwierig zu beurteilenden Wissensleistung basiert.

> **Hierarchie betrachten Wissensarbeitende nicht mehr als Legitimation für Führung. Da die fachliche Komplexität der Problemstellung und der notwendige zeitliche Aufwand für Denkprozesse in der Wissensarbeit von Vorgesetzten kaum mehr abgeschätzt werden können, wird die Kontrollierbarkeit der Produktivität von Wissensarbeitenden zum Hauptproblem von Organisationen. Wissensarbeitende zu führen braucht eine Führungskultur, die auf grundsätzlicher Anerkennung und auf Vertrauen basiert und die von der Professionalität der Leistungen ausgeht.**

7.1.4 Intrinsische Motivation und Selbstausbeutung

Ganz entscheidend für die Führung der Wissensarbeitenden ist die Beachtung ihrer *intrinsischen Motivation*.[11] Extrinsische Motivation hängt von äußeren «Belohnungsmotivatoren» ab, kurzfristige Anreize sind etwa Boni, Prämien, Sachgeschenke oder Gutscheine; langfristige Anreize können Beförderung nach System, partielle Gehaltserhöhung oder Aktienoptionen sein. Im Gegensatz dazu alimentiert sich die intrinsische Motivation quasi aus sich selbst heraus – eine Tätigkeit wird nicht instrumentell, sondern um ihrer selbst willen ausgeübt. Die intrinsische Motivation wird deshalb vor allem durch «Anerkennungsmotivatoren» gestützt, beispielsweise Lob, Auszeichnungen, Reputationsgewinn, Ausstattung mit Mitsprache- und Partizipationsrechten, Entscheidungs- und

---

11 Speziell auf die intrinsischen und extrinsischen Motivationsfaktoren im Wissensmanagement gehen Osterloh/Wübker 1999:73 ff. ein.

Kontrollbefugnisse und Übertragung ganzheitlicher Aufgabenbewältigung und Handlungsautonomie. In den Wirtschaftsunternehmen herrscht grundsätzlich immer noch die extrinsische Form der Motivation vor, die von den Unternehmen gefördert wird, da sie der gewinnorientierten betriebswirtschaftlichen Logik entspricht.

In diesem Zusammenhang waren viele Wissensmanagementprojekte erfinderisch und entwickelten alle Arten von Anreizsystemen, um Mitarbeitende zum Lernen und Wissenteilen zu motivieren. Jeder Lernprozess, der etwas bewirken soll, kann aber nur durch intrinsische Motive initialisiert werden (ich lerne, weil mich die Sache interessiert). Denn die intrinsische Motivation erhält sich selber, solange die Rahmenbedingungen wie Organisationskultur und interne Kommunikation stimmen. Die extrinsische Motivation (ich lerne, weil ich etwas dafür bekomme) hingegen löst sich sofort auf, wenn der materielle Anreiz wegfällt. In fast jedem Wissensmanagement-Rezeptbuch wird deshalb auch die mangelnde Bereitschaft der Mitarbeitenden zur Wissensteilung beklagt, und es werden unzählige «Tricks» oder eben Anreizsysteme vorgeschlagen, wie man sie dazu bringen kann, Datenbanken zu füllen, Dokumente in gemeinsame Ablagen abzulegen, Erfahrungsberichte (Lessons learned) oder Anwendungswissen (Best Practice) auf einer Plattform zu erfassen.

Wenn man jedoch berücksichtigt, wie Wissensarbeitende «funktionieren» resp. an welchen Werten sie sich orientieren, wird bald klar, warum all diese Maßnahmen nichts nützen. Der Misserfolg hat weniger mit dem Organisationsklima oder mit einer «Wissen ist Macht»-Kultur zu tun, sondern vor allem damit, dass die jeweils eingesetzten Anreize die extrinsische Motivation ansprechen, wie das Beispiel eines Slogans für ein Anreizsystem schön zeigt: «Wissen teilen gewinnt Meilen.» Wissensarbeitende müssen, wenn Wissensdokumentation auf einer Plattform *für sie Sinn macht* und ein *reziproker Prozess* ist, nicht äußerlich dafür angereizt werden. Sie machen es von selbst und selbstverständlich, wenn es die professionelle Lösung eines Wissensproblems erfordert, beispielsweise in einem Entwicklungsprozess Erkenntnisse festhalten und auf einer Plattform allen Projektmitgliedern zugänglich machen.[12]

---

12 Um die Problematik widersprüchlicher Motivationen bei der Verwendung von Datenbanken und Wissensplattformen zu untersuchen, wählten Wilkesmann/Rascher als interessanten Ansatz das sog. Gefangenendilemma, bei dem es darum geht, aufgrund von Hypothesen über das Verhalten der andern die eigene richtige Nutzen/Ertrags-Strategie zu wählen. Auch sie konstatieren, dass das Gefangenendilemma bei intrinsischer Motivation nicht auftritt, da die Dateneingabe aus Überzeugung gemacht wird und nicht weil ein späterer Nutzen zu erwarten ist. Wilkesmann/Rascher 2005:22 ff.

Wissensarbeit bedingt eine intrinsische Motivation der Wissensarbeitenden. Hohe Involviertheit, Kreativität, Eigenverantwortlichkeit und Engagement lassen sich nicht wirklich extrinsisch «erkaufen». Beispielsweise ist bei einem komplexen Problem die Kooperation von Experten als Team erforderlich, da das Lösungswissen nur in einem gemeinsamen Prozess der Wissensteilung entwickelt werden kann. Durch materielle Anreize kann ein Teammitglied nicht dazu gebracht werden, zu einer gemeinsamen Wissensentwicklung beizutragen, wenn das Ergebnis nur durch das Zusammenwirken des impliziten Wissens aller Teammitglieder zustande kommt und keine Einzelleistung mehr zurechenbar ist. Ein bekannter Fall sind Gruppenarbeiten in der Ausbildung, die mit einer Gruppennote bewertet werden. Wer vor allem extrinsisch motiviert für die Note arbeitet, wird sich nicht groß anstrengen. Nur wer an der zu lösenden Problematik und am Wissensgewinn interessiert ist, wird sich trotz Gruppennote (!) engagieren. Solche innovative Wissenskooperation, die für die Wissensarbeit entscheidend ist, wird nur möglich, wenn alle Beteiligten durch die intellektuelle Herausforderung der Lösungsfindung und durch die daraus resultierende fachliche Befriedigung und Kompetenzsteigerung dank des Wissenszuwachses motiviert sind.

Die intrinsische Motivation der Wissensarbeitenden muss schon vorhanden sein, denn sie lässt sich nicht von außen befehlen. Intrinsische Motivation kann jedoch von äußeren Rahmenbedingungen relativ schnell zerstört werden. Organisationen, die Wissensarbeitende in hierarchische Strukturen zwängen und deren Führungsstil das Wertesystem, an dem sich Wissensarbeitende orientieren, nicht berücksichtigen, zerstören sehr schnell die intrinsische Motivation ihrer Fachkräfte und verlieren «die besten Köpfe». Auf das Management von Wissensarbeitenden wird abschließend nochmals ausführlicher eingegangen.

Intrinsische Motivation setzt den Einsatz der ganzen Persönlichkeit voraus: Emotionen, Befindlichkeit, Erfahrungen, Wissen. Wenn die *Erweiterung und Nutzung des Wissens und das Denken die Arbeitsinstrumente sind, tangiert dies die Person als Ganzes.* Die Art und Weise, wie Wissensarbeitende funktionieren, impliziert deshalb, dass sie sich mit ihrer ganzen Persönlichkeit einbringen und ihre intrinsische Motivation immer wieder aus inneren Energien speisen. Brennstoffe für dieses «innere Feuer» sind die erwähnten intrinsischen Anerkennungsmotivatoren, beispielsweise Anerkennung der Professionalität, Reputation, eine herausfordernde Tätigkeit. Da sie aufgrund ihrer Selbstinstrumentalisierung zu hoher Leistungsbereitschaft und Engagement neigen, werden sie auch mit *stän-*

dig steigenden Leistungsanforderungen seitens des Arbeitgebers konfrontiert, insbesondere in der Projektarbeit.

Die neuen Arbeitsformen wie Mobilarbeit, Telearbeit, Vertrauensarbeitszeit und Projektarbeit sind gerade in der Wissensarbeit stark verbreitet und bei Wissensarbeitenden relativ beliebt, weil sie den notwendigen Handlungsspielraum und eine gewisse Autonomie ermöglichen. Die Kehrseite der Medaille macht sich jedoch bereits bemerkbar in permanent hoher Leistungsanforderung und psychischer Belastung der Wissensarbeitenden, hervorgerufen durch die wegfallende Trennung zwischen Arbeitszeit und Privatleben. Dieses Ineinanderfließen von Arbeits- und Lebenswelt wird auch als *entgrenzte Arbeit* bezeichnet. Die Wissensarbeitenden stehen mitten in diesem Spannungsfeld: Je grenzenloser die Anforderungen an ihre Leistungen, desto begrenzter die Ressourcen. Ihre intrinsische Motivation und ihre Leistungsbereitschaft können Wissensarbeitende geradewegs in die Falle *Selbstausbeutung* führen. Da Wissensarbeitende – ob sie in einer Organisation angestellt sind oder als selbstständige «Ich-AG» ihre Wissensarbeitskraft verkaufen – mit ihrer Ressource Wissen immer ökonomischen Regeln unterworfen sind, kann man von fremdbestimmter Selbstausbeutung sprechen.

Auf Dauer zu einer großen Belastung kann insbesondere die Projektarbeit führen, da die zeitlich begrenzte Zugehörigkeit zu einem Team immer wieder Zeit und emotionale Energie für den Beziehungsaufbau verlangt oder die Gleichzeitigkeit von Projekt- und Fachstellenarbeit, die bei Zeitdruck und Ressourcenknappheit zu Rollen-, Prioritäts- und Koordinationskonflikten führen kann. Da die hohe Belastung eine Konsequenz des Handlungs- und Entscheidungsspielraums ist, wird sie von den Wissensarbeitenden aber geschluckt. Bei zu hoher Belastung, z. B. durch widersprüchliche interne und externe (Kunden-) Anforderungen, unklare Projektbedingungen, Fehlerhäufigkeit wegen Zeitdruck, behindernde Prozessstrukturen, administrative Mehraufwände, Mehrstellenarbeit, falsche Managemententscheide etc. bleiben nur noch Stress, kein Handlungsspielraum mehr und die belastende Verantwortung.

Dauern solche Konstellationen an oder wiederholen sie sich immer wieder, sind alle Voraussetzungen für tiefe Frustration, Ohnmachtsgefühle (keinen Einfluss auf die Rahmenbedingungen haben) und geistige Erschöpfung (das Gefühl, es nicht mehr zu schaffen) gegeben – die bekannten Symptome von *Burnout*.

Burnout, das Erlöschen des inneren Feuers, kann vermutlich als Berufskrankheit von Wissensarbeitenden bezeichnet werden. Wenn die intrinsische Motivation aufgrund solcher Arbeitsbedingungen zerstört wird, können Wissensarbeitende buchstäblich nicht mehr «wissensarbeiten», weil die Grundvoraussetzung nicht mehr gegeben ist. Sie können noch Dienst nach Vorschrift leisten oder Routinearbeiten ausführen und werden mit großer Wahrscheinlichkeit auch physisch krank.[13]

> Die intrinsische Motivation (etwas um der Sache willen und nicht wegen einer Belohnung tun) ist die Voraussetzung für Wissensarbeit, sie erklärt die hohe Leistungsbereitschaft und das Engagement der Wissensarbeitenden. Die intrinsische Motivation in der Wissensarbeit bedingt den Einsatz der gesamten Persönlichkeit mit Emotionen, Befindlichkeit, Wissen und Erfahrungen. Die große Gefahr für Wissensarbeitende ist deshalb die Selbstausbeutung: Wenn die Leistungsanforderungen permanent zu hoch sind und die Rahmenbedingungen nicht verändert werden können, zerstört dies die intrinsische Motivation und die Wissensarbeitenden werden arbeitsunfähig (z. B. Burnout).

7.2 Die intelligente Organisation

Wie wir bereits gesehen haben, wird heute mit den globalen Maßstäben alles komplexer, auch für Unternehmen, NPO und PO, die einen regionalen Fokus haben: der Handel, die Märkte, die Gesellschaft, die Produkte und Dienstleistungen, die notwendige Technologie und die Kommunikation. Traditionelle, hierarchische Organisationen sind je länger, je weniger fähig, mit dieser Komplexität umzugehen. Je mehr Wissen zur wettbewerbsentscheidenden oder wirkungsbestimmenden Ressource für eine Organisation wird, desto deutlicher zeigt sich die Notwendigkeit, Organisationsstrukturen und Arbeitsformen an-

---

13 Die Belastungssituation von IT-Beschäftigten wurde von Latniak/Gerlmaier in einer Studie *Zwischen Innovation und alltäglichem Kleinkrieg* untersucht, mit deutlichen Befunden: 40 % der Mitarbeitenden in den untersuchten Softwareentwicklungs- und -beratungsprojekten litten an Nervosität, Schlafstörungen, Magenbeschwerden und chronischer Erschöpfung – alles Frühindikatoren von Burnout. Sie listen eine Reihe von Maßnahmen auf, die die Organisationen treffen müssten, wie die Verhandlungsautonomie der Wissensarbeitenden stärken, zeitnahe Erholung, Sensibilisierung für die Problematik, Reflexionsräume schaffen. Latniak/Gerlmaier 2006.

zupassen, weil der Umgang mit Wissen als wertvolle Arbeitsressource von der Organisation eine andere Wahrnehmung und ein Umdenken verlangt.

Die Anpassung erfordert, dass die hierarchische, stark top-down strukturierte und standardisierte Organisation, die auch für Verwaltungen kennzeichnend ist, sich wandelt und fähig wird, entweder extern Netzwerke mit unterschiedlichen Partnern zu bilden, wenn die wirtschaftlichen, gesellschaftlichen und politischen Rahmenbedingungen unsicher sind, oder sich intern in eine prozessorientierte und projektbasierte Organisation umzustrukturieren, wenn die Dienstleistungen und Produkte immer komplexer werden. Oder beide Entwicklungen gleichzeitig voranzutreiben: sowohl extern Netzwerke knüpfen wie intern Modularisierung bewirken. Wie wir gesehen haben, sind interne Prozesse auch immer vernetzt, durch die prozessorientierte Modularisierung entstehen also auch intern Netzwerke.

7.2.1 Netzwerkgesellschaft

Wir sprechen heute von einer eigentlichen Netzwerkgesellschaft, eine Auswirkung der Wissensgesellschaft. Wissensarbeit kann nicht mehr nur organisationsintern gemacht werden, die rasante Informationszunahme bedingt, dass Wissensarbeitende in professionellen Netzen zusammenarbeiten, bei großen internationalen Unternehmen außerhalb, aber auch innerhalb der Organisation. Dasselbe gilt auch für den Non-Profit- und öffentlichen Bereich. Da heute sowohl das gesellschaftspolitische Umfeld wie die Dienstleistungen komplex und vernetzt sind, muss eine Verwaltung oder größere NPO intern und extern Netzwerke bilden und strategische Kooperationen zwischen einer Abteilung oder Verwaltungseinheit und verschiedenen externen Partnern eingehen, die ad-hoc und autonom übergreifende gesellschaftliche Problemstellungen bearbeiten. Solche vielfältigen Netzwerke und Kooperationen zwischen Staat, Gesellschaft und Wirtschaft sind heute zunehmend anzutreffen, z. B. im Umweltbereich, in der Gentechnik oder bei der Städteentwicklung. Sie sind ein Ausdruck des erwähnten Trends zum partizipativen und kooperierenden Staat.[14]

Aus Sicht Wissensmanagement sind solche neuen Formen von Kooperationen, Netzwerken, Allianzen, Wissensgemeinschaften, Communities etc. hochinteressant, weil ihr Hauptzweck – egal, welche operativen Ziele verfolgt werden – immer darin besteht, an strategisch wichtiges Wissen heranzukom-

---

14 Siehe Schluss Kap. 6.5.

men, und immer öfter auch, gemeinsam eine Komplexität handhaben zu können, die eine Organisation allein nicht mehr in den Griff bekommt. Hauptvoraussetzung ist, dass die beteiligten Partner einander an organisationsspezifischen Informationen und Know-how teilhaben lassen, damit durch Kombination von verschiedener organisationsspezifischer Expertise Lösungen gefunden werden. Sie werden deshalb auch als Knowledge Networks oder Wissensnetzwerke bezeichnet.[15] In erfolgreichen Wissensnetzwerken und andern Wissenskooperationsformen wird also Wissensmanagement in einer spezifischen selbstgesteuerten Form praktiziert, deshalb verspricht man sich von der Analyse ihrer Erfolgsfaktoren wichtige Erkenntnisse auch über die Voraussetzungen für organisatorisches Wissensmanagement.

Bemerkenswert am Netzwerk-Phänomen ist, dass die Organisationen sich von klar begrenzten und zentral steuerbaren Systemen zu ineinander verknüpften Gebilden mit unscharfen Grenzen wandeln:[16] Einzelne Mitarbeitende sind Mitglieder in internationalen Expertennetzwerken, ein Projektteam ist Teil eines überregionalen Großprojekts und bearbeitet einen Teilaspekt, eine Verwaltungsabteilung legt Infrastrukturen mit der gleichen Abteilung in der benachbarten Stadt zusammen, ein Interessensverband geht eine Kooperation mit einem «Konkurrenzverband» ein, und sie teilen Zuständigkeitsbereiche zwischen ihnen neu auf, usw. Die Mitarbeitenden, die auch außerhalb der Organisation in Netzwerken für die Organisation arbeiten oder die innerhalb der Organisation in festen Prozessen und in informellen Netzwerken tätig sind, lernen durch diese mehrfachen «Mitgliedschaften» permanent und sammeln Informationen und wichtige Erfahrungen.

Von spontanen Interessensgemeinschaften bis zu gelenkten Zwecknetzwerken mit Interessensvertretung gibt es zwischen den zwei Extremen grundsätzlich alle Formen von Wissensnetzwerken. Wissensnetzwerke können ungeplant entstehen, wenn sich eine Gruppe von Wissensarbeitenden mit einem gemeinsamen Interesse an einer Wissensproblematik regelmäßig trifft oder über Kommunikationstechnologie austauscht. Oder sie werden absichtsvoll mit dem Zweck gegründet, Expertenwissen zusammenzuführen und einen Austausch zu

---

15 In der Literatur wird noch genauer, z. T. aber auch uneinheitlich definiert, was Netzwerke, Wissensgemeinschaften und Communities unterscheidet. Für eine einführende Erläuterung genügen aber die grundlegenden Merkmale. Zu den eigentlichen Knowledge Networks vgl. die neueren Untersuchungen von Back et. al. 2005 und Back/Enkel/Krogh 2006.
16 Vgl. dazu Seufert/Back/Krogh 1999.

initialisieren. Ein konkretes Wissensnetzwerk kann also mit Kriterien wie *Autonomie resp. Abhängigkeit*, Koexistenz von *Kooperation und Wettbewerb, Dynamik resp. Stabilität* und Grad an *Selbststeuerung und Gelenktheit* näher charakterisiert werden.

Wissensnetzwerke oder -gemeinschaften sind also informelle Gruppen, die durch Identifikation mit der Expertise der Gemeinschaft sowie hohe Bindung an ein gemeinsames Interessengebiet gekennzeichnet sind. Im Informatikbereich sind die Open-Source-Entwickler-Communities ein aufschlussreiches Beispiel für das Funktionieren von Wissensgemeinschaften. Aus der Untersuchung des Wissensaustausches in Open-Source-Projekten können Rückschlüsse auf Wissensgemeinschaften in Organisationen und indirekt auch auf die Personalführung von Wissensarbeitenden gezogen werden. Die Analyse der Motivationsfaktoren[17] bei erfolgreichen Open-Source-Communities bestätigt, dass auch hier die *intrinsische Motivation* die Basis ihres Erfolgs ist. Vier Faktoren sind dabei ausschlaggebend:

1. *Reziprozität*
   Die Untersuchung verschiedener Communities und Netzwerke zeigt, dass das System des Gebens und Nehmens («wie du mir, so ich dir») nicht unbedingt an Vertrauen gekoppelt ist, aber immer funktioniert, weil die absolute Basisregel heißt: Wer sich nicht daran hält, wird von der Gemeinschaft ausgeschlossen.

2. *Spaß am Lernen*
   Ein starkes Motiv ist die Möglichkeit, die die Community bietet, die eigenen Fähigkeiten und Fertigkeiten weiterzuentwickeln, sowie eine gewisse «Zweckfreiheit».

3. *Reputation*
   Kostenlose Verteilung des Wissens bringt schnelle Verbreitung und Bekanntwerden im Netz, dies wiegt für viele Open-Source-Begeisterte ein direktes Entgelt auf; nicht Anreize in ihrer Firma in Form von Geld und Karriere scheinen im Vordergrund zu stehen, sondern Anerkennung in der Community, unter ihresgleichen – die Kompetenz wird am Wissensbeitrag erkannt.

---

17 Vgl. dazu Langen/Hansen 2004.

4. Selbstbestimmung

Entscheidend ist, das tun zu können, was man wirklich möchte, und nicht, weil es ein Kundenauftrag war; nur freiwillige («zweckfreie») Leistung wird in der Community als echte Wissensleistung betrachtet.

Aus den vorausgegangenen Erläuterungen, wie Wissensarbeitende «funktionieren», wird auch verständlich, warum der Wissensaustausch in einer solchen Community in der Regel funktioniert. Wissensarbeitende tauschen sehr bereitwillig Wissen aus, wenn die Gestaltung der Wissensarbeit ihre Charakteristika berücksichtigt, insbesondere ihre hohe intrinsische Motivation, Involviertheit, Initiative und ihre professionellen Qualitätsstandards. Wissensarbeitende sind in hohem Masse daran interessiert, für eine *intelligente* Community oder Organisation zu arbeiten, d. h. in einer Struktur, die sich als Organisation an den gleichen Werten orientiert wie sie als Individuen.

Wissensgemeinschaften werden mittlerweile als entscheidender Erfolgsfaktor für wissensintensive Organisationen betrachtet. Verschiedene Disziplinen wie Wissensmanagement, Netzwerk-Theorie, Kommunikationspsychologie, Change Management, Soziologie, Lerntheorie etc. arbeiten an Rahmenkonzepten zur Weiterentwicklung von Wissensgemeinschaften. Dabei wird vor allem untersucht, wie in einer Wissensgemeinschaft die Weitergabe von Wissen zwischen den Mitgliedern, die sogenannte *Wissenskooperation,*[18] noch verbessert werden kann. Funktionierende Wissensgemeinschaften stehen deshalb im Zentrum des Interesses, weil sie Orte der praktizierten Wissensteilung darstellen. Im Wissensmanagement sind verschiedene erfolgreiche Praxis-Communities untersucht worden, die arbeitsbezogen und spontan entstanden sind.[19] Die Absicht ist, solche Communities of Practice (CoP) als Wissensmanagement-Instrument von der Organisation einzusetzen, um ihre Funktionsregeln auch bei geplanten Wissensgemeinschaften anzuwenden. Wir skizzieren kurz, was solche Communities of Practice (CoP) charakterisiert, wie sie funktionieren und warum sie überhaupt funktionieren.[20]

---

18 Eine ausführliche Untersuchung über die Bedingungen, unter denen die Wissenskooperation in Wissensgemeinschaften funktioniert, bietet Lembke 2005.

19 Ein bekanntes Beispiel ist die Community der Techniker bei Xerox, die einander in den Pausen ihre Problemlösungserfahrungen als Erfolgsgeschichten («War Stories») erzählten und alle voneinander lernten. Eppler/Sukowski 2001:119 ff.

20 Vgl. dazu Schneider 2004:137 ff.

Die Komplexität der Wissensgesellschaft können Organisationen nur noch mit Netzwerken und Kooperationen handhaben. Organisationsgrenzen werden durchlässiger, Mitarbeitende haben mehrfache interne und externe «Mitgliedschaften». Wissensnetzwerke werden charakterisiert durch Kriterien wie Autonomie resp. Abhängigkeit, Koexistenz von Kooperation und Wettbewerb, Dynamik resp. Stabilität und Grad an Selbststeuerung und Gelenktheit. Erfolgreiche Kooperationen und Communities basieren auf intrinsischer Motivation und folgenden Zusammenarbeitsprinzipien: Reziprozität, Spaß am Lernen, Reputationsgewinn, Selbstbestimmung, Zweckfreiheit und Freiwilligkeit.

7.2.2 Wissensgemeinschaften und CoP

In Wissensgemeinschaften oder CoP finden sich Leute zusammen, die ein gemeinsames Interesse an einer Wissensproblematik haben. Sie sind als Phänomen weder ein Team (mit Identität, Vertrauen, Nähe, Zugehörigkeitsgefühl) noch eine Organisation (mit Aufgabe, Struktur, Orientierung), sondern irgendwo dazwischen oder sowohl als auch. Eine CoP weist folgende Strukturmerkmale[21] auf, die für jede Community in typischer Weise gestaltet sind:

- *Gemeinsame Zielsetzung oder geteiltes Interesse, der Wissensbereich*
  beeinflusst direkt die Motivation der Mitglieder.
- *Interaktionen, die Gemeinschaft*
  umfasst die persönlichen und institutionellen Beziehungen der Mitglieder und die Kommunikationsräume, äußert sich in der Häufigkeit und Dauer der Begegnungen, aber auch in der Art der Kommunikation: über persönlichen Kontakt (Face to Face) oder medial vermittelt.
- *Mikrokultur, die Praxis*
  repräsentiert die Identität der Community durch geteilte Werte, Gepflogenheiten, Rituale, Geschichten, Erfahrungen, aber auch das kollektiv erarbeitete Wissen in Form von gemeinsam entwickelten Modellen, Standards oder Instrumenten.

---

21 Vgl. Winkler/Mandl 2003:4f. und Bettoni/Clases/Wehner 2004:320ff.

Eine CoP unterscheidet sich also sowohl von einer traditionellen Arbeitsgruppe wie auch von Gruppen, die in Fachforen diskutieren. Im Unterschied zur Arbeitsgruppe, Projektgruppe oder auch einer Task Force hat eine CoP nicht die Aufgabe, ein bestimmtes Problem zu lösen. Sie dient vor allem als Forum für die Entwicklung der Kompetenzen ihrer Mitglieder und für den Austausch von Wissen und über Wissen, d. h. der Wissenskommunikation. Eine CoP ist auf die gemeinsamen Interessengebiete der Mitglieder ausgerichtet und an diese gemeinsamen Interessen gebunden. Im Unterschied zu einem Fachforum, wo von verschiedenen Personen und unverbindlicher diskutiert wird, engagieren sich die Mitglieder einer CoP, ein Thema gemeinsam weiterzuentwickeln und gemeinsam neue Erkenntnisse zu gewinnen. Der Austausch erfolgt häufig virtuell mit Kommunikationstechnologie (Groupware, Comunity-Software und Social Software wie Foren, Blogs, Wikis), aber die physische Zusammenkunft ist ebenso wichtig.

Als lebendige Gebilde leben aber auch Communities nicht ewig, sondern haben einen Lebenszyklus. Der Lifecycle oder die Laufzeit umfasst die folgenden (standardisierten) Entwicklungsphasen:[22]

Phase	Beschreibung
Gründung	Anfänglich nur ein loses Netzwerk, braucht absichtsvollen Gründungsakt durch engagierte Personen: Definition des Wissensbereichs, Recherche von weiteren ExpertInnen, Identifikation der Entwicklungsziele
Zusammenwachsen	Bestimmen der Interaktionsform, Art der Treffen, Aufbau der persönlichen Beziehungen, Klären der gemeinsamen Werte, Spannung zwischen Eigeninitiative der Mitglieder und Strukturierung
Aktivität	Hohe Dynamik, Herausbildung einer besonders engagierten Kerngruppe und eher peripheren Mitgliedern, Spannung zwischen Wachstum und Fokussierung

---

22   Basierend auf Wenger 2002:68 ff., in Anlehnung an Bettoni/Clases/Wehner 2004:323 f.

Bewirtschaftung	Entwicklung von Methoden und Hilfsmitteln, sichtbarer Output, Identifikation mit der Leistung, Überprüfung der Erkenntnisse in neuen Kontexten, abnehmendes Interesse einzelner Mitglieder
Verwandlung oder Auflösung	Es gibt verschiedene Gründe für das Ende einer CoP: Ziele sind erreicht, Interessen der Mitglieder entwickeln sich in verschiedene Richtungen, sie wird von der Organisation aufgelöst

Tab. 10 Lebenszyklus einer Community of Practice

Das Beispiel der CoP zeigt wieder das grundsätzliche Problem für Wissensmanagement als Management-Instrument: steuernd in die Wissensteilung einzugreifen und sie im Hinblick auf Organisationszwecke zu optimieren. Wie das Funktionieren der freien Communities zeigt, sind die Faktoren Spaß, Zweckfreiheit und Freiwilligkeit die entscheidenden Triebfedern. Auch bei von der Organisation initialisierten CoP ist es folglich entscheidend, dass die Mitglieder freiwillig und weisungsunabhängig mitarbeiten, wenn wirklich die Wissensentwicklung das Ziel ist. Die intrinsische Motivation, die Leidenschaft für ein Wissensgebiet, die Gratifikation durch bereichernde Interaktionen sind notwendige Voraussetzungen, damit Comunities als lebendige Gebilde funktionieren. Der Nutzen für die Organisation entsteht immer implizit, muss aber von der Organisation auch mit entsprechenden «Maßnahmen» «expliziert» werden. Der Nutzen von Communities liegt für eine Organisation vor allem in der in der Community gepflegten Wissenskommunikation und in der allfälligen Wissensentwicklung.

Vor allem eigentliche Fach-Communities, an denen die Wissensarbeitenden über die Organisationsgrenzen hinweg teilhaben, sind für eine Organisation sehr wertvoll, weil ihre SpezialistInnen dadurch im Kontakt und Austausch mit externen KollegInnen ihre für die Organisation wichtigen Kompetenzen pflegen und weiterentwickeln. In Wirtschaftsunternehmen, wo die Wissensentwicklung proprietär ist, können allerdings solche Organisationsgrenzen überschreitenden CoP unter Umständen für ihre Mitglieder zu Loyalitätskonflikten führen (Schutz des Wissens vor Konkurrenz). Dass die Mitarbeit in einer CoP von der Organisation als Teil der Tätigkeit betrachtet wird und nicht in der Freizeit stattfinden muss, müsste sich eigentlich von selbst verstehen.

7.2.3 Intelligentes Handeln

Die Fähigkeit zur Wissenskooperation ist aber nicht nur in Wissensgemein-schaften, sondern im normalen Arbeitsalltag relevant, sie bedeutet kooperatives und kollektives Lernen. Bei Wissensarbeitenden ist nicht die Lernfähigkeit ein Problem, denn charakteristisch für Professionalität sind der ständige Wissens-durst und die Verantwortlichkeit für die Qualität des eigenen Wissens. Da Wis-sensarbeitende häufig Individualisten sind, besteht eher das Problem, dass sie das persönlich Gelernte oder die neuen Informationen nicht in die Organisa-tion hineintragen. Dies ist jedoch die Hauptvoraussetzung, damit in der Orga-nisation kollektive Lernprozesse stattfinden können. Denn eine lernende Orga-nisation ist nicht einfach die Summe aller Lernaktivitäten der Mitarbeitenden. Ein weiteres Problem ist, dass die Erfahrungen und Erkenntnisse der Mitarbei-tenden, die sie durch ihre internen und externen Netzwerktätigkeiten gewin-nen, von der eigenen Organisation gar nicht abgeholt und genutzt werden. («Kein Mensch interessiert sich dafür, welche Erkenntnisse ich durch die Mitar-beit in der internationalen Expertengruppe gewinne.») Eine Organisation, die intelligent ist, betrachtet dieses Wissen als Return on Investment für die Ar-beitszeit, die ihre Wissensarbeitenden in externen und internen Netzwerkfunk-tionen verbringen, und vermittelt ihren «Botschaftern» Anerkennung und Wichtigkeit, indem sie sich für ihre Beiträge in Form von Erfahrungen und Er-kenntnissen interessiert.

Die Voraussetzung für den Transfer des individuellen Wissenserwerbs in die Gemeinschaft ist, wie bereits ausgeführt,[23] dass die Mitarbeitenden fähig sind, ihr Lernen zu reflektieren und den Wert des Resultates eines Lernprozesses ein-zuschätzen. Und zwar sowohl den persönlichen Wert (was hat es mir gebracht) wie und vor allem aber auch den Wert für die Organisation (was bringt mein neues Wissen der Organisation). Das bedingt auf der andern Seite natürlich ein Management, das dies überhaupt wissen will und den Wert dieses Wissens auch nutzen kann.

Intelligentes Handeln sowohl des Individuums wie auch einer Organisation zeichnet sich also durch folgende Merkmale aus:

---

23   Kap. 5.3. Vom individuellen zum kollektiven Lernen.

Intelligentes Handeln	Individuum	Organisation
Erkennen und Reagieren auf Entwicklungen im Umfeld mit einer hohen Qualität und Schnelligkeit	Entwicklungen im eigenen Fachgebiet verfolgen, Teilnahme an Netzwerken, Communities	Gesellschaftliche und politische Entwicklungen antizipieren
Vernetzung von Informationen und Wissen zur Generierung von Lösungen	Zugang zu Informationen öffnen, interne Beziehungsnetze aufbauen und pflegen, bewusst Fachprobleme ins Team tragen und gemeinsame Lösungen entwickeln	Interne Beziehungsnetze unterstützen, Kontaktgelegenheiten schaffen, Strukturen für kollektive Lernprozesse fördern (alles problematisch bei großer Personalfluktuation)
Erinnerungsvermögen und reflexive Verarbeitung von Erfahrungen	Persönliche Lessons learned austauschen, informelle Beziehungen pflegen	Austausch von Organisationserfahrungen, identitätstiftendes Storytelling (ebenfalls Problem bei großer Personalfluktuation)
Fähigkeit zur Beobachter- und Metaperspektive	Sich als Person von außen sehen (Feedback durch andere)	Sich als Organisation von außen sehen, Außenbilder (Presse etc.) analysieren
Reflexive Lernfähigkeit: Double-Loop- und Deutero-Lernen, generatives Wissen haben	Individuell aktiv und nicht nur reaktiv entwicklungsfähig sein; Reflexionsprozesse ins Team tragen	Als Organisation Reflexionszeiten zwischen Projekte schalten, Ergebnisse handlungswirksam machen
Fähigkeit zur optimalen Gestaltung von Wissensarbeit	Vermeidung von Perfektionismus, Verzetteln, Selbstausbeutung, Einfordern von wirklicher Handlungsautonomie	Strategische Organisationsziele und nachhaltige Personalpolitik wirklich verbinden und über kurzfristige Interessen und Ziele stellen

Tab. 11 Intelligentes Handeln des Individuums und der Organisation

Wissensgemeinschaften oder Communities of Practice (CoP) dienen ihren Mitgliedern dazu, Erfahrungswissen und Erkenntnisse in einem Interessensgebiet auszutauschen und gemeinsam neues Wissen zu entwickeln. Funktionierende Wissensgemeinschaften sind für das Wissensmanagement interessant, weil sie Orte der natürlich praktizierten Wissensteilung darstellen. Eine CoP wird charakterisiert durch ihr Wissensgebiet, ihre Form der Interaktion und ihre Mikrokultur und hat einen typischen Lebenszyklus. Auch eine CoP, die von der Organisation absichtsvoll als Wissensmanagement-Instrument eingesetzt wird, muss «Zweckfreiheit» und Freiwilligkeit garantieren.

7.2.4 Rationales und irrationales Management von Wissensarbeitenden

Abschließend soll doch noch auf die fundamentale Paradoxie hingewiesen werden, der sich auch das Wissensmanagement, vor allem verstanden als Management-Instrument, nicht entziehen kann.

Angesichts der eingangs beschriebenen Entwicklung in der Wissensökonomie, der Wichtigkeit der Ressource Wissen für Wirtschaftsunternehmen und Organisationen im Non-Profit und Public Sector, der strategischen Bedeutung von Wissensarbeit und der zunehmenden Zahl von Wissensarbeitenden in allen Organisationen ist es klar, welches langfristige Entwicklungsziel Organisationen anpeilen müssen, wenn sie überleben wollen: *eine intelligente Organisation werden*. Nur so kann eine Organisation mit diesen Herausforderungen umgehen und wettbewerbssichernde Produkte oder wirkungsorientierte Dienstleistungen entwickeln. Voraussetzung dafür ist allerdings, dass eine Organisation zuerst nichtimitierbare Kernkompetenzen aufbauen kann, dazu muss sie aber über einmalige Ressourcen verfügen, die wiederum das Ergebnis von speziellen Lernfähigkeiten der Organisation sind, die ihrerseits aus der Wissenskooperation ihrer Wissensarbeitenden resultieren.

Die rationale und einzig richtige wettbewerbssichernde Strategie ist es folglich, eine *langfristige Mitarbeiterbindung* anzustreben, weil sie den entscheidenden Anfangspunkt der ganzen ressourcenbasierten Entwicklung darstellt. Eine Organisation, die für die Ausübung ihrer Tätigkeit mehrheitlich Wissensarbeitende beschäftigt, muss logischerweise mit den Wissensarbeitenden richtig umzugehen wissen und die Wissensarbeit richtig organisieren. Sie muss also genauso wie ein Individuum den Umgang mit ihrer Hauptressource Wissen steuern und gestalten, z. B. den internen Wissens- und Erfahrungsaustausch organisieren, sie muss dafür sorgen, dass die an einem Ort oder in einem Projekt gewonnene Expertise bei Bedarf für andere Projekte zur Verfügung steht und dass SpezialistInnen zusammen eine Teamkompetenz generieren können, weil eine Person allein die komplexen Probleme nicht mehr lösen kann.

Jede Organisation ist heute gefordert, eine kollektive Intelligenz zu entwickeln und die Lernbereitschaft der Mitarbeitenden zur Kompetenz und vielleicht sogar zur Kernkompetenz auszubauen, denn die Menge an Wissensarbeitenden allein macht wie gesagt noch keine intelligente Organisation aus. Erst der richtige Umgang mit ihnen zeigt, ob eine Organisation lernt und folglich intelligent ist. Denn eine intelligente Organisation verfügt vor allem über vier entscheidende Fähigkeiten:

- *Sie weiß die gesammelten Erfahrungen zu nutzen.*
  Dazu muss sie ein organisationales Gedächtnis haben, das nur bei einer gewissen Konstanz im Personalbestand entsteht und gepflegt wird. Bekanntlich nützt die Ablage von Lessons learned in Datenbanken wenig, sie werden erst nützlich, wenn sie an einen neuen Kontext angepasst mündlich wiederbelebt werden. Fehler bei Produktentwicklungen, immer wiederkehrende strukturelle Probleme bei Projektabwicklungen, aber auch Erfolgsstorys bei einem anspruchsvollen Beratungskunden etc. stellen für die Organisation das ausschlaggebende Wissen dar, um ihre Effizienz zu verbessern und auch als Organisation nicht immer wieder von vorne anzufangen, wenn neue Mitarbeitende kommen.

- *Sie verfügt über Vergleichsmöglichkeiten zu andern Organisationen.*
  Dazu benötigt die Organisation Mitarbeitende, die auch außerhalb der Organisation Netzwerke und Kooperationen pflegen, und sie muss entsprechende Gefäße schaffen, um das wichtige externe Wissen ihrer Wissensarbeitenden abzuholen und für die Einschätzung der eigenen Kernkompetenzen zu nutzen. Diese Mitarbeitenden in externen Netzwerken sind aber auch Botschafter der eigenen Organisation und wichtige Imageträger. Bei Wissensarbeitenden, die frustriert sind und sich intern nicht genug anerkannt fühlen, schwindet die Loyalität zum Arbeitgeber, und sie äußern sich in ihren Netzwerken unter Umständen kritisch über ihre Organisation.

- *Sie ist fähig, Instrumente, Konzepte und neue mentale Modelle zu entwickeln.*
  Solches organisationales Wissen zu entwickeln ist nur möglich, wenn die Mitarbeitenden eine Verständigungsgemeinschaft bilden, Wertvorstellungen teilen und gleiche Wirklichkeitsvorstellungen konstruieren. Um das aufzubauen, muss eine gewisse Beständigkeit im Personalbestand da sein, denn häufig wechselnde Mitarbeitende oder Vorgesetzte, permanente Restrukturierungen, effektiver oder ständig drohender Personalabbau (z. B. politische Sparübungen im Public Sector) brechen eine Verständigungsgemeinschaft immer wieder auf und zerstören im Endeffekt die kollektiven Sinnsysteme. Ganz abgesehen davon, dass große Personalfluktuationen auch immer Zusatzenergie für die Wissenarbeitenden kosten, bis die Beziehungen und die für die effiziente Wissenskooperation notwendigen internen Netzwerke wieder aufgebaut sind, da Wissenskooperation vor allem Wissenskommunikation ist.

- *Sie ist fähig, aus ihren Wissensarbeitenden ad hoc zusammengefügte «Special Task Forces» zu bilden, die trotz unterschiedlicher Kenntnisse und Erfahrungen kooperieren können.*
  Auch dies setzt voraus, dass die Wissensarbeitenden eine Kultur der Wissenskooperation mit verlässlichen internen Beziehungsnetzen und entsprechenden Kommunikationsformen entwickelt haben und sich stark mit der Organisation und ihren Zielen identifizieren. Dazu genügt Expertenwissen allein oder eingekauftes Expertenwissen nicht, der «Kitt» solcher Task Forces bildet die identitätstiftende Organisationskultur, die erst nach einer bestimmten Zeit der Organisationszugehörigkeit entsteht.

Die vier entscheidenden Fähigkeiten einer intelligenten Organisation basieren alle auf einem relativ konstanten, loyalen, motivierten, lernfähigen und leistungsstarken Personalbestand an Wissensarbeitenden. Rational betrachtet müsste eine Organisation folglich alles unternehmen, um ihren Wissensarbeitenden optimale Arbeitsbedingungen zu verschaffen, da sich dadurch die erwünschte Produktivität und Innovativität als Folgeeffekt ergeben würde.

Nun ist aber auch Wissensarbeit *ökonomische Arbeit*, d. h. immer mit den andern Ressourcen Kapital und Arbeit gekoppelt. Aus Organisationssicht werden Wissensarbeitende nicht dafür bezahlt, dass sie einfach Wissen besitzen, sondern dafür, dass sie *ihr Wissen in produktive Leistung für die Organisation um-*

wandeln. Wissensarbeit als wirtschaftlicher Wertschöpfungsfaktor betrachtet untersteht deshalb auch der ökonomischen Steuerungslogik: Das Unternehmen muss die Wissensarbeitenden und die Produktivität der Wissensarbeit im Griff haben, messen und kontrollieren können. Ein mechanistisch steuerndes Management überträgt folglich die produktivitätsteigernden Methoden der manuellen Produktion auch auf die Wissensarbeit, indem die gleichen Kontroll- und Messmethoden angewendet werden – und stößt auf latenten bis offenen Widerstand bei den Wissensarbeitenden, weil sich genau die Kontrollmentalität am wenigsten mit der für sie notwendigen Autonomie und Eigenverantwortlichkeit verträgt. Der andere und rational gesehen einzige Weg ist, nicht die Produktivität der Wissensarbeitenden kontrollieren zu wollen, sondern die Produktivität indirekt positiv zu beeinflussen, indem die Arbeitskontexte so gestaltet werden, dass Wissensarbeitende optimal funktionieren können.

In der Realität verhalten sich aber Management und Organisationen bekanntlich häufig völlig anders: permanente Restrukturierungen, Fusionen, Firmenverkäufe, Personalabbau auf der einen Seite und hektischer Aufbau auf der andern, Outsourcing von Kerngeschäften, Umwandlungen von Arbeitsverträgen in Auftragsverträge, Überlastung ihrer Schlüsselpersonen, Entmachtung von Schlüsselpersonen bei Umstrukturierungen etc. sind in vielen Organisationen an der Tagesordnung. Begründet werden solche Entscheidungen immer mit operativen und kurzfristigen Sachzwängen.

Waren in der zweiten Hälfte der neunziger Jahre die Wissensarbeitenden noch umworbene «Gold Collar Workers» und fürchteten die wissensintensiven Unternehmen nichts mehr als «Brain-Drain», die Abwanderung wichtiger WissensträgerInnen womöglich an die Konkurrenz, so wendete sich das Blatt um die Jahrhundertwende mit dem Zerplatzen der New-Economy-Blase und der Wirtschaftskrise sehr schnell. Wird aus dem Anbieter-Arbeitsmarkt wieder ein Nachfrager-Arbeitsmarkt, gehen die Unternehmen auch mit den Wissensarbeitenden wie mit irgendeiner andern ersetzbaren Ressource um, obwohl dies in einem völligen Widerspruch zu den mittel- und langfristigen Organisationszielen steht: Entwicklung einmaliger Ressourcen und Kernkompetenzen. Die Auswirkungen dieses *irrationalen* Managements von Wissensarbeitenden sind verheerend, kurzfristig für Wissensarbeitende, mittelfristig aber für die Organisationen, die damit immer wieder ihre wichtigste existenzsichernde Ressource zerstören.

Wenn Mitarbeitende als Träger der intangiblen Assets, des intellektuellen und sozialen Kapitals, zum kritischen Erfolgsfaktor für wissensintensive Organisationen werden, verleiht ihnen dies auch Macht. Aus Managementsicht bedeutet das eine Abhängigkeit der Organisation von den Mitarbeitenden und damit eine Bedrohung für das Unternehmen. Ein tayloristisch geschultes Management kann nicht von Mitarbeitenden abhängig sein, folglich ergibt sich ein grundsätzliches Dilemma:[24] Einerseits muss rational eine Strategie der Mitarbeiterbindung verfolgt werden, andrerseits muss eine bedrohliche Abhängigkeit von den Mitarbeitenden verhindert werden. Daraus ergibt sich dann ein Verhalten, das wir als irrationales Management der Wissensarbeitenden bezeichnen.[25]

Konkret zeigt es sich darin, dass Marktgesetze in die Organisation hineingetragen werden: Die Arbeitsweise der Wissensarbeitenden interessiert die Organisation nicht mehr, nur das Wissensprodukt oder sogar nur der Produktpreis. Die Organisation entledigt sich der Mitverantwortung für die Wissensarbeit und kündigt beispielsweise die Arbeitsverträge mit Wissensarbeitenden und Experten, um sie dann wieder im Auftragsverhältnis als externe Freelancer zu beschäftigen. Fraglich ist, ob es sich bei der neuen Freiheit der sogenannten flexiblen Arbeitsformen für die Wissensarbeitenden um eine Ermächtigung oder eine Entmachtung handelt.

Die Organisation wälzt damit das Risiko der Arbeitssicherheit auf die Wis-

---

24 Diese Dilemma-Situation wurde von Brinkmann eingehend untersucht und die Auswirkungen als kalte Entmachtung der Wissensarbeitenden interpretiert, in Anlehnung an Brinkmann 2003.

25 Indirekt verweist auch Hermann auf dieses Dilemma bei der Beschreibung eines Praxisbeispiels von Wissensarbeit bei der Hotelkette Accor: Rational betrachtet, müsste das Unternehmen nachhaltig handeln. Die Accor-Hotelkette löst mit einem neuen Reservierungssystem und einer neuen Verkaufspolitik (Revenue-Management) eine Wissensintensivierung der Tätigkeiten von Revenue-Managern und Reservierungsmitarbeitenden aus, mit hohem Arbeitsaufwand und notwendiger Qualifizierung der Personen als Folge. «Aber dies stellt vermutlich nur einen Zwischenstand dar. Auch Accor wird langfristig bestrebt sein, das Ausmaß, in dem Wissensarbeit geleistet wird, gering zu halten. […] Eine Möglichkeit, dies zu tun, wäre […], das Wissen, das die Revenue-Manager im Zuge ihrer Arbeit generieren, in Regeln und Heuristiken zu fassen, welche sich in Standardprozeduren oder Softwaretools überführen lassen. Sollte dies gelingen, würde sich die Arbeit sowohl der Revenue-Manager als auch die der Mitarbeiter in der Reservierung und am Empfang zum zweiten Mal gravierend ändern. Die Wissensintensität der Arbeit würde wieder sinken. […] Was dann im Anschluss geschieht, hängt davon ab, welchen Wert das Unternehmen der Ressource Wissen tatsächlich beimisst. Denkt das Unternehmen kurzfristig, wird es die Position der Revenue-Manager zur Disposition stellen und damit zugleich auf Expertise («Know-why» und «Care-why») verzichten, die mühsam aufgebaut und teuer erkauft worden ist. Denkt das Unternehmen hingegen im Sinne der Nachhaltigkeit, wird es nach Wegen suchen, die Revenue-Manager mit neuen, anspruchsvollen Aufgaben zu betrauen und sie den nächsten Schritt der Wissensgenerierung gehen zu lassen, um den Wissensvorsprung des Unternehmens weiter auszubauen.» Hermann 2004:224f.

sensarbeitenden ab, ebenso die Sozial- und Weiterbildungskosten und hat mit diesem Ersetzen von fixen Personalkosten durch variable Kosten auch einen buchhalterischen Schachzug gemacht. Entscheidend ist aber, dass das tayloristische Management so mit dem Auftraggeber-Auftragnehmer-Verhältnis die herkömmlichen Machtverhältnisse wieder herstellt und durch die Reduktion der Wissensarbeit auf den Wissensproduktpreis die Kontrolle über die Unkontrollierbaren zurückgewinnt.

Marktgesetze in der Organisation heißt auch, dass interne Wissensarbeitende in Konkurrenz zu Freelancern gestellt werden, die sich an ganz andern Werten orientieren, weil sie ihre Wissensprodukte wortwörtlich vermarkten müssen. Ihr einseitiger Bruch des psychologischen Vertrags hat aber auch Folgen für die Organisation: Sie verliert die Loyalität, Identifizierung und das Engagement der noch angestellten Wissensarbeitenden,[26] auf Loyalität und Identifizierung der Freelancer kann sie ohnehin nicht zählen, und sie hat keine wirkliche Garantie mehr, dass nicht auch Konkurrenten Zugriff auf sensibles Wissen haben. Also alles Auswirkungen, die die mittelfristigen Organisationsziele sabotieren.

Ähnliche Tendenzen zeichnen sich auch in Non-Profit- und Public-Organisationen ab. Outsourcing ganzer Leistungsbereiche wird meist durch bestimmte politische Konstellationen verordnet, es ist aber auch ein Ausdruck von Hineintragen der Marktgesetze in die NPO und PO. Das fehlende Wissen müssen Verwaltungen in der Folge mit Einkaufen von externem Beraterwissen kompensieren, was im Endeffekt viel mehr kostet und die interne Wissensentwicklung nicht fördert. Aber auch hier ergibt sich der gleiche erwünschte buchhalterische Effekt: Fixkosten wurden gesenkt, auch wenn die variablen auf der andern Seite steigen.

---

26 Eine Befragung des Marktforschungs- und Beratungsunternehmen Gallup bei deutschen Angestellten belegt diese Tendenz: 2003 hatten nur noch 12 % der Befragten eine hohe emotionale Bindung zum Arbeitgeber, 70 % noch eine geringe Bindung, sie leisten Dienst nach Vorschrift, 18 % keinerlei emotionale Bindung mehr, sie arbeiten auch gegen die Interessen der Firma. *Wirtschaft+Weiterbildung* 10/2006 www.wuw-magazin.de, auch http://www.gallup.de/mittelstand/index.htm (26.1.2007)

Das irrationale Management von Wissensarbeitenden hat seine Gründe in der paradoxen Situation, dass das Management rational eine ressourcenorientierte Strategie verfolgen und die Wissensarbeitenden an sich binden muss und sich gleichzeitig unabhängig von ihnen machen will, da die Eigenheiten der Wissensarbeit wie Gebundenheit an die WissensträgerInnen, Implizitheit (implizites Wissen und Erfahrungen sind die Basis der Wissensarbeit) und schlechte Kontrollierbarkeit (der Produktivität) eine Bedrohung für ein Management darstellen, das seine Hauptaufgabe im Planen, Steuern und Kontrollieren sieht. Wissensarbeitende sind ein hoher Kostenfaktor, der Return on Investment zeigt sich erst langfristig und immateriell, was ebenfalls im Widerspruch zur aktuellen ökonomischen Logik steht.

7.3 Ausblick

So schließt sich der Kreis: Die *steigende Komplexität* aller Lebens- und Arbeitskontexte, die für Wissensarbeitende ohnehin kaum mehr trennbar sind, ist eine Folge der immer *stärkeren Vernetzung und Interdependenz* aller Informations- und Wissensbereiche, nicht zuletzt hervorgerufen durch die technologischen Möglichkeiten der Datenproduktion und -verbreitung und neuer Kommunikationskanäle. Diese Komplexität lässt sich nicht mehr reduzieren und auch nicht von einer Organisation mit irgendwelchen Wissensmanagement-Instrumenten in den Griff bekommen. Ein ganzheitliches Wissensmanagement integriert die Faktoren technologische Unterstützung, organisatorische Strukturen und Arbeitsweise der Wissensarbeitenden möglichst optimal in der Gestaltung einer konkreten Wissensarbeit in der Organisation. Zweck ist nicht die Standardisierung oder gar Automatisierung der Wissensprozesse.

Es braucht dazu neue Strategien im Umgang mit Komplexität, indem man nicht gegen die Komplexität, sondern mit ihr arbeitet: Beispielsweise haben Wissensarbeitende in der Regel persönliche Strategien im Umgang mit Wissenskomplexität entwickelt, vielleicht wäre ein Austausch darüber sehr aufschlussreich. Ebenso wenig lässt sich die erwähnte Irrationalität im Verhalten der Organisationen auflösen, weil der Widerspruch systemimmanent ist. WissensmanagerInnen und Wissensarbeitende können sich mit der einen oder andern

Seite arrangieren oder aber sich gerade die Widersprüchlichkeit zu Nutze machen, um Handlungsspielraum zu gewinnen.

Allen Herausforderungen zum Trotz: Was auf jeden Fall bleibt, ist die Faszination des Themas *Wissen* für alle Wissensarbeitenden.

Anhang:
Auswahl von Wissensmanagement-Modellen

Es werden im Folgenden fünf Modelle kurz vorgestellt, die je eine typische Sichtweise in der Entwicklung des Wissensmanagements darstellen.

1. Die Wissensspirale von Nonaka / Takeuchi

In ihrem 1995 erstmals veröffentlichten und mittlerweile zum Standardwerk avancierten Buch *The Knowledge-Creating Company*[1] stellen Nonaka und Takeuchi ein Modell[2] für die Wissensschaffung im Unternehmen vor, das auch als Modell der lernenden Organisation betrachtet werden kann. Sie gehen dabei von zwei Dimensionen der Wissenserzeugung aus: einerseits der ontologischen Dimension, die die Ebenen der Wissenserzeugung beinhaltet (Individuen, Gruppe, Unternehmen und Interaktion zwischen Unternehmen), und anderseits der erkenntnistheoretischen (epistemologischen) Dimension, die auf der Unterscheidung zwischen implizitem und explizitem Wissen basiert.

Ihr Modell beruht auf der Annahme, dass Wissen durch die Interaktion zwischen impliziten und expliziten (Wissens-)Formen geschaffen wird und dass die Umwandlung nur in einem sozialen Prozess zwischen Menschen möglich ist.[3] Sie unterscheiden vier Formen der Wissensumwandlung:

* von implizit zu implizit: *Socialisation*
* von implizit zu explizit: *Externalisation*
* von explizit zu explizit: *Combination*
* von explizit zu implizit: *Internalisation*

---

1 Deutsch: Nonaka, Ikujiro / Takeuchi, Hirotaka (1997): *Die Organisation des Wissens. Wie japanische Unternehmen eine brachliegende Ressource nutzbar machen.* Frankfurt a. M.
2 Nonaka / Takeuchi 1997: 68 ff.
3 Ebd. 73 ff.

Das Modell der Wissensspirale ist deshalb auch als SECI-Modell bekannt.

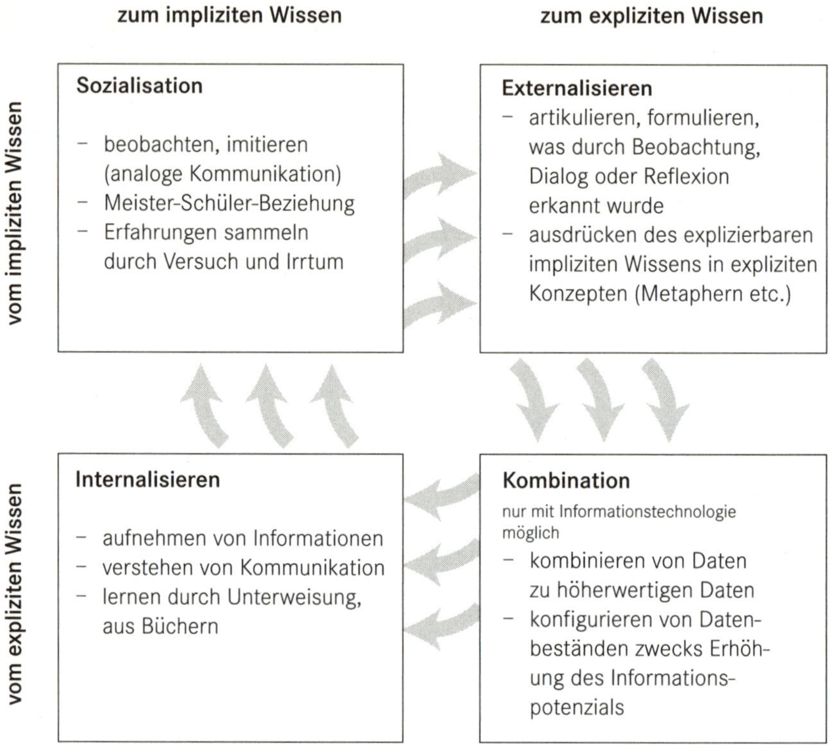

Abb. 17 Wissensspirale (SECI-Modell) in Anlehnung an Nonaka/Takeuchi[4]

Gemäß Nonaka/Takeuchi vergrößert die reine Kombination[5] den Wissensbestand des Unternehmens nicht. Das ganze Unternehmen erweitert seine Wissensbasis, indem diese Wissensumwandlungsprozesse von einer ontologischen tieferen auf eine höhere Ebene getragen werden. Die Wissenserzeugung des *Individuums* durch Sozialisation und Internalisieren hat erst eine Wirkung auf das Unternehmen, wenn sie durch Kommunikation externalisiert wird und so als sozialer Prozess eine Vergrößerung des Wissensbestandes einer Gruppe bewirkt. Wenn auch die *Gruppe* die gleichen Zyklen zwischen Internalisieren, Sozialisa-

---

4   Nonaka/Takeuchi 1997:84.
5   Umfasst in unserer Darstellung das Informationsmanagement, vgl. Kap. 4.

tion und Externalisieren durchläuft und mit andern Teams im Unternehmen kommuniziert,[6] «lernt» das Unternehmen. Das *Unternehmen* als Organisation befindet sich aber auch in einer permanenten Interaktion mit seinem Umfeld, nämlich mit anderen Unternehmen (Markt) und der Gesellschaft. Es vollzieht dabei auf dieser ontologisch höchsten Ebene die gleichen Wissensumwandlungsprozesse. Die Wissensspirale wirkt als Motor für die Wissenserzeugung in einer Organisation und veranschaulicht das organisationale Lernen.

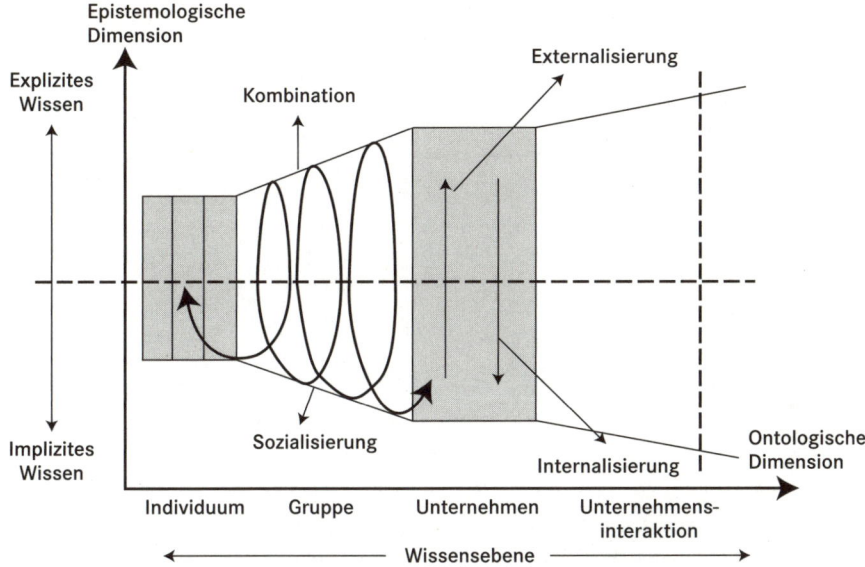

Abb. 18 Spirale der Wissensschaffung im Unternehmen gemäß Nonaka / Takeuchi[7]

Die Konzepte des impliziten und expliziten Wissens im Modell der Wissensspirale sind in der Folge oft falsch als gegensätzliche Wissensformen interpretiert worden, die nicht transferierbar seien.[8]

---

6 Vgl. dazu unsere Ausführungen zum kollektiven Lernen, Kap. 5.3.
7 Nonaka / Takeuchi 1997:87.
8 Vgl. dazu unsere Ausführungen zu implizitem und explizi(er)tem Wissen, Kap. 2.4.

2. Die Bausteine des Wissensmanagements

Das in der Wissensmanagementliteratur wohl meistzitierte Modell der Bausteine wurde von Probst, Raub und Romhardt 1997 in ihrem Standardwerk *Wissen managen*[9] vorgestellt. Das Konzept der Bausteine entwickelten die Autoren aus typischen Wissensmanagement-Problemstellungen in Unternehmen, die sie kategorisierten und als Kernprozesse des Wissensmanagements definierten. Die Kernprozesse oder eben Bausteine sind alle untereinander verbunden, und Wissensmanagement-Maßnahmen bei einem Baustein haben Auswirkungen auf alle andern.

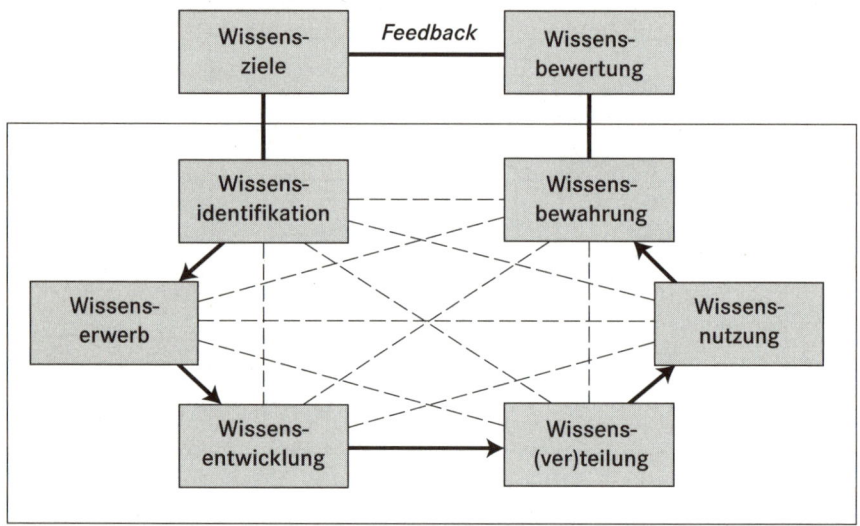

Abb. 19 Bausteine-Modell von Probst/Raub/Romhardt[10]

Die Bausteine umfassen die möglichen Interventionsfelder für Wissensmanagement, dabei geht es in der operativen Ebene um folgende Fragen[11]:
*   *Wissensidentifikation*

---

9   Probst Gilbert/Raub, Steffen/Romhardt, Kai (1997): *Wissen managen: Wie Unternehmen ihre wertvollste Ressource optimal nutzen.* Frankfurt a. M.
10   Probst/Raub/Romhardt (3. Aufl. 1999):58.
11   Probst/Raub/Romhardt 1999:54 ff.

Interne und externe Transparenz über vorhandenes Wissen, z. B. Analyse und Beschreibung des Wissensumfelds des Unternehmens.

- *Wissenserwerb*
  Externes Einkaufen von Fähigkeiten, z. B. in Form von Experten oder sogar Akquisition von innovativen Unternehmen oder Konkurrenzunternehmen.
- *Wissensentwicklung*
  Aufbau von neuem Wissen in allen Bereichen eines Unternehmens, traditionelle Leistungserstellung kann als Prozess der Wissensentwicklung analysiert und optimiert werden.
- *Wissens(ver)teilung*
  Die Verbreitung von bereits vorhandenem Wissen, vor allem der Übergang von Wissensbeständen von der individuellen auf die Gruppen- und Organisationsebene.
- *Wissensnutzung*
  Der produktive Einsatz des Wissens zum Nutzen des Unternehmens als Ziel des Wissensmanagements, die Anwendung auch des (fremden) Wissens soll sichergestellt werden.
- *Wissensbewahrung*
  Effiziente Nutzung verschiedener organisationaler Speichermedien für Wissen mit dem Ziel, die Organisation vor Wissensverlusten zu bewahren.

Da das Problem aber häufig in der mangelnden Verankerung von Wissensfragen in der Unternehmensstrategie liegt, wurden die sechs operativen Bausteine um zwei strategische Bausteine ergänzt, die das ganze Konzept zu einem Management-Regelkreis ausbauen:

- *Wissensziele*
  Teilen sich in normative (Schaffung einer wissensbewussten Unternehmenskultur), strategische (Definition von Kernwissen) und operative Wissensziele (Definieren von konkreten Zielsetzungen für einzelne Interventionsbereiche) auf.
- *Wissensbewertung*
  Da Wissensmanagement-Maßnahmen Ressourcen benötigen, muss auch die Wirksamkeit belegt werden können, allerdings sind Messindikatoren und Controlling-Daten noch zu entwickeln. Erst das Controlling ermöglicht gemäß Probst/Raub/Romhardt eine zielgerichtete Steuerung von Wissensmanagement-Projekten.

Das Bausteine-Modell stellt die Managementperspektive auf Wissensmanagement dar. Es erfreute sich vor allem bei Einsteigern ins Thema Wissensmanagement großer Beliebtheit, weil es intuitiv einsichtig ist, eine erste Orientierung über alle Problemfelder im Umgang mit Wissen in einer Organisation ermöglicht und Steuerbarkeit und Systematisierbarkeit von Wissensprozessen suggeriert.

3. Die Bausteine organisationalen Lernens und das Lernphasen-Modell

Das von Pawlowsky 1998 vorgestellte Modell der Bausteine organisationalen Lernens[12] versucht die Komplexität der im organisationalen Lernen zusammenwirkenden Parameter aufzuzeigen. Pawlowsky leitet aus verschiedenen Konzepten organisationalen Lernens die vier Dimensionen *Lernebenen, Lernformen, Lerntypen*[13] und *Lernphasen* ab, wobei die ersten drei relativ statische Aspekte des Lernen darstellen und erst die vierte Dimension der Lernphasen prozessorientiert ist. Alle Bausteine müssen bei der Gestaltung des Managements der Ressource Wissen berücksichtigt werden, wobei Pawlowsky nur die Dimension der Lernphasen ausführlich dargelegt.

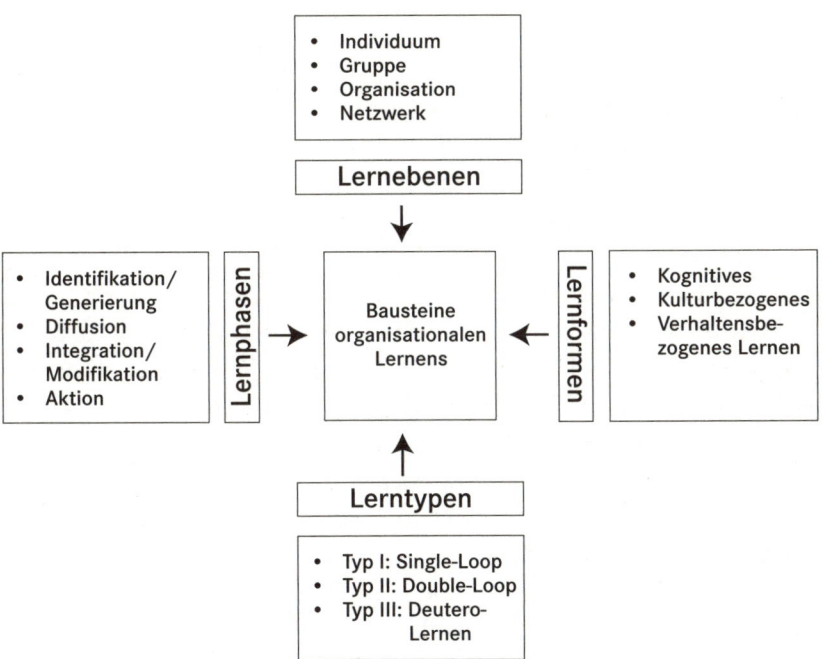

Abb. 21 Bausteine organisationalen Lernens gemäß Pawlowsky[14]

---

12 Pawlowsky 1998b:16 ff.
13 vgl. dazu unsere Ausführungen zu den Lernschleifen in Kap. 5.3.2.
14 Pawlowsky 1998b:21.

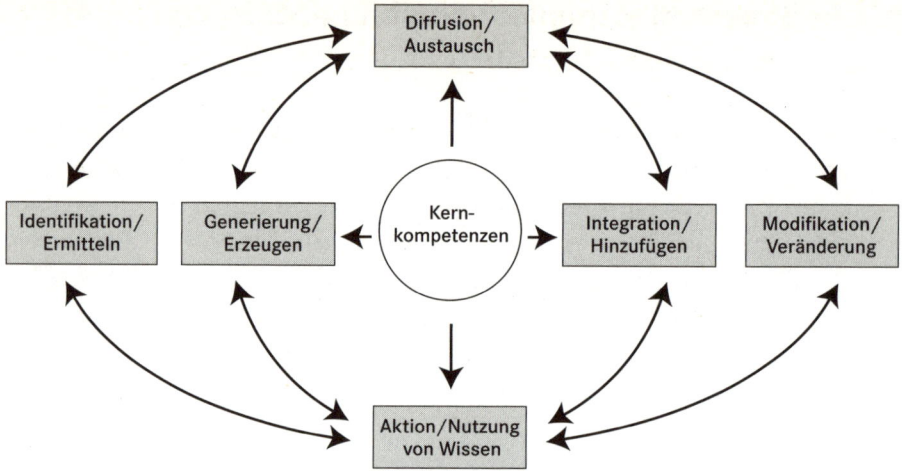

Abb. 22 Lernphasen-Modell von Pawlowsky[15]

Im Zentrum der Lernaktivitäten einer Organisation stehen die Kernkompetenzen: In der Lernphase der *Identifikation* muss jede Organisation gezielt analysieren, wie externe Informationen gesammelt und ausgewertet werden, um die Kernkompetenzen weiterzuentwickeln. Bei der Lernphase *Generieren* wird durch Kombinieren von externem und internem und implizitem Wissen aus verfügbaren Wissensbeständen neues Wissen erzeugt. Neues Wissen muss aber auch in die Organisation und die bestehende Wissensbasis *integriert* werden, damit Kernkompetenzen entwickelt werden. Wenn neues Wissen jedoch die bestehenden Denkschemata und Weltbilder in Frage stellt, verhindert Resistenz gegenüber Veränderungen eine solche Integration. Oft muss erst ein kritischer Wert an Konsequenzen überschritten werden, bis Handlungstheorien *modifiziert* werden. Bei jeder Lernphase ist also entscheidend, dass das neue Wissen sowohl *ausgetauscht* wie auch *genutzt* wird.

Das Modell der Bausteine organisationalen Lernens ist nicht ein Umsetzungsmodell, sondern wird von Pawlowsky selbst als Rahmenmodell bezeichnet, das als eine Art *Checkliste* für lernrelevante Strukturen und Prozesse in einer Organisation betrachtet werden kann.

---

15   Pawlowsky 1998b:22

4. Das Grazer Metamodell des Wissensmanagements

Das von Schneider entwickelte Wissensmanagement-Modell ist insofern ein Metamodell, als es unterschiedliche Orientierungen und Funktionen von Wissensmanagement in einer Organisation, in Abhängigkeit ihrer strategischen Zielsetzung, abbildet.[16] Die Funktion von Wissensmanagement in einem Unternehmen wird gemäß Schneider durch drei Parameter bestimmt, die im dreidimensionalen Modell durch die drei Achsen dargestellt werden: die *Managementsicht*, der *Zielfokus* und das Verständnis von *Wissen*.

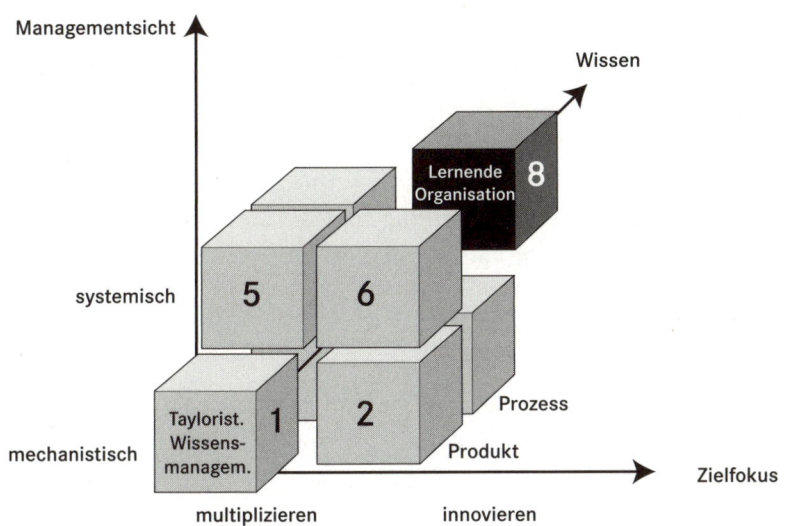

Abb. 20 Grazer Metamodell des Wissensmanagements von Schneider[17]

- *Die Managementsicht*
  Je nachdem wie das Management seine Aufgabe versteht, wird es auch einen andern Fokus auf das Wissensmanagement haben. Ein mechanistisches Steuerungsverständnis des Managements beruht auf dem klassischen Managementregelkreis von Planung–Umsetzung–Controlling und der Beherrschbarkeit aller Prozesse. Ein systemisches Steuerungsverständnis geht von der Eigendynamik komplexer adaptiver Systeme aus, die Steuerung erfolgt nur

---

16   Schneider 2001:33 ff.
17   Schneider 2001:32.

indirekt durch die ermöglichende oder einschränkende Gestaltung der Bedingungen.[18]

• *Der Zielfokus*

Dort unterscheidet sich, ob die Organisation grundsätzlich eher eine Strategie der Standardisierung von Prozessen (multiplizieren) und Bewahrung des
Wissensbestandes verfolgt, oder ob eher Neukombinieren von Erfahrungen,
Zerstörung von Gewissheiten und Perspektivenwechsel (innovieren) wichtig
sind. Auch hier geht es nicht um ein ausschließliches Entweder-Oder, sondern um Gewichtungen.

• *Verständnis von Wissen*

Das Verständnis von Wissen, von dem meist unbewusst ausgegangen wird,
ist ebenso entscheidend für die Art von Wissensmanagement, die angewendet wird. Je nachdem ob Wissen als Ergebnis/Zustand/Produkt oder als Pro-
zess/Erkenntnis/Erfahrung verstanden wird, definieren sich das Ziel und die
Wahl von Wissensmanagement-Maßnahmen ganz anders.[19] Entweder steht
das Problem der Schaffung von Ordnung und der Bewältigung von Spei-
cher- und Verteilproblemen im Vordergrund (Wissen als Produkt) oder aber
die Lenkung von Wissensflüssen und die Optimierung von Lernprozessen
(Wissen als Prozess).

Die Extreme im Modell, Tayloristisches Wissensmanagement (Würfel 1) oder
Lernende Organisation (Würfel 8), haben beide Vor- und Nachteile. Je nach
Größe, Branche und Funktion wird ein Unternehmen eher den Weg der Wis-
sensindustrialisierung oder eher den der Lernenden Organisation beschreiten.
Problematisch wird es gemäß Schneider, wenn das eine verkündet und das andere getan oder wenn ohne Transparenz zwischen den Extremen experimentiert
wird.[20]

Das Grazer Metamodell eignet sich als (kritisches) Erkenntnis-Modell vor
der Anwendung von Wissensmanagement-Maßnahmen oder als Modell für
eine Standortbestimmung bei laufenden Wissensmanagement-Interventionen.

---

18   Vgl. dazu unsere Ausführungen in Kap. 3.1.
19   Vgl. dazu unsere Ausführungen in Kap. 2.6.
20   Schneider 2001:39.

5. Das Sense-Making-Modell Cynefin

Beim Cynefin-Modell, das Snowden 2000 in einer noch weniger elaborierten Form präsentiert hatte,[21] geht es darum, wie komplexe, einander überlagernde Organisationsformen (Domänen), die auch immer einen charakteristischen Wissensort darstellen, in einem Unternehmen zusammenwirken. Das Cynefin-Modell ist ein Instrument der Organisationsanalyse und -optimierung und ermöglicht gemäß Schütt[22] frühzeitig, Blockaden in der strategischen Entwicklung einer Organisation zu erkennen.

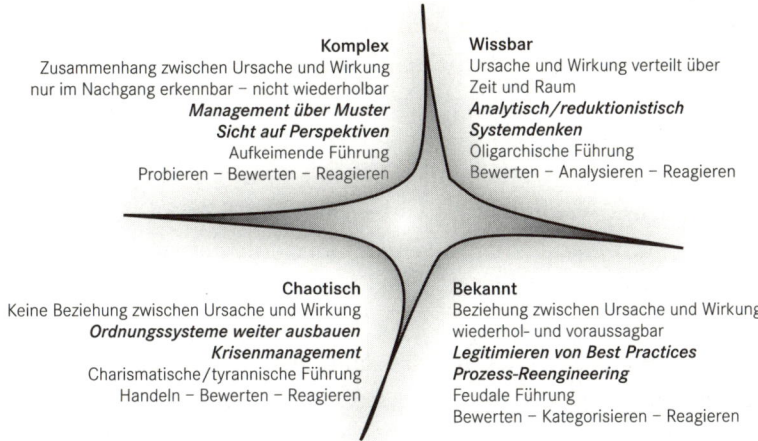

Komplex
Zusammenhang zwischen Ursache und Wirkung nur im Nachgang erkennbar – nicht wiederholbar
Management über Muster
Sicht auf Perspektiven
Aufkeimende Führung
Probieren – Bewerten – Reagieren

Wissbar
Ursache und Wirkung verteilt über Zeit und Raum
Analytisch/reduktionistisch
Systemdenken
Oligarchische Führung
Bewerten – Analysieren – Reagieren

Chaotisch
Keine Beziehung zwischen Ursache und Wirkung
Ordnungssysteme weiter ausbauen
Krisenmanagement
Charismatische/tyrannische Führung
Handeln – Bewerten – Reagieren

Bekannt
Beziehung zwischen Ursache und Wirkung wiederhol- und voraussagbar
Legitimieren von Best Practices
Prozess-Reengineering
Feudale Führung
Bewerten – Kategorisieren – Reagieren

Abb. 23 Das Cynefin-Modell mit den 5 Domänen von Snowden[23]

Das Cynefin-Modell beinhaltet fünf Domänen, die eine Art «Räume des Wissens» mit Wissensmerkmalen, soziokulturellen und strukturellen Denkschemata, Verhaltensmustern und Organisationsformen darstellen.

---

21 Snowden, Dave (2000): «Cynefin: A Sense of Time and Space, the Social Ecology of Knowledge Management». In: Despres, C./ Chauvel, D.(Hg): *Knowledge Horizons: The Present and the Promise of Knowledge Management.* Snowden steht heute dem von IBM eingerichteten Cynefin-Centre for Organizational Complexity in London vor.

22 Das Cynefin-Modell wurde dem deutschen Publikum vor allem durch Schütt 2004 bekanntgemacht, die Ausführungen hier basieren auf seinen Erläuterungen.

23 In Schütt 2004b:14.

- *Bekannt*
  Umfasst die Domäne der offiziellen Organisation und des Managements, ist strukturiert (das Tatsächliche), regelt Abläufe (Process-Reengineering) stellt Ordnungen her (Bewerten–Kategorisieren)
- *Wissbar (lernbar)*
  Umfasst die Domäne der Fachleute und Experten, häufig in Communities of Practice organisiert, logisch-professionelles Denken (das Denkbare), analysiert Zusammenhänge (Systemdenken) und bewertet (Bewerten–Analysieren)

Diese beiden Domänen auf der rechten Seite sind die Räume der Ordnung, viele Wissensmanagementprojekte befassen sich nur mit diesen beiden Wissensräumen. Ebenso wichtig sind aber die beiden Domänen auf der linken Seite, die Räume der Unordnung:

- *Chaotisch*
  Umfasst die Domäne der wirklichen Innovation, ohne sichtbare Beziehung zwischen Ursache und Wirkung (das Unbegreifliche), Störzone, häufig Krisenmanagement notwendig, charismatische oder unbequeme Einzelgänger (Handeln–Bewerten)
- *Komplex*
  Umfasst den Bereich der informellen Organisation und der sozialen Netzwerke (das Mögliche), agiert selbstbestimmt, orientiert sich an Wissens- und Verhaltensmustern (Probieren–Bewerten)

Die fünfte Domäne ist der leere Bereich in der Mitte: der Raum der Unklarheit.

Für den Erfolg eines Unternehmens müssen alle Wissensräume in einem für das Unternehmen richtigen Gleichgewicht stehen. Changeprozesse, ausgelöst durch externe oder interne Faktoren, zwingen die Organisation zu Lern- und Verhaltensänderungen, d. h. Verschiebungen zwischen den Domänen und zu Grenzübergängen. Mit Hilfe des Cynefin-Modells können verschiedene Arten von Übergängen besser verstanden und optimiert werden, so dass auch die zugehörigen Wissensprozesse sich mitentwickeln. Im Unterschied zu andern Modellen, die Komplexität auf Schemata reduzieren, arbeitet das Cynefin-Modell gerade mit der Komplexität solcher Wissensveränderungsprozesse im Unternehmen.

Aufgrund von Erfahrungen aus der Praxis entwickelt sich das Modell auch kontinuierlich weiter; die hier gezeigte Abbildung stellt eine Momentaufnahme dar.

Modelle dienen grundsätzlich der Orientierung und stellen Beziehungen und Zusammenhänge zwischen korrelierenden Faktoren dar. Modelle können deshalb als Visualisierungen eines momentanen Wissensstandes betrachtet werden. Insofern ist das sich dynamisch verändernde Cynefin-Modell ein Ausdruck des aktuellen Erkenntnisstandes im Wissensmanagement: Es ist alles ein bisschen komplexer, als es Management und Berater gerne hätten.

Verzeichnis der Abbildungen

Literaturverzeichnis

Abecker, A. / Hinkelmann, K. / Maus (2002): Geschäftsprozessorientiertes Wissensmanagement. Berlin

Argyris, C. / Schön, D. (1999): Die Lernende Organisation. Grundlagen, Methode, Praxis. Stuttgart (engl. Originalausgabe [1978]: Organizational Learning. A Theory of Action Perspective. Reading.)

Back, A. et al. (Hg) (2005): Putting Knowledge Networks into Action. Berlin

Back, A. / Enkel, E. / Krogh, G. von (Hg) (2006): Knowledge Networks für Business Growth. Berlin

Baecker, D. (1999): Die «andere Seite» des Wissensmanagements. In: Götz, K. (Hg): Wissensmanagement zwischen Wissen und Nichtwissen. München. S. 97–108

Bendel, O. (2006):Das 1x1 der Wikis und Weblogs. In: Wissensmanagement 3/2006, S. 22–25

Bettoni, M. / Clases C. / Wehner T. (2004): Communities of Practice im Wissensmanagement: Charakteristika, Initiierung und Gestaltung. Zürich. In: Reinmann, G. / Mandl H.: Psychologie des Wissensmanagements. Perspektiven, Theorien und Methoden. Göttingen. S. 319–326

Blümm, C. (2002): Die Bedeutung des impliziten Wissens im Innovationsprozess. Zum Aufbau dynamischer Wettbewerbsvorteile. Wiesbaden

Bodendorf, F. (2006): Daten- und Wissensmanagment. Berlin

Bogumil, J. / Kißler (1998): Verwaltungsmodernisierung als Machtspiel. Zu den heimlichen Logiken kommunaler Modernisierungsprozesse. In: Budäus, D. / Conrad, P. / Schreyögg, G. (Hg): New Public Management. Berlin

Brinkmann, U. (2003): Die Verschiebung von Marktgrenzen und die kalte Entmachtung der WissensarbeiterInnen. In: Schönberger, K. / Springer S. (Hg): Subjektivierte Arbeit. Mensch, Organisation und Technik in einer entgrenzten Arbeitswelt. Frankfurt a. M. S. 63–94

Budäus, D./Conrad, P./Schreyögg, G. (Hg) (1998): New Public Management. Berlin

Burg, T. / Pircher, R. (2006): Social Software im Unternehmen. In: Wissensmanagement 3/2006, S. 26–28 http://www.donau-uni.ac.at/imperia/md/content/studium/tim/wim/wm-lehrgang/burg_pircher_social_software_2006.pdf (30.1.07)

Butz, G. (2004): Bedeutung und Aspekte der interpersonalen Wissenskommunikation im Unternehmensalltag. Diplomarbeit FH bfi wien http://www.mrbutz.com/gb0102/cms/front_content.php?idcat=80 (30.12.06)

Cress, U. (Hg) (2006): Effektiver Einsatz von Datenbanken im betrieblichen Wissensmanagement. Bern

Davenport, T. H. / Prusak L. (1998): Wenn Ihr Unternehmen wüsste, was es alles weiss ... Das Praxisbuch zum Wissensmanagement. Landsberg

Dixon, N.M. (2000): Common Knowledge, How Companies Thrive by Sharing What They Know. Harvard

Drucker, P. (1990): Managing the Non-Profit Organization. Oxford.

Edeling, T. / Jann, W. / Wagner, D. (Hg) (2004): Wissensmanagement in Politik und Verwaltung. Wiesbaden

Eppler, M.J. / Sukowski, O. (Hg) (2001): Fallstudien zum Wissensmanagement: Lösungen aus der Praxis. St. Gallen

Fickenscher, H. / Hanke, P. / Kollmann, K.-H. (1991): Zielorientiertes Informationsmanagement. Braunschweig

Freimuth, J. / Haritz, J. / Kiefer, B. (Hg) (1997): Auf dem Weg zum Wissensmanagement. Personalentwicklung in lernenden Organisationen. Göttingen

Glasersfeld, E. von (1987): Wissen, Sprache und Wirklichkeit. Arbeiten zum radikalen Konstruktivismus. Braunschweig/Wiesbaden

Goll, M. (2002): Arbeiten im Netz. Kommunikationsstrukturen, Arbeitsabläufe, Wissensmanagement. Wiesbaden

Götz, K. (Hg) (2002): Wissensmanagement. Zwischen Wissen und Nichtwissen. München

Götz, K. / Schmid, M. (2004a): Theorien des Wissensmanagements. Frankfurt a. M.

Götz, K. / Schmid, M. (2004b): Praxis des Wissensmanagements. München

Green, S. (2004): Individualisierung und Wissensarbeit. Individualisierungsprozesse in Unternehmen und ihre Auswirkungen am Beispiel der Personalorganisation. Wiesbaden

Güldenberg, S. (1998): Wissensmanagement und Wissenscontrolling in lernenden Organisationen. Ein systemtheoretischer Ansatz. Wiesbaden

Harms, I. / Luckhardt, H. (2005):Virtuelles Handbuch Informationswissenschaft. Saarbrücken. http://is.uni-sb.de/studium/handbuch.html

Hasler, U. (2003): Wissenskommunikation. Kompetenzaufbau und Wissenstransfer in F&E-Projekten von Fachhochschulen. Forschungsbericht. Win-

terthur http://home.zhwin.ch/~hsu/Berichte/Wissenskommunikation_Schluss
bericht_20.1.04g.pdf (30.12.06)

Hasler, U. (2004): Wissenskommunikation – Schlüssel für erfolgreiche Forschung? In: Wissensmanagement 6/2004, S. 33–35 http://home.zhwin.ch/
~hsu/Artikel/Wissensmanagement_Magazin_2004.pdf (30.12.06)

Hasler, U. (2005): Abenteuer Nachdiplomstudium. Zwischen Wissenslücken
und Know-how: Wie lernen erfahrene Lerner? In: ZHWinfo 19, H 24,
S. 38–44 http://home.zhwin.ch/~hsu/Artikel/ZHWInfo24_AbenteuerNDS
_22.2.05.pdf (30.12.06)

Hasler, U. (2005): Wissenstransfer ist mehr als Technologietransfer. Tagungsbe-
richt. Winterthur. http://home.zhwin.ch/~hsu/Berichte/Wissenstransfer_
Tagungsbericht_1.9.05g.pdf (30.12.06)

Hermann, S. (2004): Produktive Wissensarbeit: Eine Herausforderung. In:
Hermann, S.: Ressourcen strategisch nutzen – Wissen als Basis für den
Dienstleistungserfolg. Stuttgart. S. 207–228

Hube, G. (2005): Beitrag zur Analyse und Beschreibung der Wissensarbeit.
Heimsheim

Kleske, J. (2006): Wissensarbeit mit Social Software. Konzeption & Entwicklung eines Systems für die kollaborative Wissensarbeit in der Forschung basierend auf Social Software. Diplomarbeit FH Darmstadt http://www.tau-
toko.info/JohannesKleske-Diplomarbeit-WissensarbeitSocialSoftware.pdf
(29.11.06)

Kmuche, W. (2000): Strategischer Erfolgsfaktor Wissen. Content Management:
Der Weg zum erfolgreichen Informationsmanagement. Köln

Krallmann, H. (Hg) (2000): Wettbewerbsvorteile durch Wissensmanagement.
Methodik und Anwendungen des Knowledge Management. Stuttgart

Krämer, M. (2003): Der Einfluss informeller Kommunikation auf innerbetrieb-
liches Wissensmanagement. Berlin

Krohn, W. (2001): Einleitung: Wissenschaft und Lebenswelt. in: Franz et. al.
(Hg): Wissensgesellschaft. Transformationen im Verhältnis von Wissenschaft
und Alltag. S. 10–17. http://bieson.ub.uni-bielefeld.de/volltexte/2002/90/
html/Wolfgang_Krohn_Wissensgesellschaft.pdf (29.11.06)

Kuhlen, R. (2004): Information. http://www.inf-wiss.uni-konstanz.de/People/
RK/Publikationen2004/a01-kuhlen-AA.pdf (29.11.06)

Langen, M. / Hansen, T. (2004): Wissensaustausch in Open-Source-Projekten.
In: Wissensmanagement 6, H 5/05 S. 38–41

Latniak, E. / Gerlmaier, A. (2006): Zwischen Innovation und alltäglichem Klein-krieg: zur Belastungssituation von IT-Beschäftigten.. Gelsenkirchen: Inst. Arbeit und Technik. IAT-Report, Nr. 2006-04
http://www.iatge.de/iat-report/2006/report2006-04.pdf (25.1.07)

Lenk, K. / Wengelowski, P. (2004): Wissensmanagement für das Verwaltungs-handeln. In: Edeling, T. / Jann, W. / Wagner, D. (Hg): Wissensmanagement in Politik und Verwaltung. Wiesbaden. S. 147–165

Lembke, G. (2005): Wissenskooperation in Wissensgemeinschaften. Förderung des Wissensaustausches in Organisationen. Wiesbaden

Lucko, S. / Trauner, B. (2002): Wissensmanagement. 7 Bausteine für die Umset-zung in der Praxis. München

Lücke, T. (2005): Wissensmanagement als eine betriebspädagogische Gestal-tungsaufgabe unter dem Paradigma veränderter Arbeits- und Organisations-formen. Frankfurt a. M.

Lüthy, W. / Voigt, E. / Wehner, T. (Hg) (2002): Wissensmanagement-Praxis. Einführung, Handlungsfelder und Fallbeispiele. Zürich

Malik, F. (2001): Wissensmanagement – auch dieser Kaiser ist nackt. Manager-Magazin 27.11.2001 http://www.manager-magazin.de/koepfe/mzsg/ ,2828, 169723,00.html (30.12.06)

Malik, F. (2002): Mit Kopfarbeitern umgehen. Zürich, Tages-Anzeiger, Alpha 26.1.2002

Mandl, H. / Reinmann-Rothmeier, G. (2000): Wissensmanagement. Informati-onszuwachs – Wissensschwund? Die strategische Bedeutung des Wissens-management. Oldenburg

Meinsen, S. (2002): Konstruktivistisches Wissensmanagement. Wie Wissensar-beiter ihre Arbeit organisieren. Weinheim

Millner, E. (2000): Managing Information and Knowledge in the Public Sector. London / New York

Neuweg, G. (1999): Könnerschaft und implizites Wissen: zur lehr-lerntheore-tischen Bedeutung der Erkenntnis- und Wissenstheorie Michael Polanyis. Münster

Nonaka, I, Takeuchi, H. (1997): Die Organisation des Wissens. Wie japanische Unternehmen eine brachliegende Ressource nutzbar machen. Frankfurt (Engl. (1995) The Knowledge Creating Company)

North, K. (1998): Wissensorientierte Unternehmensführung: Wertschöpfung durch Wissen. Wiesbaden

Oelsnitz, D. von der / Hahmann, M. (2003): Wissensmanagement. Strategie und Lernen in wissensbasierten Unternehmen. Stuttgart

Osterloh, M. / Wübker, S. (1999): Wettbewerbsfähiger durch Prozess- und Wissensmanagement. Wiesbaden

Pawlowsky, P. (Hg) (1998a): Wissensmanagement. Erfahrungen und Perspektiven. Wiesbaden

Pawlowski, P. (1998b): Begründung eines Wissensmanagements. In: Pawlowsky, P. (Hg): Wissensmanagement. Erfahrungen und Perspektiven. Wiesbaden. S. 7–45

Pawlowski, P. (1999): Wozu Wissensmanagement? In: Götz, K. (Hg): Wissensmanagement zwischen Wissen und Nichtwissen. München. S. 109–125

Pellegrini, T. / Blumauer, A. (2006): Semantic Web: Wege zur vernetzten Wissensgesellschaft. Berlin

Pfiffner, M. / Stadelmann, P. (1998): Wissen wirksam machen. Wie Kopfarbeiter produktiv werden. Bern

Pircher, R. (2005): Auf dem Weg zur intelligenten Organisation – Rahmenbedingungen und Instrumente, die Wissen wirksam machen. In: WING-business 37/2005, S. 18–21
http://www.donau-uni.ac.at/imperia/md/content/studium/tim/wim/wm-lehrgang/intelligente_organisation.pdf (30.1.07)

Pircher, R. (Hg) (2006): Wissen wirkt. Die praktische Umsetzung von Wissensmanagement in kleinen, mittleren und großen Organisationen aus Österreich, Deutschland, Schweiz. Krems http://www.donau-uni.ac.at/imperia/md/content/studium/tim/wim/wm-lehrgang/wissen_wirkt_1.0.pdf (30.1.07)

Pieler, D. (2003): Neue Wege zur lernenden Organisation. Bildungsmanagement, Wissensmanagement, Change Management, Culture Management. Wiesbaden

Polany, M. (1985): Implizites Wissen. Frankfurt a. M.

Probst, G. / Raub, S. / Romhardt, K. (1997/1999/2006): Wissen managen, Wie Unternehmen ihre wertvollste Ressource optimal nutzen. Frankfurt/Wiesbaden

Probst, G. / Büchel, B. (1994/1998): Organisationales Lernen. Wettbewerbsvorteile der Zukunft. Wiesbaden

Reinmann-Rothmeier, G. / Mandl H. (2000): Individuelles Wissensmanagement. Strategien für den persönlichen Umgang mit Information und Wissen am Arbeitsplatz .Bern

Reinmann-Rothmeier, G. (2001): Wissen managen: Das Münchener Modell. http://epub.ub.uni-muenchen.de/archive/00000239/01/FB_131.pdf (29.11.06)

Reinmann, G. / Mandl H. (2004): Psychologie des Wissensmanagements. Perspektiven, Theorien und Methoden. Göttingen

Reinhardt, R. / Eppler, M. (2004): Wissenskommunikation in Organisationen. Methoden, Instrumente, Theorien. Berlin

Renzl, B. (2003): Wissensbasierte Interaktion. Selbst-evoluierende Wissensströme in Unternehmen. Wiesbaden

Roehl, H. (2002): Organisationen des Wissens. Anleitung zur Gestaltung. Stuttgart

Romhardt, K. (2002): Wissensgemeinschaften: Orte lebendigen Wissensmanagements. Dynamik – Entwicklung – Gestaltungsmöglichkeiten. Zürich

Roßkopf, K. (2004): Wissensmanagement in Nonprofit-Organisationen. Gestaltung von Verbänden als lernende Netzwerke. Wiesbaden

Schedler, K. / Proeller, I. (2000): New Public Management. Bern

Schindler, M. (2000): Wissensmanagement in der Projektabwicklung. Grundlagen, Determinanten und Gestaltungskonzepte eines ganzheitlichen Projektwissensmanagement. Schesslitz

Schnauffer, H. / Stieler-Lorenz, B. / Peters, S. (2004): Wissen vernetzen. Wissensmanagement in der Produktentwicklung. Berlin

Schneider, U. (Hg) (1996): Wissensmanagement. Die Aktivierung des intellektuellen Kapitals. Frankfurt a. M.

Schneider, U. (2001): Die 7 Todsünden im Wissensmanagement. Kardinaltugenden für die Wissensökonomie. Frankfurt a. M.

Schneider, U. (2004): (wie) funktionieren Communities of Practice? In: Reinhardt, R. / Eppler, M.: Wissenskommunikation in Organisationen. Methoden, Instrumente, Theorien. Berlin. S. 137–156

Schneider, U. (2006): Das Management der Ignoranz. Nichtwissen als Erfolgsfaktor. Wiesbaden

Schönberger, K. / Springer S. (Hg) (2003): Subjektivierte Arbeit. Mensch, Organisation und Technik in einer entgrenzten Arbeitswelt. Frankfurt a. M.

Scholl, W. (2003): Innovation und Information. Wie in Unternehmen neues Wissen produziert wird. Göttingen

Schreyögg, G. (Hg) (2001): Wissen in Unternehmen. Konzepte, Massnahmen, Methoden. Berlin

Schreyögg, G. / Geiger, D. (2005): Zur Konvertierbakeit von Wissen – wege und Irrwege im Wissensmanagement. ZfB Zeitschrift für Betriebwirtschaft 75. Jg. H. 5. S. 433–454

Schüppel, J. (1996): Wissensmanagement. Organisationales Lernen im Spannungsfeld von Wissens- und Lernbarrieren. Wiesbaden

Schütt, P. (2000): Wissensmanagement. Niedernhausen / Wiesbaden

Schütt, P. (2006): Social Computing im Web 2.0. in: Wissensmanagement 3/2006, S. 30–33

Schütt, P. (2004a): Wie das Cynefin-Modell entstand. In: Wissensmanagement 2/2004, S. 14–18

Schütt, P. (2004b): Cynefin – ein Sense-Making-Modell für Wissensorganisationen. In: Wissensmanagement 3/2004, S. 14–17

Senge, P. M. (1996): Die fünfte Disziplin. Stuttgart. (engl. Originalausgabe [1990]: The Fifth Discipline. The art and practice of the learning organization)

Seufert, A. / Back, A. / Krogh, G. von (1999): Wissensnetzwerke: Vision – Referenzmodell – Archetypen und Fallbeispiele. In: Götz, K. (Hg): Wissensmanagement zwischen Wissen und Nichtwissen. München. S. 129–153

Stehr, N. (2001): Wissen und Wirtschaften. Die gesellschaftlichen Grundlagen der modernen Ökonomie. Frankfurt a. M.

Stieler-Lorenz, B. / Paarmann, Y. (2004): Wissenskommunikation und Lernen in Organisationen. In: Reinhardt, R. / Eppler, M.: Wissenskommunikation in Organisationen. Methoden, Instrumente, Theorien. Berlin. S. 177–197

Sydow, J. / Duschek, S. / Möllering, G. / Rometsch, M. (2003): Kompetenzentwicklung in Netzwerken. Wiesbaden

Thiel, M. (2002): Wissenstransfer in komplexen Organisationen. Effizienz durch Wiederverwendung von Wissen und Best Practices. Wiesbaden

Thiesse, F. (2001): Prozessorientiertes Wissensmanagement: Konzepte, Methode, Fallbeispiele. Diss. St. Gallen. http://web.iwi.unisg.ch/org/iwi/iwi_pub.nsf/0/FB606D23D7CE1D70C1256BD700347F31/$file/Dissertation_Frederic_Thiesse.pdf (30.12.06)

Thobe, W. (2003): Externalisierung impliziten Wissens. Ein verhaltenstheoretisch fundierter Beitrag zum organisationalen Lernen. Frankfurt a. M.

Thom, N. / Harasymowicz, J. (2003): Wissensmanagement im privaten und öffentlichen Sektor. Zürich

Voss, S. / Gutenschwager, K. (2001): Informationsmanagement. Berlin

Watzlawick P. / Beavin J. / Jackson D. (1969): Menschliche Kommunikation. Formen, Störungen, Paradoxien. Bern

Weggemann, M. (1999): Wissensmanagement – der richtige Umgang mit der wichtigen Ressource des Unternehmens. Bonn

Wendt, W. R. (1998): Soziales Wissensmanagement. Baden-Baden

Wiater, W. (2007): Wissensmanagement. Eine Einführung für Pädagogen. Wiesbaden

Willke, H. (1998a): Systemisches Wissensmanagement. Stuttgart

Willke, H. (1998b): Organisierte Wissensarbeit. In: Zeitschrift für Soziologie 3, Jh. 27, S. 161–177

Wilkens, U. (2004): Management von Arbeitskraftunternehmern. Psychologische Vertragsbeziehungen und Perspektiven für die Arbeitskräftepolitik in wissensintensiven Organisationen. Wiesbaden

Wilkesmann, U. / Rascher, I. (2004): Lässt sich Wissen durch Datenbanken managen? Motivationale und organisationale Voraussetzungen beim Einsatz elektronischer Datenbanken. In: Edeling, Thomas / Jann, Werner / Wagner, Dieter (Hg): Wissensmanagement in Politik und Verwaltung. Wiesbaden. S. 113–129

Wilkesmann, U. / Rascher, I. (2005): Wissensmanagement. Theorie und Praxis der motivationalen und strukturellen Voraussetzungen. München

Winkler, K. / Mandl H. (2003): Wissensmanagement in Communities: Communities als zentrales Szenario der Weiterbildungslandschaft im dritten Jahrtausend. München http://epub.ub.uni-muenchen.de/archive/00000750/01/Praxisbericht27.pdf (30.1.07)

Ausgewählte Links (alle 28.3.07)

Unter einzelnen Wissensmanagement-Fachbegriffen finden sich im Web unzählige Websites mit Informationen zum Thema Wissensmanagement. Die nachfolgenden Links verweisen vor allem auf ganze Portale, die ihrerseits wieder umfangreiche Linklisten, Artikel und Praxisberichte enthalten und als Ausgangspunkt für praxisbezogene Recherchen dienen. Einige der Portale bieten ausführliche und nützliche Beschreibungen von Wissensmanagement-Werkzeugen an.

www.wissensmanagement.net
Link auf das Wissensmanagement Magazin für Führungskräfte, mit Onlineartikel-Archiv, sehr guter Linkliste mit Verweisen auf viele weitere Websites zum Thema

www.wm-impulse.net
Online-Magazin zum Thema Wissensmanagement, große Fülle an Beiträgen, Praxisberichten, -fällen und -projekten

www.wissenmanagen.net
Informative Plattform des deutschen Bundesministeriums für Wirtschaft und Arbeit zum Thema Wissensmanagement, mit Infos über staatliche Wissensinitiativen, nützlicher Werkzeugkasten

www.pwm.at
Plattform der Wissensmanagement-Community in Österreich, mit nützlichen Links, Tipps, Artikeln, Diplomarbeiten etc. zum Download

www.c-o-k.de
Plattform mit praxisorientiertem Wissen zum Thema Knowledge Management in Unternehmen, gute Gruppierung der Beiträge nach Werkzeugen, Fallstudien und Methoden

http://wiman.server.de
Umfangreiche Plattform des Kompetenznetzwerks Wissensmanagement des baden-württembergischen Ministeriums für Wissenschaft, Forschung und Kunst,

mit globalem Leitfaden Wissensmanagement zum Download, ausführliche Wissensmanagement-Themenliste, viele Werkzeuge

www.skmf.net
Plattform des Swiss Knowledge Management Forum, Wissensmanagement-Community in der Schweiz

www.wiper.de
Plattform zu Wissens-, Innovations- und Personalmanagement der Fachhochschule Frankfurt, umfangreiche Liste und Beschreibung von Instrumenten, Tools und Konzepten

http://is.uni-sb.de/studium/handbuch/index.html
Virtuelles Handbuch zum Thema Informationsmanagement der Fachrichtung Informationswissenschaft der Universität Saarbrücken

www.brint.com/km
Umfangreiche, aber unübersichtliche internationale Knowledge-Management-Plattform

www.knowledgeboard.com
Internationale Plattform mit zahlreichen Theorie- und Praxisbeiträgen sowie Casestudies

---

Weitere Informationen und Unterlagen finden sich auf der Website:

www.studienbuch-wissensmanagement.ch

Benutzername: wissensarbeit
Passwort: 07J24uha

«Dieses Lehrbuch (...) war längst fällig.» Prof. Dr. F. Malik

Karl Schaufelbühl, Walter Hugentobler, Matthias Blattner (Hg.)

Betriebswirtschaftslehre für Bachelor

Kein anderes BWL-Lehrbuch verbindet so übersichtlich Unternehmen, Unternehmensführung und -umfeld integral in einem dynamischen Management-Modell. Mit Technologie-, Ökologie-, Risiko-, Informations- und Wissensmanagement werden neue Themenfelder neben die «klassischen» Themen wie Management, Organisation, Personal, Finanzen, Marketing, Beschaffung, Produktion und Distribution gestellt. Die durchdachte Leserführung wird Dozierende und Studierende begeistern.

Inhaltsübersicht
- Einführung in die Betriebswirtschaftslehre
- Integrales Management
- Marktleistungsbezogene Funktionen
- Versorgungsfunktionen
- Querschnittsfunktionen
- Führungsfunktionen

Mit Beispielen, weiterführenden Fachartikeln und Lernkontrollen unterstützt die Webplattform www.bwl-online.ch die Studierenden.

Karl Schaufelbühl, Walter Hugentobler, Matthias Blattner (Hg.)
Betriebswirtschaftslehre für Bachelor
UTB 8370 L
Orell Füssli. 2007.
Ca. 960 Seiten,
durchgehend farb. Abb.,
mit Repetitionsfragen, geb.,

ISBN 978-3-8252-8370-4

 /

Bengt Karlöf / Frederik H. Lövingsson

Management von A – Z

Das große Handbuch der Konzepte, Begriffe und Modelle

Fachausdrücke sollten eigentlich vereinfachend und erhellend wirken, doch im Management erscheinen sie oft verwirrend und zweideutig. Die Bedeutung von Begriffen wie Businessplan, Wissensmanagement oder Benchmarking ist vielen unklar – oft auch denen, die sie benutzen. Klarheit schafft jetzt ein fundiertes Management-Handbuch, das einen effizienten Zugriff auf das aktuelle Managementwissen bietet. Die Autoren erklären und bewerten 124 Begriffe, Konzepte und Modelle, die Führungskräfte heute kennen müssen. Begriffe werden klar definiert, Konzepte und Modelle mit Fallbeispielen belegt und mit zahlreichen Grafiken illustriert. Dank der übersichtlichen Gliederung und nützlicher Checklisten verhilft das Nachschlagewerk sowohl erfahrenen Praktikern als auch Nachwuchskräften schnell zum gewünschten Fachwissen.

412 Seiten, gebunden, ISBN 3-280-05117-7

orell füssli Verlag

Bruno Weisshaupt

SystemInnovation

Die Welt neu entwerfen

«Der Autor versteht es hervorragend, den Leser dort abzuholen, wo er sich gerade befindet: z. B. mitten in seinem Ärger über Warteschlangen an Flughäfen oder vor Messen, fast verloren zwischen unzähligen Plastikkarten und Identifizierungsprozeduren oder wieder einmal verblüfft von der erschreckenden Nichtkompatibilität zwischen virtueller und realer Welt.

Weisshaupt erklärt, wie man es schon längst hätte besser machen können, wenn man nur seine Blickrichtung ändern würde: weg von der Orientierung am technisch Machbaren und hin zur konsequenten Orientierung an den konkreten Bedürfnissen der Benutzer.

getAbstract empfiehlt dieses sehr inspirierende Buch Führungskräften, Beratern, Produktentwicklern und allen, die einen Blick in die Zukunftswerkstatt werfen wollen.»

getAbstract

152 Seiten, broschiert, ISBN 978-3-280-05199-3

orell füssli Verlag